#홈스쿨링
#혼자공부하기

우등생
과학

Chunjae
Makes
Chunjae

▼

우등생 과학 3-2

기획총괄	박상남
편집개발	김성원, 박나현, 배정이
디자인총괄	김희정
표지디자인	윤순미, 김효민
내지디자인	박희춘
본문 사진 제공	야외생물연구회, 셔터스톡, 게티이미지뱅크, 게티이미지코리아, 픽스타
제작	황성진, 조규영

발행일	2023년 6월 1일 2판 2023년 6월 1일 1쇄
발행인	(주)천재교육
주소	서울시 금천구 가산로9길 54
신고번호	제2001-000018호
고객센터	1577-0902

스마트폰으로 QR코드를 스캔해 주세요

우등생 온라인 학습 활용법

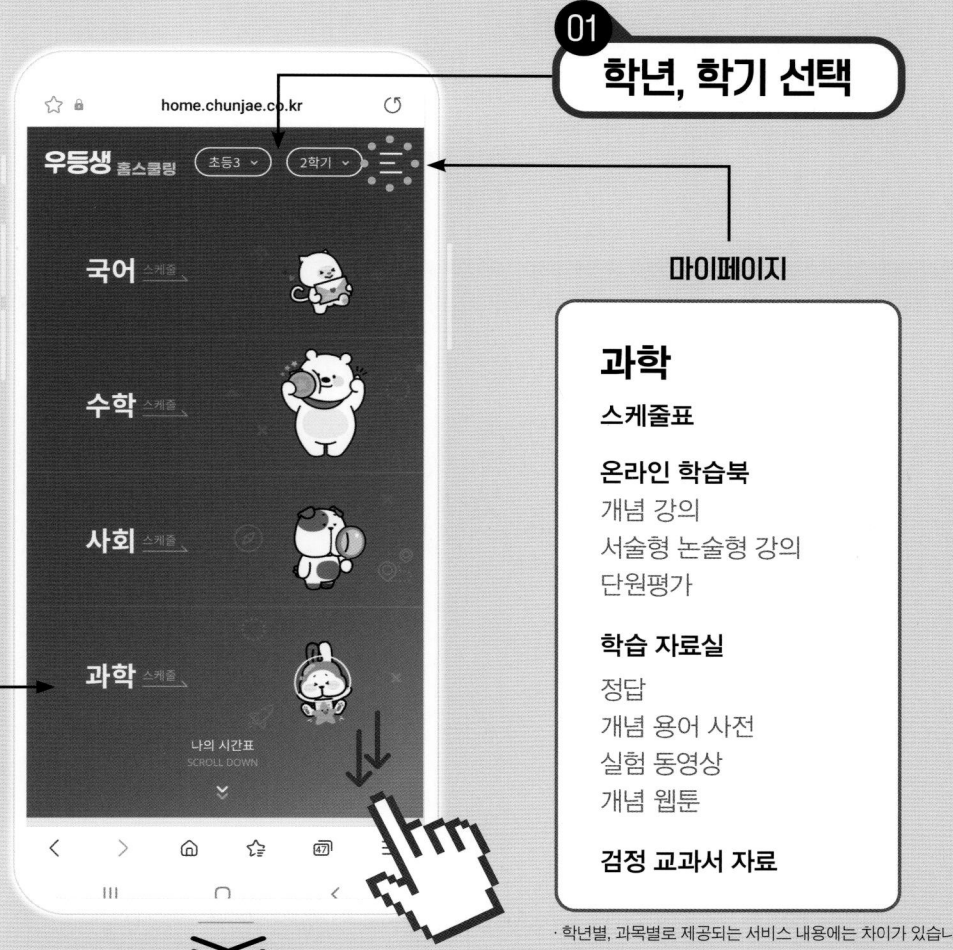

01 학년, 학기 선택

02 과목 선택

마이페이지

과학

스케줄표

온라인 학습북
개념 강의
서술형 논술형 강의
단원평가

학습 자료실
정답
개념 용어 사전
실험 동영상
개념 웹툰

검정 교과서 자료

· 학년별, 과목별로 제공되는 서비스 내용에는 차이가 있습니다.

마이페이지에서 첫 화면에 보일
스케줄표의 종류를 선택할 수 있어요.

통합 스케줄표
우등생 국어, 수학, 사회, 과학 과목이 함께 있는 12주 스케줄표

꼼꼼 스케줄표
과목별 진도를 회차에 따라 나눈 스케줄표

스피드 스케줄표
온라인 학습북 전용 스케줄표

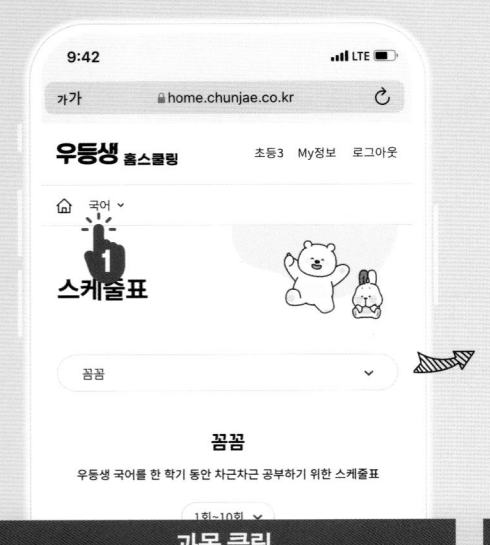
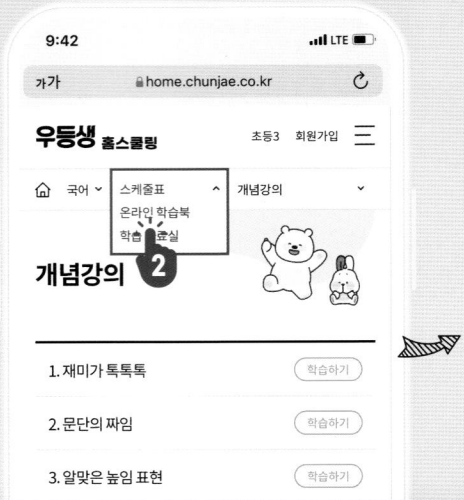

과목 클릭

온라인 학습북 클릭

개념강의 / 서술형 논술형 강의 / 단원평가

❶ 개념 강의

*온라인 학습북 단원별 주요 개념 강의

❷ 서술형 논술형 강의

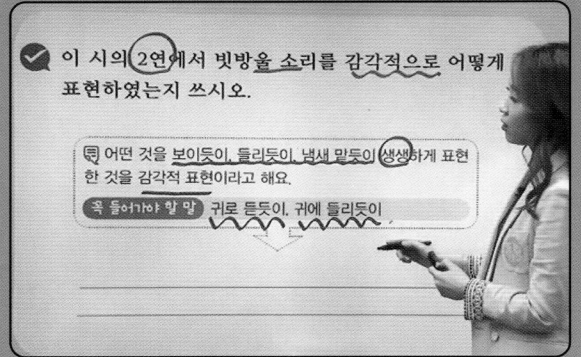

*온라인 학습북 서술형 논술형 강의

❸ 단원평가

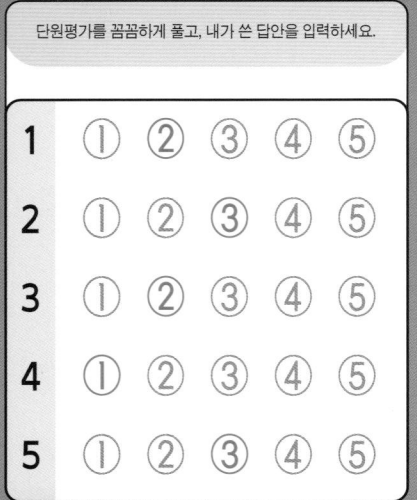

① 내가 푼 답안을 입력하면

② 채점과 분석이 한번에

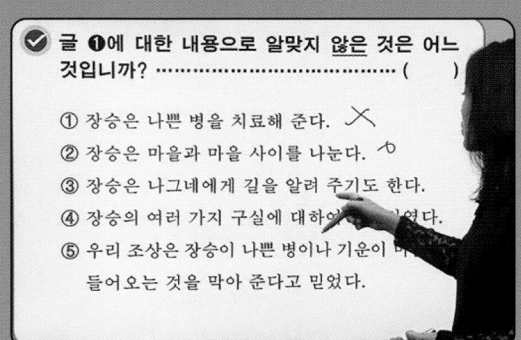

③ 틀린 문제는 동영상으로 꼼꼼히 확인하기!

홈스쿨링 꼼꼼 스케줄표(24회)
우등생 과학 3-2

꼼꼼 스케줄표는 교과서 진도북과 온라인 학습북을
24회로 나누어 꼼꼼하게 공부하는 학습 진도표입니다.

> 우등생 홈스쿨링 홈페이지에는
> 다양한 스케줄표가 있어요!

● 교과서 진도북　　● 온라인 학습북

1. 재미있는 과학 탐구

1회	교과서 진도북 6~9쪽	**2**회	온라인 학습북 4~7쪽
	월　　일		월　　일

2. 동물의 생활

3회	교과서 진도북 12~19쪽
	월　　일

2. 동물의 생활

4회	교과서 진도북 20~27쪽	**5**회	온라인 학습북 8~15쪽	**6**회	교과서 진도북 28~31쪽
	월　　일		월　　일		월　　일

2. 동물의 생활

7회	온라인 학습북 16~19쪽
	월　　일

3. 지표의 변화

8회	교과서 진도북 34~41쪽	**9**회	교과서 진도북 42~49쪽
	월　　일		월　　일

3. 지표의 변화

10회	온라인 학습북 20~27쪽	**11**회	교과서 진도북 50~53쪽	**12**회	온라인 학습북 28~31쪽
	월　　일		월　　일		월　　일

● 교과서 진도북   ● 온라인 학습북

4. 물질의 상태

13회	교과서 진도북 56~63쪽	**14**회	교과서 진도북 64~71쪽	**15**회	온라인 학습북 32~39쪽
	월 일		월 일		월 일

4. 물질의 상태 · 5. 소리의 성질

16회	교과서 진도북 72~75쪽	**17**회	온라인 학습북 40~43쪽	**18**회	교과서 진도북 78~85쪽
	월 일		월 일		월 일

5. 소리의 성질

19회	교과서 진도북 86~89쪽	**20**회	교과서 진도북 90~93쪽	**21**회	온라인 학습북 44~51쪽
	월 일		월 일		월 일

5. 소리의 성질 · 전체 범위

22회	교과서 진도북 94~96쪽	**23**회	온라인 학습북 52~55쪽	**24**회	온라인 학습북 56~59쪽
	월 일		월 일		월 일

 온라인 학습이 강화된

우등생 과학 사용법

QR로 학습 스케줄을 편하게 관리!

공부하고 나서 날개에 있는 QR 코드를 스캔하면
온라인 스케줄표에 학습 완료 자동 체크!

학습
완료!

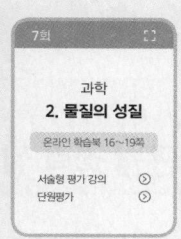

6회

과학
2. 물질의 성질

7회

과학
2. 물질의 성질

온라인 학습북 16~19쪽

서술형 평가 강의 ▷
단원평가 ▷

※ 스케줄표에 따라 해당 페이지 날개에
[진도 완료 체크] QR 코드가 있어요!

1
단원

진도 완료
체크

 동영상 강의
개념 / 서술형 · 논술형 평가 / 단원평가

 온라인 채점과 성적 피드백
정답을 입력하면 채점과 성적 분석이 자동으로

 온라인 학습 스케줄 관리
나에게 맞는 내 스케줄표로 꼼꼼히 체크하기

우등생 온라인 학습

구성과 특징

교과서 진도북

1 쉽고 재미있게 개념을 익히고 다지기

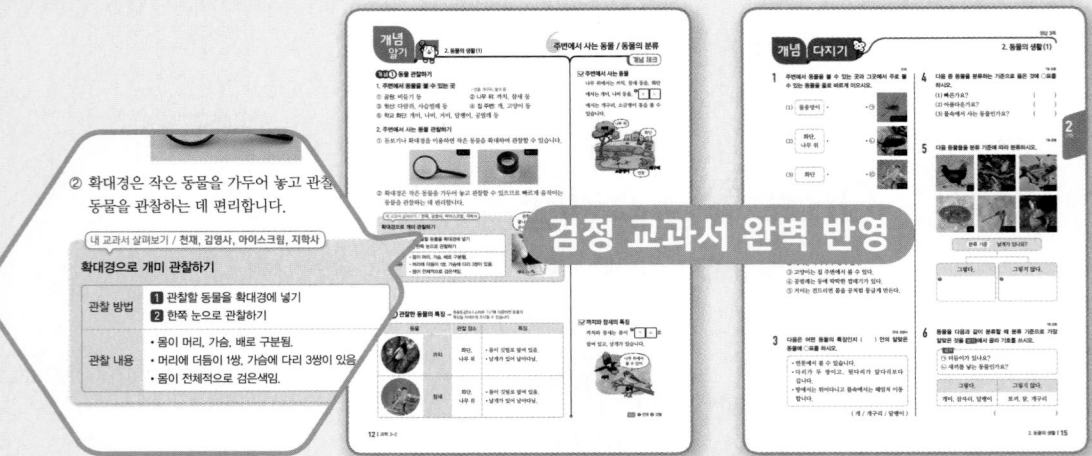

검정 교과서 완벽 반영

2 Step ❶, ❷, ❸단계로 단원 실력 쌓기

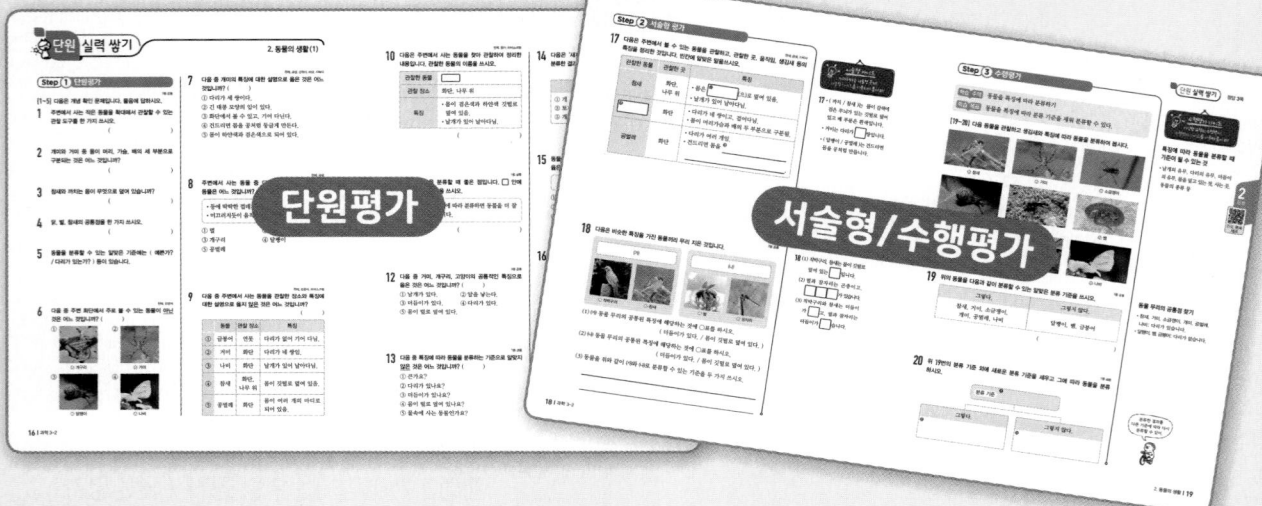

단원평가

서술형/수행평가

3 대단원 평가로 단원 마무리하기

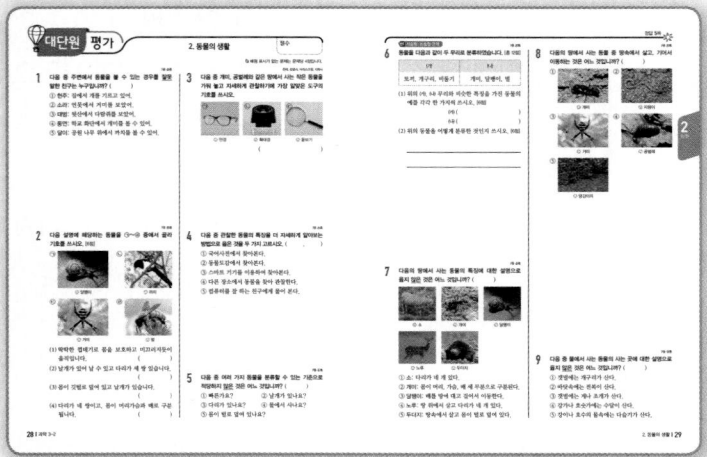

온라인 학습북

1 온라인 개념 강의

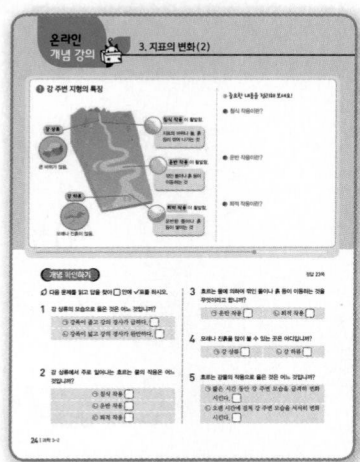

2 실력 평가

3 온라인 서술형·논술형 강의

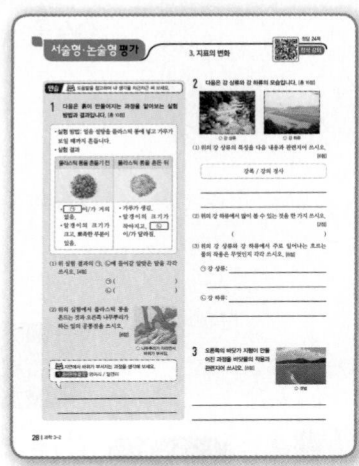

4 단원평가 온라인 피드백

✓ 채점과 성적 분석이 한번에!

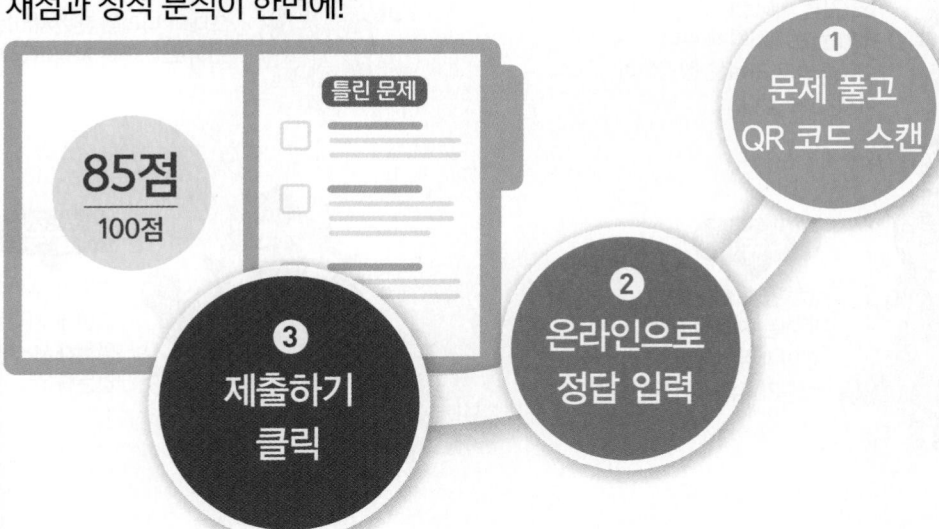

85점 / 100점

틀린 문제

① 문제 풀고 QR 코드 스캔

② 온라인으로 정답 입력

③ 제출하기 클릭

차례

등장인물 소개

또래

1호 견습 히어로!
특기는 번개처럼 빠르다.
수다스럽고 가벼운 성격이며
허세가 좀 있다.

꼬냥

고양이 히어로!
또래와 나리를 훈련시키는 동물
히어로로 과학 지식이 풍부하다.

나리

2호 견습 히어로!
특기는 자동차를 집어던질 정도로
힘이 매우 세다.
말수가 적고 이성적인 성격이다.

뽈록

변두리 우주에서 온 악당!
그런데 사나운 모습과는 달리 워낙
멍청해서 히어로들이 상대해 주지
않는다.

재미있는 과학 탐구

1

만화로 단원 미리보기

나는 우주의 대악당 뽈록! 그런데 히어로들 대신 왜 너희 같은 애송이들이 나온 거야!

히어로 선배들이 뽈록은 워낙 멍청해서 상대할 가치가 없대.

견습 히어로인 우리도 충분히 막을 수 있다던데?

내가 얼마나 강한지 모르나본데! 날 어떻게 막을 생각이냐?

먼저 '우주 대악당 뽈록의 약점은 무엇일까?' 라는 탐구 문제부터 정해야겠지.

그 다음 탐구 계획을 세우고, 탐구를 실행해야 하지.

탐구 결과를 발표한 다음 또 다른 궁금증이 생기면?

그 궁금증을 해결하기 위한 새로운 탐구를 시작하면 돼.

내가 얼마나 강한데! 내 약점을 안다고 해서 날 이길 수 있을 것 같아?

앗! 벌써 약점 찾았다!

저…정말?

뽈록! 너의 치명적인 약점은…

이어서
개념 웹툰

탐구 문제 정하기 / 탐구 계획 세우기 / 탐구 실행하기 / 탐구 결과 발표하기

개념 ① 궁금한 점 생각하기

① 생활 속에서 직접 관찰하면서 궁금한 점을 생각합니다.

② 더 알고 싶거나 궁금한 점은 잊지 않도록 기록합니다. → 글과 그림 등 다양한 방법으로 기록합니다.

개념 ② 탐구 문제 정하기

① 궁금한 점들 중에서 가장 알아보고 싶은 것 한 가지를 고릅니다.

② 가장 알아보고 싶은 것으로부터 탐구 문제를 정합니다.

③ 탐구 문제가 적절한지, 스스로 해결할 수 있는 문제인지 확인할 내용 예

- 탐구하고 싶은 내용이 문제에 분명히 드러나 있나요?
- 직접 탐구할 수 있는 문제인가요?
- 탐구 준비물을 쉽게 구할 수 있나요?

→ 탐구 문제는 관찰, 측정, 실험을 하여 대답할 수 있는 문제여야 하고, 간단한 조사로 쉽게 답을 찾을 수 있는 문제는 탐구 문제로 적절하지 않습니다.

중요 개념 ③ 탐구 계획 세우기

① 탐구 문제를 해결할 수 있는 방법 정하기

- 탐구 문제를 해결할 수 있는 실험 방법을 생각하고, 실험에서 다르게 해야 할 것과 같게 해야 할 것, 다르게 한 것에 따라 바뀌는 것을 생각합니다.

내 교과서 살펴보기 / **천재**

탐구 문제를 해결하기 위한 실험 조건 생각하기

- 탐구 문제: 회전판을 여러 장 겹치면 팽이가 도는 시간이 길어질까?

다르게 해야 할 것	겹친 회전판의 개수
같게 해야 할 것	회전판의 크기, 모양, 무게, 팽이 심의 종류와 길이 등
다르게 한 것에 따라 바뀌는 것	팽이가 도는 시간

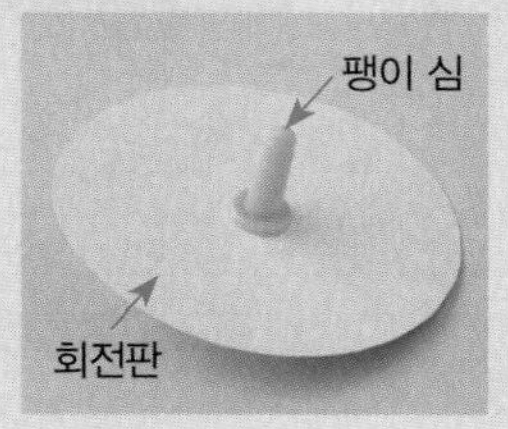

▲ 팽이

② 탐구 계획 세우기

- 탐구 방법에 따라 탐구 순서와 준비물을 정합니다. → 다른 친구가 읽어도 탐구 내용을 이해할 수 있도록 탐구 순서를 자세하게 적습니다.
- 역할을 나누고, 탐구를 했을 때 예상되는 결과를 생각합니다.

③ 탐구 계획이 적절한지 확인할 내용 예

- 탐구 계획이 탐구 문제를 해결하기에 적절한가요?
- 탐구 순서, 예상되는 결과, 준비물, 역할 나누기 등을 자세히 적었나요?

정답 2쪽 **개념 다지기**

1 다음 보기 에서 궁금한 점을 기록하는 방법으로 옳은 것을 골라 기호를 쓰시오.

보기
㉠ 평소에 잘 알고 있는 내용을 기록합니다.
㉡ 직접 관찰하면서 궁금한 점을 기록합니다.

( )

2 다음은 탐구 문제를 정하는 방법입니다. ( ) 안의 알맞은 말에 ○표를 하시오.

궁금한 점 중에서 우리가 (해결 / 간단히 조사)할 수 있는 것을 선택합니다.

3 다음을 탐구 계획을 세우는 방법에 맞게 순서대로 기호를 쓰시오.

㉠ 탐구 계획 세우기
㉡ 탐구 계획이 적절한지 확인하기
㉢ 탐구 문제를 해결할 수 있는 방법 정하기

(→ →)

개념④ 탐구 실행하기 → 탐구 계획에 따라 반복해서 측정하면 더 정확한 결과를 얻을 수 있습니다.

① 탐구 결과를 어떻게 기록할지 정합니다. → 탐구 결과로 알게 된 것을 친구들과 함께 이야기합니다.

② 탐구를 실행하여 나타나는 결과를 기록하고, 탐구 결과를 정리합니다.

③ 예상한 결과와 실제 탐구 결과를 비교합니다.

개념⑤ 탐구 결과를 발표할 자료 만들기

① 발표 방법과 발표 자료의 종류를 정합니다. 내 교과서 살펴보기 / 천재, 금성, 김영사

🔺 컴퓨터를 이용한 발표   🔺 실물 전시 발표   🔺 연극 발표   🔺 포스터 발표

② 발표 자료에 들어갈 내용을 확인한 후 발표 자료를 만듭니다.

③ 발표 자료가 적절한지 확인할 내용 예

> • 탐구 결과를 발표할 자료에 반드시 포함되어야 하는 내용이 모두 있나요?
> • 탐구 결과가 잘 드러나나요?

탐구 문제, 모둠 이름, 시간과 장소, 탐구 방법, 준비물, 탐구 순서, 역할 나누기, 탐구 결과, 탐구를 하여 알게 된 것, 더 알아보고 싶은 것 등이 발표 자료에 들어갈 내용이야!

→ 발표 자료에 표, 그림 등을 넣거나 중요한 내용을 간단하게 발표했을 때 듣는 사람이 더 잘 이해할 수 있습니다.

개념⑥ 탐구 결과 발표하기

→ 잘한 점과 보완해야 할 점을 정리합니다.

① 결과를 발표한 후에 친구들의 질문에 대답하고, 다른 모둠의 발표 내용을 주의 깊게 들은 후에 잘한 점을 칭찬하거나 궁금한 점을 질문합니다.
→ 발표가 끝나면 질문합니다.

② 탐구 결과 발표가 적절한지 확인할 내용 예

> • 탐구하고 싶은 내용이 탐구 문제에 분명하게 드러나 있나요?
> • 직접 탐구할 수 있는 탐구 문제였나요?
> • 탐구 방법과 탐구 순서가 탐구 문제를 해결하기에 적절했나요?
> • 탐구를 하여 알게 된 것이 탐구 문제에 대한 답이 되었나요?
> • 발표 자료를 이해하기 쉽게 만들었나요?
> • 알맞은 목소리와 말투로 표현했나요?

③ 탐구하면서 더 궁금했던 점이나 우리 주변의 다른 궁금한 점을 찾아 새로운 탐구 문제를 생각합니다.

---

4 다음 보기 에서 탐구 실행 중 결과가 나왔을 때에 대한 설명으로 옳은 것을 골라 기호를 쓰시오.

> 보기
> ㉠ 즉시 탐구 결과를 기록합니다.
> ㉡ 모든 실험이 끝난 후 기록합니다.
> ㉢ 결과를 기록하지 않고 잘 기억해 둡니다.

(   )

5 다음 중 탐구 결과를 쉽게 전달할 수 있는 발표 방법으로 옳지 않은 것은 어느 것입니까? (   )

① 연극을 이용한다.
② 전시회를 이용한다.
③ 포스터를 이용한다.
④ 컴퓨터를 이용한다.
⑤ 자료 없이 말로만 발표한다.

6 다음 중 탐구 결과 발표가 적절한지 확인할 내용으로 알맞은 것에 ○표를 하시오.

(1) 탐구 방법이 탐구 문제를 해결하기에 적절했나요? (   )

(2) 탐구 결과는 예상해서 기록했나요? (   )

Q 배점 표시가 없는 문제는 문제당 6점입니다.

천재, 금성, 김영사, 아이스크림, 지학사

1 다음 중 궁금한 점을 기록하는 방법에 대해 잘못 말한 친구의 이름을 쓰시오.

> 지연: 궁금한 점은 글과 그림 등 다양한 방법으로 기록해야 해.
> 현서: 관찰을 하면서 궁금한 점은 관찰이 끝난 후 한꺼번에 기록해야 해.

( )

천재, 금성, 김영사, 아이스크림, 지학사

2 다음 중 탐구 문제를 정하는 방법으로 옳은 것을 두 가지 고르시오. (,)
① 이미 답을 알고 있는 문제를 선택한다.
② 직접 탐구할 수 있는 문제를 선택한다.
③ 준비물을 쉽게 구할 수 없는 문제를 선택한다.
④ 실험을 하여 대답할 수 있는 문제를 선택한다.
⑤ 간단한 조사로 쉽게 답을 찾을 수 있는 문제를 선택한다.

천재, 금성, 김영사, 아이스크림, 지학사

3 다음은 탐구 계획을 세우는 방법입니다. ☐ 안에 들어갈 알맞은 말을 쓰시오.

> 탐구 계획을 세울 때에는 먼저 탐구 문제를 해결할 수 있는 ☐☐☐ 방법을 생각해야 합니다.

( )

🔖 서술형·논술형 문제
천재, 금성, 김영사, 아이스크림, 지학사

4 탐구 문제를 해결할 수 있는 실험 방법을 생각할 때는 실험에서 다르게 해야 할 것과 같게 해야 할 것을 생각해야 합니다. 이 두 가지 외에 생각해야 할 것을 한 가지 쓰시오. [12점]

_____

_____

천재

5 다음의 탐구 문제를 해결하기 위한 실험 조건을 생각할 때 실험에서 다르게 해야 할 것은 어느 것입니까? [8점]

( )

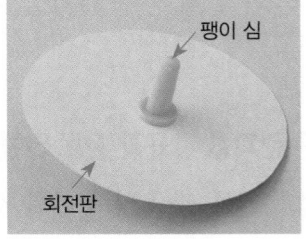

팽이 심

회전판

⚫ 팽이

탐구 문제	회전판을 여러 장 겹치면 팽이가 도는 시간이 길어질까?

① 회전판의 모양
② 회전판의 크기
③ 팽이 심의 모양
④ 팽이 심의 길이
⑤ 겹친 회전판의 개수

천재, 금성, 김영사, 아이스크림, 지학사

6 다음 보기 에서 탐구를 실행하기 위한 탐구 계획이 적절한지 확인할 내용으로 옳은 것을 골라 기호를 쓰시오.

> **보기**
> ㉠ 탐구 순서를 자세히 적었나요?
> ㉡ 내가 맡은 역할이 가장 중요한 역할인가요?
> ㉢ 탐구 계획을 세우는 데 시간이 오래 걸렸나요?

( )

천재, 금성, 김영사, 아이스크림, 지학사

7 다음 중 탐구 실행과 결과에 대한 설명으로 옳지 않은 것은 어느 것입니까? ( )
① 탐구 계획에 따라 탐구를 실행한다.
② 탐구 결과를 어떻게 기록할지 정한다.
③ 탐구를 실행하고 나타나는 결과를 기록한다.
④ 탐구 결과로 알게 된 것을 친구들과 이야기한다.
⑤ 예상한 결과는 실제 탐구 결과와 같을 것이므로 비교하지 않는다.

천재, 금성, 김영사, 아이스크림, 지학사

8 다음은 탐구를 실행할 때 정확한 결과를 얻을 수 있는 방법입니다. ☐ 안에 들어갈 가장 알맞은 말은 어느 것입니까? ( )

> 탐구를 실행할 때 ☐ 해서 측정하면 더 정확한 결과를 얻을 수 있습니다.

① 조절　　　② 반복　　　③ 활용
④ 탐구　　　⑤ 생각

천재, 금성, 김영사, 아이스크림, 지학사

9 다음 중 탐구 결과 발표 자료를 만드는 방법에 대해 잘못 말한 친구의 이름을 쓰시오.

> 세현: 발표 자료를 최대한 자세하고 어렵게 만들어야지.
> 진영: 표, 그래프, 그림, 사진과 같이 다른 사람의 이해를 도울 수 있는 자료를 활용하여 만들어야지.

( )

천재, 금성, 김영사, 아이스크림, 지학사

10 다음 중 탐구 결과 발표 자료에 들어갈 내용으로 옳지 않은 것은 어느 것입니까? ( )

① 준비물
② 탐구 순서
③ 역할 나누기
④ 발표를 들을 사람
⑤ 탐구를 하여 알게 된 것

천재, 금성, 김영사, 아이스크림, 지학사

11 다음 중 탐구 결과 발표 자료를 만들거나 발표할 때에 대한 설명으로 옳지 않은 것은 어느 것입니까?

( )

① 발표 연습을 한다.
② 연극 형태로 발표한다.
③ 표, 사진, 그림 등을 활용한다.
④ 발표 자료에 빠진 내용은 없는지 확인한다.
⑤ 다른 모둠의 발표는 주의 깊게 듣지 않아도 된다.

천재, 금성, 김영사, 아이스크림, 지학사

12 다음은 탐구 결과 발표에 대한 내용입니다. ☐ 안에 들어갈 알맞은 말은 어느 것입니까? ( )

> 탐구 결과를 발표하고, 친구들의 ☐ 에 대답합니다.

① 탐구　　　② 계획　　　③ 관찰
④ 질문　　　⑤ 확인

진도 완료 체크

천재, 금성, 김영사, 아이스크림, 지학사

13 다음 중 다른 친구들의 탐구 결과 발표를 평가할 때 평가 내용으로 옳지 않은 것은 어느 것입니까?

( )

① 발표자는 공부를 잘하는 친구인가?
② 직접 탐구할 수 있는 탐구 문제였나?
③ 발표 자료를 이해하기 쉽게 만들었나?
④ 탐구 순서가 탐구 문제를 해결하기에 적절했나?
⑤ 탐구 방법이 탐구 문제를 해결하기에 적절했나?

천재, 금성, 김영사, 아이스크림, 지학사

14 다음은 탐구 문제를 해결하는 탐구 과정입니다. ㉠~㉣에 들어갈 알맞은 말을 쓰시오. [8점]

> 궁금한 점 생각하기 → 탐구 ㉠ 정하기
> → 탐구 ㉡ 세우기 → 탐구 ㉢ 하기
> → 탐구 ㉣ 을/를 발표할 자료 만들기 →
> 탐구 ㉣ 발표하기

㉠ ( )　㉡ ( )
㉢ ( )　㉣ ( )

천재, 금성, 김영사, 아이스크림, 지학사

15 다음 중 새로운 탐구 문제를 정할 때 궁금한 점을 생각해 볼 수 있는 상황으로 가장 적절하지 않은 것은 어느 것입니까? ( )

① 책에서 본 내용이 궁금할 때
② 탐구하면서 더 궁금한 점이 있을 때
③ 다른 사람들이 어려워하는 점이 있을 때
④ 학교에서 배운 내용 중에 궁금한 점이 있을 때
⑤ 생활에서 관찰한 것 중에 궁금한 점이 있을 때

🌸 연관 학습 안내

초등 3학년 1학기	이 단원의 학습	초등 5학년
동물의 한살이 알을 낳는 동물, 새끼를 낳는 동물의 한살이 과정을 배웠어요.	동물의 생활 다양한 환경에 사는 동물의 생김새나 생활 방식 등의 특징을 배워요.	생물과 환경 생물과 환경은 밀접한 관계로 서로 영향을 주고받음을 배울 거예요.

만화로 단원 미리보기

너희를 혼내주기 위해 내 부하를 불렀다!

너한테 부하도 있었어?

내 부하의 특징을 몸짓으로 흉내낼테니 맞춰봐.

파닥 파닥

날개가 달렸으니 새 종류인가?

새는 아닐 거야. 새는 다리가 두 개지만, 뽈록의 부하는 다리가 네 개잖아.

끄응. 다리가 네 개인데 날개가 달린 동물이 있나?

다다다

이번에는 무…물고기?

뻐끔 뻐끔

알았다!

딱

후후. 우리가 착각했어! 뽈록의 부하는 하나가 아니야.

아! 그렇구나! 뽈록의 부하는 세 마리의 동물이야!

동물의 생김새와 생활 방식은 환경에 알맞게 변하여 동물마다 특징이 달라.

저벅 저벅

말이 엄청 많네. 넌 또 언제 나타났냐?

동물의 생활

2

땅에서 사는 동물 중 다리가 있는 것은 걷거나 뛰고, 다리가 없는 것은 기어 다니지!

물에서 사는 동물은 지느러미를 이용하여 헤엄치거나 걷거나 기어서 이동해.

날아다닐 수 있는 새와 곤충은 날개가 있고 몸이 비교적 가볍지!

즉! 너는 땅에서 사는 동물, 물에서 사는 동물, 날아다니는 동물 세 마리를 부하로 두고 있어!

크크

땡!

크크! 사실은 세 종류의 동물의 특징을 가진 한 마리란다!

꾸에엑

척

도망쳐!

다다다

이어서 개념 웹툰

개념① 동물 관찰하기

1. 주변에서 동물을 볼 수 있는 곳

• 연못: 개구리, 붕어 등

① 공원: 비둘기 등

② 나무 위: 까치, 참새 등

③ 뒷산: 다람쥐, 사슴벌레 등

④ 집 주변: 개, 고양이 등

⑤ 학교 화단: 개미, 나비, 거미, 달팽이, 공벌레 등

2. 주변에서 사는 동물 관찰하기

① 돋보기나 확대경을 이용하면 작은 동물을 확대하여 관찰할 수 있습니다.

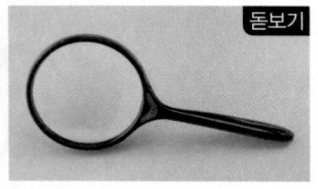
돋보기

확대경

② 확대경은 작은 동물을 가두어 놓고 관찰할 수 있으므로 빠르게 움직이는 동물을 관찰하는 데 편리합니다.

내 교과서 살펴보기 / 천재, 김영사, 아이스크림, 지학사

확대경으로 개미 관찰하기

관찰 방법	**1** 관찰할 동물을 확대경에 넣기 **2** 한쪽 눈으로 관찰하기
관찰 내용	• 몸이 머리, 가슴, 배로 구분됨. • 머리에 더듬이 1쌍, 가슴에 다리 3쌍이 있음. • 몸이 전체적으로 검은색임.

관찰이 끝나면 살던 곳에 놓아줘.

확대경

개미→

중요 개념② 관찰한 동물의 특징 → 동물도감이나 스마트 기기를 이용하면 동물의 특징을 자세하게 조사할 수 있습니다.

동물	관찰 장소	특징
까치	화단, 나무 위	• 몸이 깃털로 덮여 있음. • 날개가 있어 날아다님.
참새	화단, 나무 위	• 몸이 깃털로 덮여 있음. • 날개가 있어 날아다님.

☑ **주변에서 사는 동물**

나무 위에서는 까치, 참새 등을, 화단에서는 개미, 나비 등을, ❶ ☐ ☐ 에서는 개구리, 소금쟁이 등을 볼 수 있습니다.

까치
나무 위
화단

소금쟁이
연못
개구리

☑ **까치와 참새의 특징**

까치와 참새는 몸이 ❷ ☐ ☐ 로 덮여 있고, 날개가 있습니다.

나무 위에서 볼 수 있어.

까치
참새

정답 ❶ 연못 ❷ 깃털

동물	관찰 장소	특징
거미	화단	• 다리가 네 쌍임. • 거미줄에 매달려 있음. • 몸이 머리가슴과 배로 구분됨.
달팽이	화단	• 등에 딱딱한 껍데기가 있음. • 미끄러지듯이 움직임.
공벌레	화단	• 몸이 여러 개의 마디로 되어 있음. • 건드리면 몸을 공처럼 둥글게 만듦.
개미 ┗ 곤충입니다. 용어 몸이 머리, 가슴, 배 세 부분으로 구분되고 다리가 3쌍인 동물	화단	• 다리가 세 쌍임. • 더듬이 한 쌍이 있음. • 몸이 머리, 가슴, 배로 구분됨.
나비	화단	• 날개가 있어 날아다님. • 꽃에 앉아 대롱같이 생긴 입으로 꿀을 먹음.
소금쟁이	물웅덩이	• 다리가 여섯 개이고, 그 중 네 개는 매우 긺. • 물 위를 미끄러지듯이 움직임.
개구리	연못, 물웅덩이	• 다리가 네 개임. • 뒷다리가 앞다리보다 긺. • 물과 땅을 오가며 삶. ┗ 땅에서는 뛰어다니고 물속에서는 헤엄쳐 이동합니다.
금붕어	연못	• 물속에서 삶. • 아가미와 지느러미가 있음. • 물속에서 헤엄쳐 이동함.

☑ **거미, 개미, 공벌레의 특징**

거미는 다리가 ❸ [ㄴ] 쌍이고, 개미는

다리가 ❹ [ㅅ] 쌍이며, 공벌레는 몸이

여러 개의 마디로 되어 있습니다.

나는 곤충!

공벌레

개미

우리는 곤충이 아니야.

거미

☑ **개구리의 특징**

개구리는 다리가 네 개이고, ❺ [ㅁ]

과 땅을 오가며 삽니다.

개굴

뒷다리가 길어.

정답 ❸ 네 ❹ 세 ❺ 물

내 교과서 살펴보기 / 천재

'동물 다섯고개' 놀이 하기

질문1 날개가 있나요?

대답: 아니요.

질문2 다리가 4개인가요?

대답: 예.

질문3 몸이 털로 덮여 있나요?

대답: 아니요.

질문4 물과 땅을 오가며 사나요?

대답: 예.

질문5 어릴 때 꼬리가 있나요?

대답: 예.

정답 개구리입니다.

개념③ 특징에 따른 동물 분류

> **용어** 탐구 대상을 어떠한 특징이나 조건에 따라 무리 짓는 것

1. 동물 분류하기: 생김새와 특징에 따라 다양하게 분류할 수 있습니다.

① 비슷한 특징이 있는 동물끼리 모아 공통점 쓰기 (예)

비슷한 특징이 있는 동물끼리 모으기

| 참새 | 벌 | 닭 | 잠자리 |

공통점: 날개가 있음.
→ 분류 기준으로 정합니다.

② 동물의 생김새와 특징에 따라 분류 기준 정하기

알맞은 분류 기준	• (예) 다리가 있나요?, 날개가 있나요?, 더듬이가 있나요? 등 ➡ 까닭: 누가 분류하더라도 같은 분류 결과가 나오기 때문임.
알맞지 않은 분류 기준	• (예) 빠른가요? → 분류 기준으로 길이, 크기 등도 알맞지 않습니다. ➡ 까닭: 어떤 동물이 빠른지 느린지를 판단하는 기준이 명확하지 않기 때문임.

탐구 2. 알맞은 분류 기준을 정해 동물 분류하기 (예)

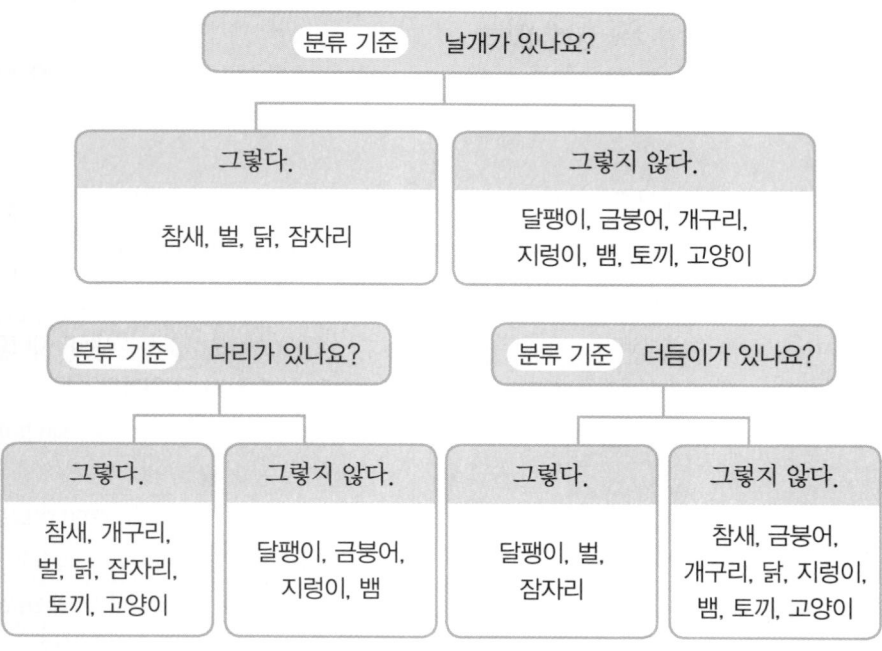

| 분류 기준 | 날개가 있나요? |

그렇다.	그렇지 않다.
참새, 벌, 닭, 잠자리	달팽이, 금붕어, 개구리, 지렁이, 뱀, 토끼, 고양이

| 분류 기준 | 다리가 있나요? | | 분류 기준 | 더듬이가 있나요? |

그렇다.	그렇지 않다.	그렇다.	그렇지 않다.
참새, 개구리, 벌, 닭, 잠자리, 토끼, 고양이	달팽이, 금붕어, 지렁이, 뱀	달팽이, 벌, 잠자리	참새, 금붕어, 개구리, 닭, 지렁이, 뱀, 토끼, 고양이

3. 동물을 특징에 따라 분류할 때 좋은 점: 동물을 이해하는 데 도움이 됩니다.

개념 체크

☑ 동물 분류하기

동물은 생김새와 특징에 따라 분류
❻ □□ 을 세워 분류할 수 있습니다.

날개가 있는 것이
공통점이야.

닭   잠자리

다슬기   붕어

사는 곳이 비슷해.

☑ 동물의 분류 기준

동물을 분류하는 기준에는 **❼**(다리 /
날개 / 아름다움)의 유무 등이 있습
니다.

다리가 있나요?

날개가 있나요?

정답 ❻ 기준 **❼** 다리, 날개

내 교과서 살펴보기 / 김영사, 아이스크림

분류 기준	물속에 사는가?	
그렇다.	그렇지 않다.
붕어, 송사리, 다슬기, 돌고래	고양이, 나비, 지렁이, 제비, 개미

개념 다지기

1 주변에서 동물을 볼 수 있는 곳과 그곳에서 주로 볼 수 있는 동물을 줄로 바르게 이으시오.

(1) 물웅덩이 •

(2) 화단, 나무 위 •

(3) 화단 •

• ㉠
소금쟁이

• ㉡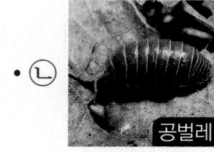
공벌레

• ㉢
참새

2 다음 중 주변에서 사는 동물에 대한 설명으로 옳은 것은 어느 것입니까? (   )

① 까치는 다리가 없다.

② 개미는 다리가 두 쌍이 있다.

③ 고양이는 집 주변에서 볼 수 있다.

④ 공벌레는 등에 딱딱한 껍데기가 있다.

⑤ 거미는 건드리면 몸을 공처럼 둥글게 만든다.

3 다음은 어떤 동물의 특징인지 (   ) 안의 알맞은 동물에 ○표를 하시오.

- 연못에서 볼 수 있습니다.
- 다리가 두 쌍이고, 뒷다리가 앞다리보다 깁니다.
- 땅에서는 뛰어다니고 물속에서는 헤엄쳐 이동합니다.

(개 / 개구리 / 달팽이)

4 다음 중 동물을 분류하는 기준으로 옳은 것에 ○표를 하시오.

(1) 빠른가요? (   )

(2) 아름다운가요? (   )

(3) 물속에서 사는 동물인가요? (   )

5 다음 동물들을 분류 기준에 따라 분류하시오.

닭   지렁이   개구리
뱀   잠자리   토끼

분류 기준	날개가 있나요?

그렇다.	그렇지 않다.
❶	❷

6 동물을 다음과 같이 분류할 때 분류 기준으로 가장 알맞은 것을 **보기**에서 골라 기호를 쓰시오.

보기
㉠ 더듬이가 있나요?
㉡ 새끼를 낳는 동물인가요?

그렇다.	그렇지 않다.
개미, 잠자리, 달팽이	토끼, 닭, 개구리

(   )

2 단원

단원 실력 쌓기

2. 동물의 생활 (1)

Step 1 단원평가

[1~5] 다음은 개념 확인 문제입니다. 물음에 답하시오.

1 주변에서 사는 작은 동물을 확대해서 관찰할 수 있는 관찰 도구를 한 가지 쓰시오.

( )

2 개미와 거미 중 몸이 머리, 가슴, 배의 세 부분으로 구분되는 것은 어느 것입니까?

( )

3 참새와 까치는 몸이 무엇으로 덮여 있습니까?

( )

4 닭, 벌, 참새의 공통점을 한 가지 쓰시오.

( )

5 동물을 분류할 수 있는 알맞은 기준에는 (예쁜가? / 다리가 있는가?) 등이 있습니다.

6 다음 중 주변 화단에서 주로 볼 수 있는 동물이 <u>아닌</u> 것은 어느 것입니까? ( )

①
⚠ 개구리

②
⚠ 거미

③
⚠ 달팽이

④
⚠ 나비

천재, 금성, 김영사, 비상, 지학사

7 다음 중 개미의 특징에 대한 설명으로 옳은 것은 어느 것입니까? ( )

① 다리가 세 쌍이다.
② 긴 대롱 모양의 입이 있다.
③ 화단에서 볼 수 있고, 기어 다닌다.
④ 건드리면 몸을 공처럼 둥글게 만든다.
⑤ 몸이 하얀색과 검은색으로 되어 있다.

8 주변에서 사는 동물 중 다음과 같은 특징을 가진 동물은 어느 것입니까? ( )

> • 등에 딱딱한 껍데기가 있습니다.
> • 미끄러지듯이 움직입니다.

① 벌　　　　　　② 거미
③ 개구리　　　　④ 달팽이
⑤ 공벌레

9 다음 중 주변에서 사는 동물을 관찰한 장소와 특징에 대한 설명으로 옳지 <u>않은</u> 것은 어느 것입니까?

( )

	동물	관찰 장소	특징
①	금붕어	연못	다리가 없어 기어 다님.
②	거미	화단	다리가 네 쌍임.
③	나비	화단	날개가 있어 날아다님.
④	참새	화단, 나무 위	몸이 깃털로 덮여 있음.
⑤	공벌레	화단	몸이 여러 개의 마디로 되어 있음.

16 | 과학 3-2

천재, 동아, 아이스크림

10 다음은 주변에서 사는 동물을 찾아 관찰하여 정리한 내용입니다. 관찰한 동물의 이름을 쓰시오.

관찰한 동물	
관찰 장소	화단, 나무 위
특징	• 몸이 검은색과 하얀색 깃털로 덮여 있음. • 날개가 있어 날아다님.

( )

7종 공통

11 다음은 동물을 분류할 때 좋은 점입니다. ☐ 안에 들어갈 알맞은 말을 쓰시오.

동물을 ☐ 에 따라 분류하면 동물을 더 잘 이해할 수 있습니다.

( )

7종 공통

12 다음 중 거미, 개구리, 고양이의 공통적인 특징으로 옳은 것은 어느 것입니까? ( )

① 날개가 있다.　　② 알을 낳는다.
③ 더듬이가 있다.　　④ 다리가 있다.
⑤ 몸이 털로 덮여 있다.

7종 공통

13 다음 중 특징에 따라 동물을 분류하는 기준으로 알맞지 않은 것은 어느 것입니까? ( )

① 큰가요?
② 다리가 있나요?
③ 더듬이가 있나요?
④ 몸이 털로 덮여 있나요?
⑤ 물속에 사는 동물인가요?

7종 공통

14 다음은 '새끼를 낳는 동물인가요?'라는 기준에 따라 분류한 결과입니다. 잘못 분류한 동물은 어느 것입니까?

( )

그렇다.	그렇지 않다.
① 개 ③ 토끼 ⑤ 개구리	② 붕어 ④ 참새

7종 공통

15 동물을 다음과 같이 두 무리로 나눈 분류 기준으로 옳은 것은 어느 것입니까? ( )

뱀, 금붕어	벌, 게, 공벌레

① 알을 낳나요?　　② 날개가 있나요?
③ 물에서 사나요?　　④ 다리가 있나요?
⑤ 부리가 있나요?

7종 공통

16 다음 동물을 두 무리로 분류할 수 있는 기준을 한 가지 세우고, 그 기준에 따라 분류하시오. (단, 두 마리씩 나누시오.)

△ 지렁이 △ 직박구리

△ 다람쥐 △ 달팽이

(1) 분류 기준: ( )

(2) 분류 결과

그렇다.	그렇지 않다.
❶	❷

천재, 금성, 지학사

17 다음은 주변에서 볼 수 있는 동물을 관찰하고, 관찰한 곳, 움직임, 생김새 등의 특징을 정리한 것입니다. 빈칸에 알맞은 말을 쓰시오.

관찰한 동물	관찰한 곳	특징
참새	화단, 나무 위	• 몸은 **❶** [ ] (으)로 덮여 있음. • 날개가 있어 날아다님.
❷ [ ]	화단	• 다리가 네 쌍이고, 걸어다님. • 몸이 머리가슴과 배의 두 부분으로 구분됨.
공벌레	화단	• 다리가 여러 개임. • 건드리면 몸을 **❸** _____ _____ .

7종 공통

18 다음은 비슷한 특징을 가진 동물끼리 무리 지은 것입니다.

(가)	(나)

⚠ 직박구리　　⚠ 참새

⚠ 벌　　⚠ 잠자리

(1) (가) 동물 무리의 공통된 특징에 해당하는 것에 ○표를 하시오.

　　　　　　　　(더듬이가 있다. / 몸이 깃털로 덮여 있다.)

(2) (나) 동물 무리의 공통된 특징에 해당하는 것에 ○표를 하시오.

　　　　　　　　(더듬이가 있다. / 몸이 깃털로 덮여 있다.)

(3) 동물을 위와 같이 (가)와 (나)로 분류할 수 있는 기준을 두 가지 쓰시오.

_____

_____

17 • (까치 / 참새)는 몸이 갈색에 검은 무늬가 있는 깃털로 덮여 있고 배 부분은 흰색입니다.

• 거미는 다리가 [ ] 쌍입니다.

• (달팽이 / 공벌레)는 건드리면 몸을 공처럼 만듭니다.

18 (1) 직박구리, 참새는 몸이 깃털로 덮여 있는 [ ] 입니다.

(2) 벌과 잠자리는 곤충이고, [ ][ ][ ] 가 있습니다.

(3) 직박구리와 참새는 더듬이가 [ ] 고, 벌과 잠자리는 더듬이가 [ ] 습니다.

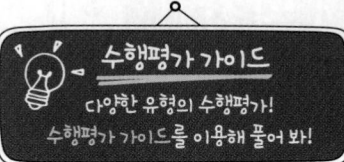

2
단원

진도 완료
체크

학습 **주제**   동물을 특징에 따라 분류하기

학습 **목표**   동물을 특징에 따라 분류 기준을 세워 분류할 수 있다.

특징에 따라 동물을 분류할 때 기준이 될 수 있는 것

• 날개의 유무, 다리의 유무, 더듬이의 유무, 몸을 덮고 있는 것, 사는 곳, 동물의 종류 등

[19~20] 다음 동물을 관찰하고 생김새와 특징에 따라 동물을 분류하여 봅시다.

⌃ 참새   ⌃ 거미   ⌃ 소금쟁이

⌃ 달팽이   ⌃ 개미   ⌃ 뱀

⌃ 금붕어   ⌃ 공벌레   ⌃ 나비

7종 공통

19 위의 동물을 다음과 같이 분류할 수 있는 알맞은 분류 기준을 쓰시오.

그렇다.	그렇지 않다.
참새, 거미, 소금쟁이, 개미, 공벌레, 나비	달팽이, 뱀, 금붕어

(   )

동물 무리의 공통점 찾기

• 참새, 거미, 소금쟁이, 개미, 공벌레, 나비: 다리가 있습니다.
• 달팽이, 뱀, 금붕어: 다리가 없습니다.

7종 공통

20 위 19번의 분류 기준 외에 새로운 분류 기준을 세우고 그에 따라 동물을 분류하시오.

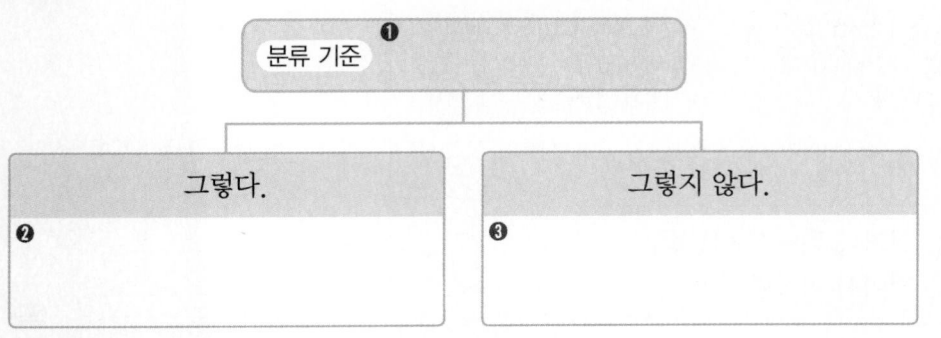

분류 기준 ❶

그렇다.	그렇지 않다.
❷	❸

분류한 결과를 다른 기준에 따라 다시 분류할 수 있어.

6 다양한 환경에 사는 동물 / 생활 속 동물 모방

개념 1 땅에서 사는 동물

땅 위 → 고라니, 여우, 너구리, 거미, 공벌레 등

노루
- 몸이 털로 덮여 있음.
- 수컷은 머리에 뿔이 있음.
- 다리는 4개임.
- 걷거나 뛰어다님.

다람쥐
- 몸이 털로 덮여 있음.
- 등에 줄무늬가 있음.
- 다리는 4개임.
- 걷거나 뛰어다님.

소
- 몸이 털로 덮여 있음.
- 머리에 뿔이 있음.
- 다리는 4개임.
- 걷거나 뛰어다님.

땅 위와 땅속

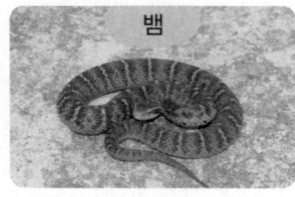
뱀
- 몸이 길고 비늘로 덮여 있음.
- 다리가 없음.
- 기어서 이동함.

개미
- 몸이 머리, 가슴, 배로 구분되고, 다리가 3쌍임.
- 걸어서 이동함.

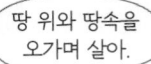
땅 위와 땅속을 오가며 살아.

땅속

두더지
- 몸이 길고 털로 덮여 있음.
- 삽처럼 생긴 앞발로 땅속에 굴을 파서 이동함.
- 걸어서 이동함.

땅강아지
- 몸이 머리, 가슴, 배로 구분되고, 다리가 3쌍임.
- 앞다리를 이용해 땅을 팜.
- 걸어서 이동함.

지렁이
- 다리가 없음.
- 몸이 길쭉하고 여러 개의 마디가 있음.
- 기어서 이동함.

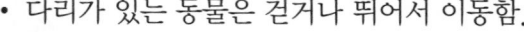

- 다리가 있는 동물은 걷거나 뛰어서 이동함.
- 다리가 없는 동물은 기어서 이동함.

☑ 땅에서 사는 동물

❶ [ㄸ][ㅅ] 에는 두더지, 지렁이 등이 살고, 뱀, 개미처럼 땅 위와 땅속을 오가며 사는 동물이 있습니다.

땅속과 땅 위를 오가며 살아.

나는 땅속

두더지 / 개미 / 뱀 / 지렁이 / 땅강아지

주로 땅속에서 생활해.

동물의 생김새나 이동 방법, 생활 방식 등은 생활 환경과 관련이 있어.

정답 ❶ 땅속

개념② 물에서 사는 동물

1. 강이나 호수에 사는 동물

> 내 교과서 살펴보기 / 천재

강가나 호숫가 → 땅과 물을 오가며 삽니다.

수달
- 몸이 털로 덮여 있음.
- 발가락에 물갈퀴가 있어서 헤엄칠 수 있음.

개구리
- 다리가 4개임.
- 발가락에 물갈퀴가 있어서 헤엄칠 수 있음.

강이나 호수의 물속 → 물자라, 붕어, 송사리 등

물방개
- 다리가 3쌍임.
- 다리로 헤엄쳐 이동함.

피라미
- 아가미가 있음.
- 지느러미로 헤엄쳐 이동함.

다슬기
- 아가미가 있음.
- 물속 바위에 붙어서 기어 다님.

2. 바다에 사는 동물

> 용어 바닷물이 들어오면 물에 잠기고, 바닷물이 빠져나가면 드러나는 땅

갯벌 → 갯지렁이, 짱뚱어, 갯강구, 도요새 등

조개
- 아가미가 있음.
- 땅을 파고 들어가거나 기어 다님.

게
- 아가미가 있음.
- 다리가 5쌍임.
- 걸어서 이동함.

바닷속 → 고등어, 상어, 가오리, 소라 등

돌고래
- 몸이 부드럽게 굽은 형태
- 숨을 쉴 때마다 물 위로 올라옴.
- 지느러미로 헤엄침.

오징어
- 몸이 긴 세모 모양
- 다리가 10개임.
- 아가미가 있음.
- 지느러미로 헤엄침.

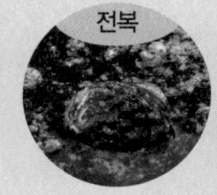
전복
- 몸은 둥근 모양의 딱딱한 껍질로 둘러싸임.
- 물속 바위에 붙어서 배발로 기어 다님.

3. 붕어, 고등어가 물속에서 헤엄쳐 이동하기에 알맞은 생김새의 특징

- 지느러미가 있음.   · 몸이 부드럽게 굽은 형태임.

  └→ '유선형'이라고 합니다.

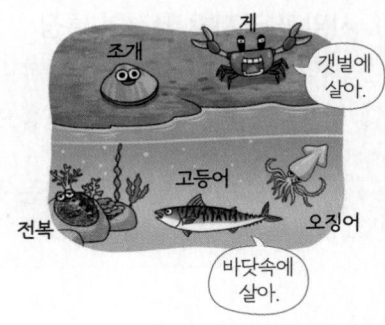
> 내 교과서 살펴보기 / 천재, 금성, 비상, 아이스크림, 지학사

붕어와 고등어

구분	붕어	고등어
사는 곳	강이나 호수의 물속	바닷속
특징	• 몸이 비늘로 덮여 있음. • 아가미로 숨을 쉼. • 지느러미가 있음. • 몸이 부드럽게 굽은 형태임. • 이동 방법: 지느러미로 헤엄쳐 이동함.	

개념③ 날아다니는 동물

새 → 까치, 딱새, 새매 등	곤충 → 나비, 잠자리 등
직박구리 / 제비	벌 / 매미
• 부리가 있고, 다리가 2개임. • 몸이 깃털로 덮여 있음. • 날개를 이용하여 날아다님.	• 몸이 머리, 가슴, 배로 구분됨. • 날개 2쌍, 다리 3쌍, 더듬이가 있음. • 날개를 이용하여 날아다님.

날개가 있어 날아서 이동할 수 있음.

개념④ 사막과 극지방에서 사는 동물

1. 사막과 극지방 환경의 특징

① 사막: 낮에는 덥고 밤에는 추우며, 물이 매우 적고 모래바람이 많이 붑니다.
② 극지방: 남극과 북극을 중심으로 한 주변 지역으로, 온도가 매우 낮습니다.

➡ 특수한 환경에서 사는 동물은 사람이 살기 어려운 환경에서도 잘 살 수 있는 특징이 있음.

2. 사막에서 사는 동물 → 사막 전갈, 사막 거북, 사막 뱀 등

→ 먹이가 없어도 며칠동안 생활할 수 있습니다.

낙타
• 콧구멍을 열고 닫을 수 있어서 모래 먼지가 콧속으로 들어가는 것을 막을 수 있음.
• 등에 있는 혹에 지방을 저장함.
• 발바닥이 넓어서 모래가 많은 땅에서 빠지지 않고 잘 걸을 수 있음.

사막여우
• 몸에 비해 큰 귀로 체온 조절을 함.
• 몸이 옅은 황갈색 털로 덮여 있음.

사막 도마뱀
• 몸에 뾰족한 뿔들이 있고 꼬리가 긺.
• 발바닥과 피부로 물을 흡수할 수 있음.

개념 체크

☑ 날아다니는 동물

까치, 제비, 직박구리 등의 새와 나비, 잠자리 등의 곤충은 ❹ㄴㄱ가 있어 날아서 이동합니다.

나는 새 / 곤충이야. / 제비 / 잠자리

☑ 사막과 극지방에서 사는 동물

❺(사막 / 극지방)에서 사는 동물로 낙타, 사막여우 등이 있고, ❻(사막 / 극지방)에서 사는 동물로 북극곰, 북극여우, 황제펭귄 등이 있습니다.

사막 / 낙타 / 사막여우 / 황제펭귄 / 북극여우 / 극지방

정답 ❹ 날개 ❺ 사막 ❻ 극지방

3. 극지방에서 사는 동물 → 남극물개, 순록, 바다코끼리 등

북극곰
• 귀와 꼬리가 작고 뭉툭함.
• 몸이 털로 덮여 있음.
• 몸집이 큼.

북극여우
• 몸의 열을 빼앗기지 않기 위해 귀가 작음.
• 몸이 털로 덮여 있음.

황제펭귄
• 여러 마리가 무리 지어 생활하며 추위를 이겨냄.
• 몸이 깃털로 덮여 있음.

2 단원

개념 5 생활 속 동물 모방

> 용어 다른 것을 본뜨거나 본받음.

1. 동물의 특징을 활용한 생활용품

> 내 교과서 살펴보기 / 천재

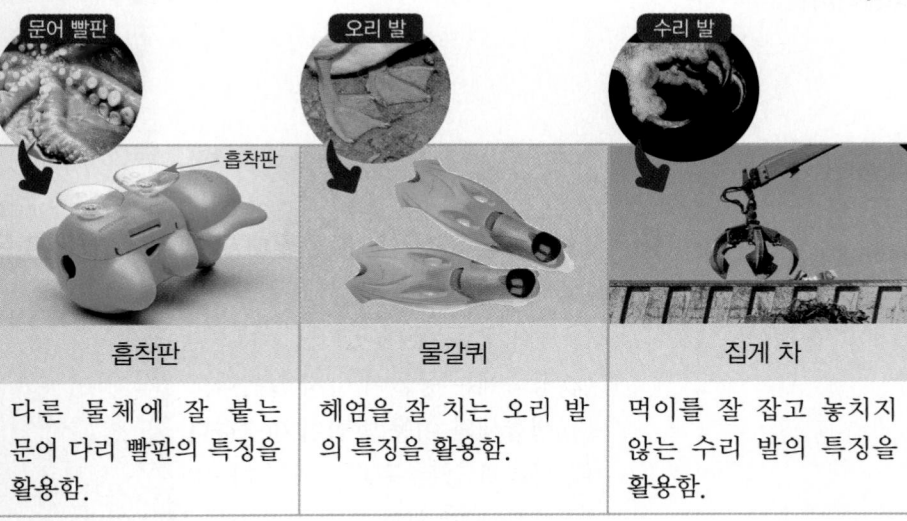

문어 빨판 / 오리 발 / 수리 발

흡착판	물갈퀴	집게 차
다른 물체에 잘 붙는 문어 다리 빨판의 특징을 활용함.	헤엄을 잘 치는 오리 발의 특징을 활용함.	먹이를 잘 잡고 놓치지 않는 수리 발의 특징을 활용함.

2. 동물의 특징을 활용한 예

① 등산화: 가파른 바위를 잘 다니는 산양의 발바닥 특징을 활용합니다.

② 소금쟁이를 활용하여 만든 로봇: 물 위에서도 움직일 수 있습니다.

③ 뱀을 활용하여 만든 로봇: 좁은 공간을 기어서 이동하면서 살펴봅니다.

3. 동물의 특징을 활용하면 좋은 점

① 사람들의 생활이 편리해집니다.

② 동물의 특징을 활용한 로봇은 깊은 바닷속이나 재난 현장과 같이 사람들이 가기 어려운 곳을 쉽게 탐색할 수 있습니다.

> 용어 뜻밖에 일어난 불행한 사고와 어려움.

☑ **생활 속 동물 모방 사례**

흡착판은 문어의 ⁷ [빠][ㅍ] 을, 물갈퀴는 오리 발을, 집게 차는 수리 발의 특징을 활용한 예입니다.

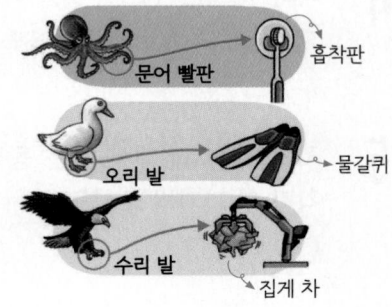

문어 빨판 → 흡착판
오리 발 → 물갈퀴
수리 발 → 집게 차

정답 ❼ 빨판

> 내 교과서 살펴보기 / 김영사, 동아, 아이스크림, 지학사

상어 피부를 모방한 전신 수영복

헤엄칠 때 생기는 물의 저항을 줄여주어 빠르게 헤엄칠 수 있게 하는 상어 피부의 특징을 활용하여 전신 수영복을 만듭니다.

🔺 매우 작은 돌기가 있는 상어 피부

단원 실력 쌓기

Step 1 단원평가

7종 공통

[1~5] 다음은 개념 확인 문제입니다. 물음에 답하시오.

1 땅 위와 땅속을 오가며 사는 동물은 (개미 / 두더지) 입니다.

2 땅에서 사는 동물 중 다리가 없는 동물은 어떻게 이동합니까? ( )

3 붕어, 고등어의 몸은 어떤 형태입니까? ( )

4 나비, 까치는 주로 무엇을 이용하여 이동합니까? ( )

5 사막과 극지방에서 사는 동물에는 어떤 것이 있는지 각각 한 가지씩 쓰시오. ( )

7종 공통

6 다음의 동물을 사는 곳에 따라 분류하시오.

뱀, 노루, 공벌레, 땅강아지

땅 위	❶
땅속	❷
땅 위와 땅속	❸

천재, 김영사, 동아, 비상

7 다음의 땅에서 사는 동물과 그 특징을 줄로 바르게 이으시오.

(1)
△ 지렁이

・㉠ 땅속에서 살고, 삽처럼 생긴 앞발로 굴을 파서 이동함.

(2)
△ 두더지

・㉡ 몸이 머리, 가슴, 배로 구분되고 다리가 세 쌍임.

(3)
△ 개미

・㉢ 몸이 길쭉하고 여러 개의 마디가 있음.

7종 공통

8 다음 중 땅에서 사는 동물에 대한 설명으로 옳은 것은 어느 것입니까? ( )
① 몸이 털로 덮여 있다.
② 땅속에는 동물이 살지 않는다.
③ 생김새와 이동 방법이 비슷하다.
④ 다리가 없는 동물은 기어 다닌다.
⑤ 대부분 땅 위와 땅속을 오가며 살고 있다.

7종 공통

9 다음 보기 에서 바다에 사는 동물이 아닌 것을 두 가지 골라 기호를 쓰시오.

보기
㉠ 수달　　㉡ 고등어　　㉢ 상어
㉣ 전복　　㉤ 물방개　　㉥ 오징어

(,)

천재, 비상, 아이스크림, 지학사

10 다음 두 동물의 공통점으로 옳은 것은 어느 것입니까?
( )

🔺 붕어

🔺 다슬기

① 갯벌에서 산다.
② 바닷속에서 산다.
③ 아가미로 숨을 쉰다.
④ 지느러미로 헤엄친다.
⑤ 몸이 부드럽게 굽은 형태이다.

천재, 금성, 비상, 아이스크림, 지학사

11 다음 중 붕어, 고등어의 특징으로 옳지 <u>않은</u> 것을
두 가지 고르시오. (,)

🔺 붕어

🔺 고등어

① 아가미가 있다.
② 지느러미가 있다.
③ 바닷속에서 산다.
④ 몸이 부드럽게 굽은 형태이다.
⑤ 숨을 쉴 때마다 물 위로 올라온다.

7종 공통

12 다음 중 날아다니는 동물에 대한 설명으로 옳지 <u>않은</u>
것을 두 가지 고르시오. (,)

① 까치는 몸이 깃털로 덮여 있다.
② 제비는 몸이 깃털로 덮여 있다.
③ 날아다니는 동물은 다리가 없다.
④ 매미는 날개가 있어 날아다닌다.
⑤ 직박구리는 곤충으로 날아서 이동한다.

7종 공통

13 다음 중 사는 곳에 따른 동물의 특징으로 옳은 것은
어느 것입니까? ( )

① 땅속에서 사는 동물은 다리가 없다.
② 극지방에서 사는 동물은 추위에 약하다.
③ 물에서 사는 동물은 숨을 쉬지 않고 살 수 있다.
④ 사막에서 사는 동물은 물이나 먹이를 계속 먹지
않고 살 수 있다.
⑤ 물에서 사는 동물 중에는 걸어 다니는 동물,
헤엄쳐 이동하는 동물, 기어다니는 동물도 있다.

천재, 금성, 김영사, 아이스크림

14 다음 동물이 사는 곳과 그 곳에서 잘 살 수 있는 특징
을 보기 에서 골라 차례대로 기호를 쓰시오.

보기

㉠ 사막 ㉡ 북극 ㉢ 남극
㉣ 여러 마리가 무리 지어 생활합니다.
㉤ 귀와 꼬리가 작고 뭉툭하며, 몸집이 큽니다.

(1)

🔺 북극곰

(2)

🔺 황제펭귄

(,) (,)

7종 공통

15 다음 중 동물의 특징을 활용한 예에 대한 설명으로
옳은 것에는 ○표, 옳지 <u>않은</u> 것에는 ×표를 하시오.

(1) 주로 몸이 큰 동물의 특징을 활용하고 있습니다.
( )

(2) 동물의 특징을 생활에서 다양하게 활용하고
있습니다. ( )

(3) 로봇 과학자들은 동물의 특징을 활용하여
로봇을 만들기도 합니다. ( )

16 오른쪽의 두더지는 땅속에서 사는 동물입니다. 두더지가 땅속에서 생활하기에 적합한 특징을 생김새와 관련지어 쓰시오.

천재, 김영사, 동아, 비상, 지학사

답 두더지는 삽처럼 생긴 ❶ [   ] (으)로

❷ [   ] 에 굴을 파서 이동한다.

서술형 가이드
어려워하는 서술형 문제!
서술형 가이드를 이용하여 풀어 봐!

16 두더지는 다리가 네 개이고, [ ]처럼 생긴 앞발로 [ ]을 파서 땅속에서 이동합니다.

17 다음은 물에서 사는 동물입니다.

천재, 비상, 아이스크림

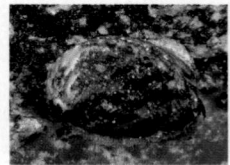

| ⚠ 전복 | ⚠ 붕어 | ⚠ 다슬기 | ⚠ 상어 |

(1) 위 동물들을 다음과 같이 분류할 수 있는 알맞은 분류 기준을 쓰시오.

• 분류 기준: _____

• 분류 결과

그렇다.	그렇지 않다.
전복, 상어	붕어, 다슬기

(2) 위 동물들의 이동 방법을 쓰시오.

_____

_____

17 (1) [ ][ ]에서 사는 동물은 전복과 상어이고 붕어와 다슬기는 그렇지 않습니다.

(2) 전복과 다슬기는 [ ][ ] 다니고, 붕어와 상어는 지느러미로 헤엄쳐 이동합니다.

금성, 아이스크림

18 다음의 동물이 이동하는 방법을 쓰시오.

| ⚠ 참새 | ⚠ 매미 |

_____

_____

18 (1) (참새 / 매미)는 다리가 두 개이고, 날개를 이용하여 날아다닙니다.

(2) (참새 / 매미)는 다리가 여섯 개이고, 날개를 이용하여 날아다닙니다.

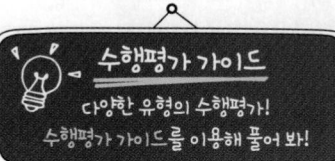
Step 3 수행평가

학습 주제 특수한 환경에서 사는 동물의 특징 알아보기

학습 목표 특수한 환경에서 사는 동물을 조사하고 특징을 설명할 수 있다.

7종 공통

19 다음은 사람이 살기 어려운 환경의 모습입니다.

⬆ 사막

⬆ 극지방

(1) 다음은 사막과 극지방 중 어떤 환경의 특징인지 쓰시오.

> • 낮에는 덥고 밤에는 매우 춥습니다.
> • 비가 거의 내리지 않아 물이 매우 적습니다.
> • 모래바람이 많이 붑니다.

(   )

(2) 위 (1)번 답의 환경에서 사는 동물의 예를 두 가지 쓰시오.

(   )

천재, 금성, 동아, 아이스크림, 지학사

20 다음은 극지방에서 사는 북극여우를 조사한 내용입니다. 북극여우가 극지방에서 잘 살 수 있는 까닭을 한 가지 쓰시오.

동물 이름	북극여우	사는 곳	북극
모습			
특징	• 귀가 작고 둥근 모양임. • 털이 두껍고 촘촘하게 나 있음. • 겨울철에는 털 색깔이 흰색임.		

_____

_____

특수한 환경에서 사는 동물

동물	특징
낙타	• 사는 곳: 사막 • 등에 있는 혹에 지방을 저장함. • 발바닥이 넓어 발이 모래에 잘 빠지지 않음. • 콧구멍을 열고 닫을 수 있음.
사막 여우	• 사는 곳: 사막 • 몸에 비해 큰 귀로 체온을 조절함. • 꼬리가 길고 도톰함.
사막 도마 뱀	• 사는 곳: 사막 • 몸에 뾰족한 뿔들이 있음. • 발바닥과 피부로 물을 흡수할 수 있음.
북극 곰	• 사는 곳: 북극 • 몸집이 큼. • 귀와 꼬리가 작고 뭉툭함.
황제 펭귄	• 사는 곳: 남극 • 무리 지어 생활하며 추위를 이겨냄.

2 단원

진도 완료 체크

> 동물도감이나 스마트 기기를 이용하면 자세하게 조사할 수 있어.

Q 배점 표시가 없는 문제는 문제당 4점입니다.

1 다음 중 주변에서 동물을 볼 수 있는 경우를 <u>잘못</u> 말한 친구는 누구입니까? (   )

7종 공통

① 현주: 집에서 개를 기르고 있어.

② 소라: 연못에서 거미를 보았어.

③ 태범: 뒷산에서 다람쥐를 보았어.

④ 동연: 학교 화단에서 개미를 볼 수 있어.

⑤ 달이: 공원 나무 위에서 까치를 볼 수 있어.

3 다음 중 개미, 공벌레와 같은 땅에서 사는 작은 동물을 가둬 놓고 자세하게 관찰하기에 가장 알맞은 도구의 기호를 쓰시오.

천재, 김영사, 아이스크림, 지학사

 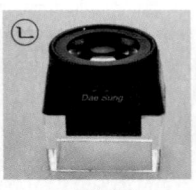 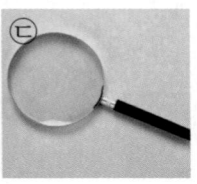

▲ 안경   ▲ 확대경   ▲ 돋보기

(   )

2 다음 설명에 해당하는 동물을 ㉠~㉣ 중에서 골라 기호를 쓰시오. [6점]

7종 공통

㉠
▲ 달팽이

㉡
▲ 까치

㉢
▲ 거미

㉣
▲ 벌

(1) 딱딱한 껍데기로 몸을 보호하고 미끄러지듯이 움직입니다.   (   )

(2) 날개가 있어 날 수 있고 다리가 세 쌍 있습니다.   (   )

(3) 몸이 깃털로 덮여 있고 날개가 있습니다.   (   )

(4) 다리가 네 쌍이고, 몸이 머리가슴과 배로 구분 됩니다.   (   )

4 다음 중 관찰한 동물의 특징을 더 자세하게 알아보는 방법으로 옳은 것을 두 가지 고르시오. (,   )

7종 공통

① 국어사전에서 찾아본다.

② 동물도감에서 찾아본다.

③ 스마트 기기를 이용하여 찾아본다.

④ 다른 장소에서 동물을 찾아 관찰한다.

⑤ 컴퓨터를 잘 하는 친구에게 물어 본다.

5 다음 중 여러 가지 동물을 분류할 수 있는 기준으로 적당하지 않은 것은 어느 것입니까? (   )

7종 공통

① 빠른가요?   ② 날개가 있나요?

③ 다리가 있나요?   ④ 물에서 사나요?

⑤ 몸이 털로 덮여 있나요?

7종 공통

6 동물을 다음과 같이 두 무리로 분류하였습니다. [총 12점]

(가)	(나)
토끼, 개구리, 비둘기	개미, 달팽이, 벌

(1) 위의 (가), (나) 무리와 비슷한 특징을 가진 동물의 예를 각각 한 가지씩 쓰시오. [6점]

　　　　　　　(가) (　　　　　　　　　　)

　　　　　　　(나) (　　　　　　　　　　)

(2) 위의 동물을 어떻게 분류한 것인지 쓰시오. [6점]

_____

_____

7종 공통

7 다음의 땅에서 사는 동물의 특징에 대한 설명으로 옳지 <u>않은</u> 것은 어느 것입니까? (　　　　)

　ⓐ 소　　　　　ⓐ 개미　　　　ⓐ 달팽이

　ⓐ 노루　　　　ⓐ 두더지

① 소: 다리가 네 개 있다.

② 개미: 몸이 머리, 가슴, 배 세 부분으로 구분된다.

③ 달팽이: 배를 땅에 대고 걸어서 이동한다.

④ 노루: 땅 위에서 살고 다리가 네 개 있다.

⑤ 두더지: 땅속에서 살고 몸이 털로 덮여 있다.

7종 공통

8 다음의 땅에서 사는 동물 중 땅속에서 살고, 기어서 이동하는 것은 어느 것입니까? (　　　　)

①
　ⓐ 개미

②
　ⓐ 지렁이

③
　ⓐ 거미

④
　ⓐ 공벌레

⑤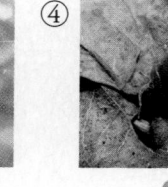
　ⓐ 땅강아지

7종 공통

9 다음 중 물에서 사는 동물의 사는 곳에 대한 설명으로 옳지 <u>않은</u> 것은 어느 것입니까? (　　　　)

① 갯벌에는 개구리가 산다.

② 바닷속에는 전복이 산다.

③ 갯벌에는 게나 조개가 산다.

④ 강가나 호숫가에는 수달이 산다.

⑤ 강이나 호수의 물속에는 다슬기가 산다.

천재, 금성, 동아, 비상, 아이스크림, 지학사

10 다음 중 오징어에 대한 설명으로 옳지 <u>않은</u> 것은 어느 것입니까? (　　　)

① 바닷속에서 산다.

② 몸이 비늘로 덮여 있다.

③ 몸이 긴 세모 모양이다.

④ 아가미를 이용하여 숨을 쉰다.

⑤ 지느러미를 이용하여 헤엄쳐 이동한다.

천재

12 다음 중 물에서 사는 동물의 이동 방법에 대한 설명으로 옳은 것은 어느 것입니까? (　　　)

① 게는 걸어서 이동한다.

② 다슬기는 땅을 파고 들어간다.

③ 전복은 배발로 걸어서 이동한다.

④ 수달은 물갈퀴로 걸어서 이동한다.

⑤ 물방개는 지느러미를 이용하여 헤엄친다.

🗂 **서술형·논술형 문제**

천재, 금성, 비상, 아이스크림, 지학사

11 다음은 붕어와 고등어를 관찰하고 생김새의 공통점을 정리한 것입니다. [총 12점]

⬆ 붕어

⬆ 고등어

동물 이름	붕어	고등어
사는 곳	강이나 호수의 물속	바닷속
공통점	• 몸이 [　　　] 형태임. • 몸이 비늘로 덮여 있음. • 아가미가 있어 물속에서 숨을 쉴 수 있음. • 여러 개의 지느러미가 있음.	

(1) 위 ☐ 안에 들어갈 알맞은 말을 쓰시오. [4점]

(　　　　　　　　　　)

(2) 위 동물들이 물속에서 헤엄쳐 이동하기에 알맞은 생김새의 특징을 두 가지 쓰시오. [8점]

_____

_____

7종 공통

13 다음과 같은 특징을 가지는 동물을 두 가지 고르시오.
(　　,　　)

> • 날개가 있습니다.
> • 다리가 두 개입니다.
> • 몸이 깃털로 덮여 있습니다.

① 벌　　　　　② 까치　　　　　③ 매미

④ 잠자리　　　⑤ 직박구리

7종 공통

14 다음 중 날아다니는 동물에 대한 설명으로 옳은 것은 어느 것입니까? (　　　)

① 다리가 없다.

② 모든 새는 날 수 있다.

③ 몸이 깃털로 덮여 있다.

④ 몸이 머리, 가슴으로 구분된다.

⑤ 곤충 중에는 날개가 있어 날아다니는 것이 있다.

15 다음 동물들이 날아다닐 수 있는 까닭을 쓰시오. [6점]

△ 직박구리

△ 잠자리

△ 매미

△ 제비

_____

_____

7종 공통

16 다음과 같은 특징을 가지고 있는 동물이 살아가는 특수한 환경은 어디인지 쓰시오.

• 콧구멍을 열고 닫을 수 있어서 모래 먼지가 콧속으로 들어가는 것을 막을 수 있습니다.
• 등에 있는 혹에 지방을 저장하여 먹이가 없어도 며칠 동안 생활할 수 있습니다.

(   )

7종 공통

17 다음 중 사막에서 사는 동물의 특징에 대한 설명으로 옳은 것은 어느 것입니까? (   )

① 낙타는 콧구멍이 없다.
② 사막여우는 몸에 비해 귀가 크다.
③ 사막 뱀은 등에 있는 혹에 지방을 저장한다.
④ 사막 도마뱀은 앞다리로 땅을 잘 팔 수 있다.
⑤ 사막 전갈은 발바닥과 피부로 물을 흡수할 수 있다.

18 다음은 극지방에서 사는 동물을 조사한 내용입니다. 조사한 동물은 어느 것입니까? (   )

특징	• 몸집이 큽니다. • 귀와 꼬리가 작고 뭉툭합니다. • 몸이 털로 촘촘하게 덮여 있습니다.

①

△ 북극곰

②

△ 황제펭귄

③

△ 사막여우

④

△ 북극여우

7종 공통

19 다음 중 생활 속에서 동물의 특징을 활용한 예와 활용한 동물의 특징을 잘못 짝지은 것은 어느 것입니까?
(   )

① 등산화 – 낙타 등
② 물갈퀴 – 오리 발
③ 집게 차 – 수리 발
④ 전신 수영복 – 상어 피부
⑤ 칫솔걸이 흡착판 – 문어 다리 빨판

20 다음과 같은 동물의 특징을 활용한 로봇을 만들 때 활용할 수 있는 특징을 가진 동물을 한 가지 쓰시오.

(1) 물 위에서 미끄러지듯이 움직이는 로봇
(   )

(2) 땅 위의 좁은 곳을 기어서 탐사하는 로봇
(   )

🌰 연관 학습 안내

초등 3학년 1학기	이 단원의 학습	초등 4학년
지구의 모습 지구는 둥근 공 모양이고, 물과 공기가 있어 생물이 살 수 있다는 것을 배웠어요.	**지표의 변화** 흙이 만들어지는 과정, 강과 바닷가 주변 지형의 특징에 대해 배워요.	**지층과 화석(1학기) / 화산과 지진(2학기)** 지층이 만들어지는 과정, 화석의 이용, 화산과 지진의 발생에 대해 배울 거예요.

만화로 단원 미리보기

지구를 걸고 흙 언덕 깃발 지키기 놀이를 하자.

심판은 공정하기로 유명한 내가 본다.

둥 둥

이건 알갱이의 크기가 비교적 큰 운동장 흙 같은데.

만져보면 거친 느낌의 운동장 흙으로 쌓은 거야.

난 부식물이 많은 화단 흙이 좋은데.

자! 어서 시작해 볼까?

씨익

너희는 3이고 나는 6! 내가 이겼다!

다만 이 흙 언덕에서 일어나는 일은 지구에도 똑같이 일어나거든.

스윽

팟

콸 콸

앗!

지표의 변화

3

🌸 단원 안내

(1) 화단 흙과 운동장 흙의 특징 / 흙이 만들어지는 과정
(2) 흐르는 물에 의한 땅의 모습 변화 / 강과 바닷가 주변의 모습

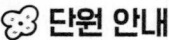

흙 언덕을 조금 깎았을 뿐인데!

흐르는 물의 침식 작용이 일어나 바위나 돌이 깎여 나갔어!

어이쿠! 내가 너무 많이 깎아 냈나? 퇴적 작용도 활발하게 일어나 강 하류에 모래가 많이 쌓였네.

앗! 또 작은 수야!

큭 큭

너희가 주사위를 던지면 작은 수가 나오도록 장치를 했지.

앗싸! 내가 또 이겼다! 이번엔 흙을 많이 가져가서 지표를 더 많이 변화시켜 볼까?

딩셀 딩셀

으~

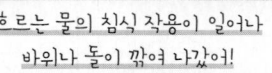

심판! 만약 저 깃발을 건드려서 쓰러뜨리면 어떻게 돼?

흙을 아무리 많이 가져가도 깃발을 쓰러뜨린 쪽이 져. 지구 지표도 원상태로 복구한다.

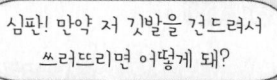

흐흐! 어느 지역을 차지할까!

큭 큭 큭

척

그렇다면...

이어서
개념 웹툰

개념 알기

개념① 장소에 따른 흙의 특징

1. 흙 관찰하기 탐구활동 (실험 동영상)

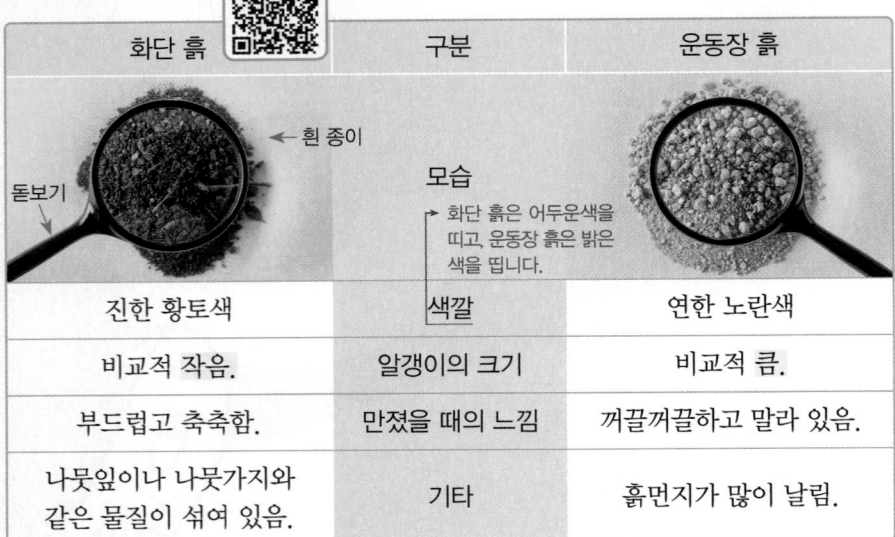

화단 흙	구분	운동장 흙
(← 흰 종이, 돋보기)	모습 → 화단 흙은 어두운색을 띠고, 운동장 흙은 밝은 색을 띱니다.	
진한 황토색	색깔	연한 노란색
비교적 작음.	알갱이의 크기	비교적 큼.
부드럽고 축축함.	만졌을 때의 느낌	꺼끌꺼끌하고 말라 있음.
나뭇잎이나 나뭇가지와 같은 물질이 섞여 있음.	기타	흙먼지가 많이 날림.

2. 흙의 물 빠짐 정도 비교하기 탐구활동 (실험 동영상)

① 실험 방법: 같은 양의 화단 흙과 운동장 흙에 각각 같은 양의 물을 동시에 부어 빠진 물의 양을 비교합니다. → 흙의 종류만 다르게 하고, 나머지 조건은 모두 같게 하여 실험합니다.

물, 페트병, 화단 흙, 운동장 흙, 고무줄, 거즈

⬢ 물 빠짐 장치

② 실험 결과

빠진 물의 양	같은 시간 동안 운동장 흙에서 더 많은 양의 물이 빠짐.	결과 모습 ⬢ 화단 흙에서 빠진 물 ⬢ 운동장 흙에서 빠진 물
물 빠짐 빠르기	운동장 흙이 화단 흙보다 물 빠짐이 빠름.	
물 빠짐이 다른 까닭	운동장 흙이 화단 흙보다 알갱이의 크기가 크기 때문에 물이 더 빠르게 빠짐.	

3. 위 1과 2 실험을 통해 알게 된 점: 화단 흙과 운동장 흙은 색깔, 알갱이의 크기, 만졌을 때의 느낌, 물 빠짐 정도 등의 특징이 서로 다릅니다.

---

6 화단 흙과 운동장 흙의 특징 / 흙이 만들어지는 과정

개념 체크

☑ **화단 흙과 운동장 흙**

화단 흙이 ❶ [ㅇ][ㄷ][ㅈ] 흙보다 색깔이 어둡습니다.

☑ **화단 흙과 운동장 흙의 물 빠짐**

❷ [ㅎ][ㄷ] 흙은 대부분 알갱이의 크기가 작고, 진흙이 많이 섞여 있으며 물이 천천히 빠집니다.

정답 ❶ 운동장 ❷ 화단

내 교과서 살펴보기 / 김영사, 동아, 비상, 지학사

흙의 물 빠짐 정도 비교하기

운동장 흙은 알갱이의 크기가 커서 같은 시간 동안 더 많은 양의 물이 빠져나와 화단 흙보다 물 빠짐이 빠릅니다.

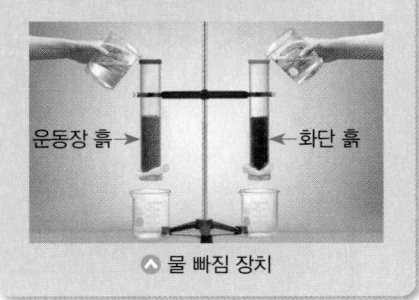

운동장 흙 ← → 화단 흙

⬢ 물 빠짐 장치

개념② 장소에 따른 흙의 뜬 물질 비교

실험 동영상

1. 장소에 따른 흙의 뜬 물질 비교하기 탐구활동

화단 흙에 물을 넣었을 때

화단 흙

⬆ 뜬 물질이 많음.

거름종이에 건져 낸 뜬 물질

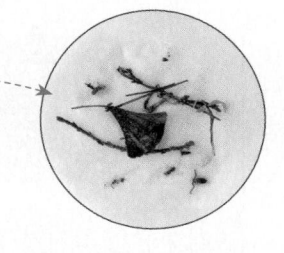

⬆ 식물의 뿌리나 줄기, 마른 나뭇가지, 마른 잎, 죽은 곤충 등

운동장 흙에 물을 넣었을 때

운동장 흙

⬆ 뜬 물질이 적음.

거름종이에 건져 낸 뜬 물질

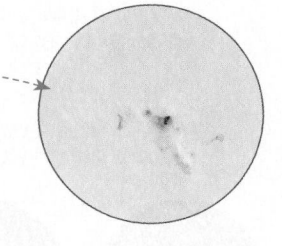

⬆ 작은 먼지 등

알게 된 점

- 화단 흙에는 운동장 흙보다 물에 뜨는 물질이 많음.
- 물에 뜨는 물질은 대부분 부식물임. **용어** 나뭇잎이나 죽은 곤충 등이 썩은 것
- 부식물이 많은 흙에서 식물이 잘 자람.

↳ 부식물은 식물이 자라는 데 필요한 영양분이 됩니다.

2. 식물이 잘 자라는 흙의 특징: 나뭇잎이나 죽은 곤충 등 물에 뜨는 물질이 많습니다. 부식물이 많습니다. 등

내 교과서 살펴보기 / **지학사**

논의 흙 특징

- 논의 흙은 부식물이 많이 포함되어 있고, 알갱이의 크기가 작습니다.
- 논의 흙은 화단 흙의 특징과 비슷합니다.

☑ **화단 흙과 운동장 흙의 뜬 물질**

❸ [ㅎ][ㄷ] 흙의 뜬 물질에는 식물의 뿌리나 줄기, 마른 나뭇가지, 죽은 곤충 등이 있습니다.

화단 흙에는 부식물이 많아.

각각의 흙에 물을 넣고 물에 뜬 물질을 핀셋으로 건져서 돋보기로 관찰해.

☑ **식물이 잘 자라는 흙의 특징**

❹ [ㅂ][ㅅ][ㅁ]은 식물이 잘 자라는 데 도움을 줍니다.

넌 어쩜 그리 건강하니?

화단 흙에는 부식물이 많거든.

운동장 흙 ⟵ ⟶ 화단 흙

정답 ❸ 화단 ❹ 부식물

개념 알기

개념 3 흙이 만들어지는 과정

1. 흙이 만들어지는 과정 알아보기

> 각설탕 대신 암석 조각, 소금 덩어리, 별 모양 사탕, 과자 등을 넣고 실험해도 큰 덩어리가 부서져 작은 알갱이로 되는 점이 비슷합니다.

플라스틱 통을 흔들기 전

각설탕

각설탕을 넣은 플라스틱 통을 세게 흔들어.

뚜껑

각설탕

- 각설탕의 크기가 큼.
- 각설탕 모서리 부분이 뾰족한 네모 모양임.

플라스틱 통을 흔든 후

- 각설탕의 크기가 작아짐.
- 각설탕 모서리 부분이 부서져 둥근 모양으로 변함.
- 가루가 많이 생김.

실제 자연에서 각설탕은 바위나 돌, 가루 설탕은 흙을 의미합니다.

2. 자연에서 흙이 만들어지는 과정

① 흙이 만들어지는 과정: 바위나 돌이 부서지면 작은 알갱이가 되고, 이 작은 알갱이와 부식물이 섞여서 흙이 됩니다.

② 바위나 돌이 부서지는 과정

> 용어 강이나 바다의 바닥에서 오랫동안 갈리고 물에 씻겨 반질반질하게 된 잔돌

자갈 흙

물
얼음
△ 바위틈으로 스며든 물이 얼었다 녹으면서 바위가 부서짐.

△ 바위틈에서 나무뿌리가 자라면서 바위가 부서짐.

- 각설탕을 플라스틱 통에 넣고 흔드는 것과 실제 자연에서 물이나 나무뿌리가 하는 일의 공통점: 큰 덩어리를 작은 알갱이로 부숩니다.

3. 각설탕을 플라스틱 통에 넣고 흔들어서 가루가 만들어지는 과정과 자연에서 흙이 만들어지는 과정의 차이점: 각설탕이 가루 설탕이 되는 데 걸리는 시간은 짧지만, 자연에서 바위나 돌이 흙으로 되는 데 걸리는 시간은 매우 깁니다.

개념 체크

☑ 흙

바위나 돌이 부서지면 작은 알갱이가 되고, 이것과 ⑤ [ㅂ][ㅅ][ㅁ] 이 섞여서 흙이 됩니다.

흙은 우리에게 너무나도 소중하지.

☑ 바위나 돌이 부서지는 과정

바위틈에 스며든 ⑥ [ㅁ] 이 얼었다 녹거나, 바위틈에서 자라는 나무 ⑦ [ㅃ][ㄹ] 가 점점 굵어져서 바위를 부수기도 합니다.

바위야, 괜찮아?

괜찮아, 흙이 되는 과정이야.

물

정답 ⑤ 부식물 ⑥ 물 ⑦ 뿌리

내 교과서 살펴보기 / 동아, 지학사

바위나 돌이 부서지는 여러 가지 과정

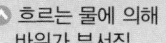

△ 흐르는 물에 의해 바위가 부서짐.

△ 바람에 의해 바위가 부서짐.

개념 다지기

[1~2] 다음은 화단 흙과 운동장 흙의 모습입니다. 물음에 답하시오.

⊙ 화단 흙　　　　⊙ 운동장 흙

7종 공통

1 위 ⊙과 ⓛ 중 손으로 만졌을 때 꺼끌꺼끌한 느낌이 드는 것을 골라 기호를 쓰시오.

(　　　　　)

7종 공통

2 위에서 화단 흙에 대한 설명으로 옳은 것을 두 가지 고르시오. (　　,　　)

① 연한 노란색이다.
② 진한 황토색이다.
③ 흙먼지가 많이 날린다.
④ 알갱이의 크기가 비교적 크다.
⑤ 만졌을 때 축축한 느낌이 든다.

7종 공통

3 다음의 물 빠짐 장치로 화단 흙과 운동장 흙의 물 빠짐을 비교해 보았습니다. 실험 결과 물 빠짐이 빠른 흙은 어느 것인지 쓰시오.

(　　　　　)

7종 공통

4 다음은 화단 흙과 운동장 흙이 든 비커에 각각 물을 절반 정도 넣고 유리 막대로 저은 뒤, 잠시 놓아 둔 모습입니다. 화단 흙과 운동장 흙의 모습을 줄로 바르게 이으시오.

(1)

⊙ 부식물이 많음.　　　　· ⊙ 화단 흙

(2)

⊙ 부식물이 적음.　　　　· ⓛ 운동장 흙

7종 공통

5 오른쪽과 같이 플라스틱 통에 각설탕을 넣고 뚜껑을 닫아 세게 흔들었을 때의 결과로 옳은 것은 어느 것입니까? (　　　　)

뚜껑
각설탕

① 각설탕이 녹는다.
② 각설탕의 크기가 커진다.
③ 각설탕의 색깔이 어두워진다.
④ 각설탕의 모양은 그대로이다.
⑤ 각설탕이 부서져 가루가 많이 생긴다.

7종 공통

6 다음은 자연에서 무엇이 만들어지는 과정에 대한 설명인지 □ 안에 들어갈 알맞은 말을 쓰시오.

> 바위나 돌이 부서지면 작은 알갱이가 되고, 이 작은 알갱이와 부식물이 섞여서 □□이/가 됩니다.

(　　　　　)

Step 1 단원평가

7종 공통

[1~5] 다음은 개념 확인 문제입니다. 물음에 답하시오.

1 화단 흙과 운동장 흙 중 어두운색을 띠는 흙은 어느 것입니까? ( )

2 화단 흙과 운동장 흙 중 물 빠짐이 빠른 흙은 어느 것입니까? ( )

3 나뭇잎이나 죽은 곤충 등이 썩은 것을 무엇이라고 합니까? ( )

4 플라스틱 통에 각설탕을 넣고 뚜껑을 닫은 다음, 세게 흔들면 각설탕의 크기는 어떻게 됩니까? ( )

5 바위나 돌이 부서진 작은 알갱이와 부식물이 섞이면 무엇이 됩니까? ( )

7종 공통

6 다음 ㉠과 ㉡ 중 연한 노란색이고, 알갱이의 크기가 비교적 큰 흙을 골라 기호를 쓰시오.

㉠ 화단 흙   ㉡ 운동장 흙

( )

7종 공통

7 다음은 화단 흙과 운동장 흙을 관찰하며 알게 된 점입니다. ( ) 안의 알맞은 말에 ○표를 하시오.

> 화단 흙과 운동장 흙은 색깔, 만졌을 때의 느낌, 알갱이의 크기가 (같습 / 다릅)니다.

천재

8 다음과 같은 장치로 화단 흙과 운동장 흙의 물 빠짐을 비교하였습니다. 실험 방법에 대한 설명으로 옳지 <u>않은</u> 것은 어느 것입니까? ( )

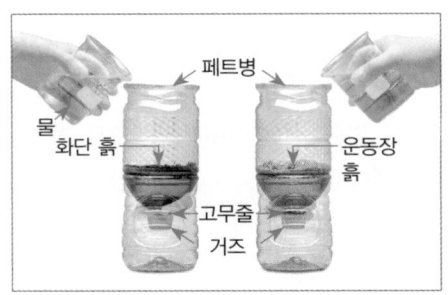

① 물은 각각 같은 양을 붓는다.
② 흙은 각각 같은 양을 넣는다.
③ 물 빠짐 장치를 두 개 만든다.
④ 물은 화단 흙에 먼저 붓고, 운동장 흙에는 1분 정도 뒤에 붓는다.
⑤ 물을 붓고 일정한 시간이 지난 뒤 페트병 아랫부분의 물 높이를 비교한다.

7종 공통

9 위 8번의 실험 결과가 다음과 같을 때 화단 흙과 운동장 흙 중 물 빠짐이 느린 흙은 어느 것인지 쓰시오.

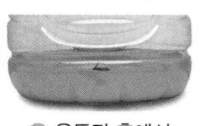

⬆ 화단 흙에서   ⬆ 운동장 흙에서
빠진 물   빠진 물

( )

7종 공통

[10~12] 다음은 화단 흙과 운동장 흙에서 물에 뜬 물질을 비교하는 실험 방법입니다. 물음에 답하시오.

> **1** 비커에 화단 흙과 운동장 흙을 각각 넣기
> **2** 흙이 담긴 두 비커에 각각 물을 절반 정도 넣고, 유리 막대로 저은 뒤 잠시 놓아두기
> **3** 물에 뜬 물질의 양을 비교하기
> **4** 물에 뜬 물질을 ⟨ (가) ⟩(으)로 건져서 거름종이에 올려놓고, 돋보기로 관찰하기

7종 공통

10 다음은 위 **3**번 과정의 결과입니다. ㉠과 ㉡ 중 화단 흙을 골라 기호를 쓰시오.

㉠  ㉡

▲ 물에 뜬 물질이 많음.   ▲ 물에 뜬 물질이 적음.

(   )

7종 공통

11 다음 중 위 **4**번 과정의 (가)에 들어갈 알맞은 실험 기구에 ○표를 하시오.

(1)  (2) 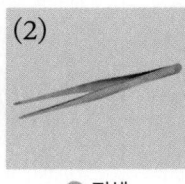 (3)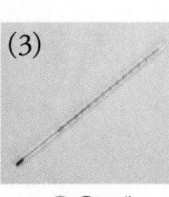

▲ 막대자석   ▲ 핀셋   ▲ 온도계

(   ) (   ) (   )

7종 공통

12 위 **4**번 과정의 결과, 다음과 같은 물질을 볼 수 있는 흙은 화단 흙과 운동장 흙 중 어느 것인지 쓰시오.

> 식물의 뿌리나 줄기, 마른 나뭇가지, 죽은 곤충

(   )

7종 공통

13 오른쪽과 같이 플라스틱 통에 각설탕을 넣고 흔드는 실험을 통해 알아보고자 하는 것은 어느 것입니까? (   )

뚜껑
각설탕

① 흙이 만들어지는 과정
② 바위가 만들어지는 과정
③ 각설탕과 가루 설탕의 색깔
④ 식물이 잘 자라는 흙의 특징
⑤ 화단 흙과 운동장 흙의 차이점

7종 공통

14 다음 ㉠과 ㉡ 중 위 **13**번의 실험 결과 플라스틱 통을 세게 흔든 후 각설탕의 모습을 골라 기호를 쓰시오.

㉠  ㉡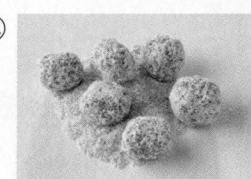

▲ 크기가 큼.   ▲ 크기가 작고 가루가 많음.

(   )

7종 공통

15 다음 중 흙에 대한 설명으로 옳지 <u>않은</u> 것은 어느 것입니까? (   )

① 흙은 돌이 부서져서 만들어진다.
② 흙은 바위가 부서져서 만들어진다.
③ 흙에는 생물이 썩어서 생긴 물질이 있다.
④ 자연 상태에서 바위가 흙으로 변하는 데 걸리는 시간은 매우 짧다.
⑤ 자연 상태에서 돌이 흙으로 변하는 데 걸리는 시간은 매우 길다.

3 단원

16 오른쪽은 운동장 흙의 모습입니다. 운동장 흙의 특징을 다음 내용과 관련지어 쓰시오.

7종 공통

> 알갱이의 크기 / 만졌을 때의 느낌

답 운동장 흙은 알갱이의 크기가 비교적 **❶**[   ]고, 만졌을 때의 느낌이 **❷**[   ]하다.

17 다음은 화단 흙과 운동장 흙이 든 플라스틱 컵에 각각 물을 넣은 다음, 물에 뜬 물질을 건져서 거름종이에 올려놓은 모습입니다.

7종 공통

⚠ 화단 흙

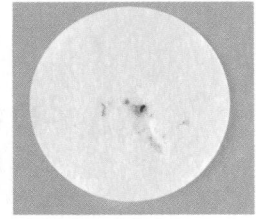
⚠ 운동장 흙

(1) 위의 화단 흙과 운동장 흙 중 물에 뜬 물질이 더 많은 흙은 어느 것인지 쓰시오.

(   )

(2) 위 실험을 통해 알 수 있는 식물이 잘 자라는 흙의 특징을 한 가지 쓰시오.

_____

_____

18 오른쪽은 흙이 만들어지는 과정을 알아보기 위한 실험 모습입니다.

7종 공통

(1) 실제 자연에서 각설탕이 의미하는 것은 무엇인지 쓰시오.

(   )

(2) 오른쪽의 실험 결과를 (1)번 답의 크기, 모양과 관련 지어 쓰시오.

⚠ 플라스틱 통에 각설탕을 넣고 세게 흔들기

_____

_____

서술형 가이드
어려워하는 서술형 문제!
서술형 가이드를 이용하여 풀어 봐!

16 · (화단 / 운동장) 흙은 연한 노란색이고, 알갱이의 크기가 비교적 큽니다.

· 운동장 흙을 손으로 만지면 (부드러운 / 꺼끌꺼끌한) 느낌이 듭니다.

17 (1) [   ][   ] 흙은 운동장 흙보다 물에 뜨는 물질이 더 많습니다.

(2) 식물이 잘 자라는 흙에는 나뭇잎이나 죽은 곤충 등이 썩은 것인 [   ][   ][   ]이 많습니다.

18 (1) [   ]이 만들어질 때 바위나 돌이 부서집니다.

(2) 각설탕을 플라스틱 통에 넣고 흔들면 알갱이의 크기가 (커 / 작아)지고, 모양이 달라집니다.

학습 주제   장소에 따른 흙의 특징 비교하기

학습 목표   화단 흙과 운동장 흙의 특징과 물 빠짐을 비교할 수 있다.

수행평가 가이드
다양한 유형의 수행평가!
수행평가 가이드를 이용해 풀어 봐!

19 다음은 화단 흙과 운동장 흙을 관찰하여 정리한 내용입니다. ☐ 안에 알맞은 말을 각각 쓰시오.

7종 공통

구분	❶ ☐ 흙	❷ ☐ 흙
모습	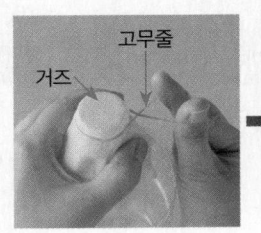	
색깔	진한 황토색	연한 노란색
알갱이의 크기	비교적 작음.	비교적 ❸ ☐ .
만졌을 때의 느낌	부드러우며 ❹ ☐ 함.	꺼끌꺼끌하고 말라 있음.
기타	나뭇잎이나 나뭇가지와 같은 물질이 섞여 있음.	흙먼지가 많이 날림.

화단 흙과 운동장 흙

• 화단 흙은 운동장 흙보다 색깔이 어둡습니다.

• 화단 흙 알갱이는 운동장 흙 알갱이 보다 크기가 작습니다.

• 화단 흙은 부드럽지만 운동장 흙은 꺼끌꺼끌합니다.

3 단원

진도 완료 체크

20 다음과 같이 물 빠짐 장치를 만들어 화단 흙과 운동장 흙을 넣고 일정한 시간 동안 물이 빠지는 정도를 비교하였습니다.

7종 공통

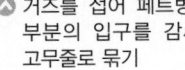

▲ 거즈를 접어 페트병 윗 부분의 입구를 감싸고 고무줄로 묶기

▲ 두 페트병을 연결해 물 빠짐 장치 완성하기

▲ 물 빠짐 장치에 흙을 넣고 같은 양의 물을 넣기

물 빠짐 장치에 물을 부을 때는 같은 양의 물을 동시에 부어야 해.

(1) 위 화단 흙과 운동장 흙 중 물이 더 많이 빠지는 흙은 어느 것인지 쓰시오.

(   )

(2) 위 (1)번 답과 같이 생각한 까닭은 무엇인지 알갱이의 크기와 관련지어 쓰시오.

물이 잘 빠지는 흙의 특징

• 흙 알갱이가 굵습니다.

• 흙 속에 물이 빠져나갈 수 있는 공간이 많이 있습니다.

개념 체크

개념① 땅의 모습을 변화시키는 흐르는 물

1. 흙 언덕에 물을 흘려 보낸 후 변화된 모습 관찰하기 (탐구활동)

실험 동영상

→ 흐르는 물에 의해 흙이 어떻게 이동하는지 쉽게 보기 위해서입니다.

흙 언덕 위쪽에 색 모래와 색 자갈을 놓고, 흙 언덕 위에서 물을 붓기

바닥에 구멍 뚫린 종이컵

물

색 모래와 색 자갈

색 모래와 색 자갈은 위에서 아래(물이 흐르는 방향)로 이동해.

흙 언덕의 위쪽

흙 언덕의 아래쪽

흙이 많이 깎임.

흙이 많이 쌓임.

알게 된 점: 흙 언덕의 모습이 변한 까닭: 흐르는 물이 흙 언덕의 위쪽을 깎고, 깎인 흙을 흙 언덕의 아래쪽으로 운반해 쌓았기 때문임.

용어 땅의 표면

2. 흐르는 물에 의한 지표의 변화: 흐르는 물은 지표의 바위나 돌, 흙 등을 깎아 낮은 곳으로 운반해 쌓아 놓습니다.

침식 작용	지표의 바위나 돌, 흙 등이 깎여 나가는 것
운반 작용	깎인 돌이나 흙 등이 이동하는 것
퇴적 작용	운반된 돌이나 흙 등이 쌓이는 것

3. 흐르는 물에 의해 지표가 변하는 까닭: 흐르는 물에 의하여 경사진 곳의 지표는 깎이고, 깎인 흙이 운반되어 경사가 완만한 곳에 흘러내려와서 쌓이기 때문입니다. → 흐르는 물은 침식 작용, 운반 작용, 퇴적 작용을 통해 지표를 서서히 변화시킵니다.

용어 비스듬히 기울어진 정도가 급하지 않음.

☑ **흐르는 물에 의한 흙 언덕의 변화**

흐르는 ❶ ☐ 이 경사가 급한 언덕 위쪽의 흙을 깎아 경사가 완만한 언덕 아래쪽으로 옮겨 쌓았습니다.

아야! 깎인다.

미안~

흙 언덕 위쪽의 흙을 아래쪽에 더 많이 쌓이게 하는 방법: 물을 한꺼번에 더 많이 흘려 보내거나 더 오랫동안 흘려 보냅니다.

☑ **흐르는 물에 의한 지표의 변화**

흐르는 물은 지표를 깎아 돌이나 흙 등을 낮은 곳으로 ❷ ☐ ☐ 하여 쌓아 놓습니다.

내가 운반해.

정답 ❶ 물 ❷ 운반

내 교과서 살펴보기 / 천재

침식 지형과 퇴적 지형
용어 땅의 모양

⬆ 침식 지형: 계곡

⬆ 퇴적 지형: 강과 바다가 만나는 곳

개념 2 강 주변의 모습

1. 강 주변의 모습 → 강 상류에는 계곡이 있고, 강 하류에는 큰 강이 있습니다.

강 상류

- 큰 바위가 많음.
- 강폭이 좁고 강의 경사가 급함.
- 침식 작용이 활발하여 지표가 깎임.
  → 용어 강을 가로질러 잰 길이

내 교과서 살펴보기 / 금성

강 중류

강 상류보다 강폭이 넓고 많은 양의 물이 흐르며, 운반 작용이 주로 일어남.

강 하류

- 모래나 진흙이 많음.
- 강폭이 넓고 강의 경사가 완만함.
- 퇴적 작용이 활발하여 운반된 알갱이들이 쌓임. → 모래가 넓게 쌓여 있습니다.

2. 흐르는 물의 작용

① 강 상류에서 주로 일어나는 작용: 퇴적 작용보다 침식 작용이 활발하게 일어납니다.

② 강 하류에서 주로 일어나는 작용: 침식 작용보다 퇴적 작용이 활발하게 일어납니다.

③ 흐르는 강물은 오랜 시간 동안 강 주변의 모습을 서서히 변화시킵니다.

☑ **강 상류**

강 ③ [ㅅ][ㄹ] 에서는 큰 바위나 돌 등을 볼 수 있습니다.

아야~ 상류는 거칠어.

☑ **강 하류**

강 상류는 경사가 급하고, 하류로 갈 수록 경사가 ④ [ㅇ][ㅁ] 해집니다.

난 저쪽에서 왔어.

여기는 하류야.

정답 ❸ 상류 ❹ 예 완만

3 단원

개념 ③ 바닷가 주변의 모습 → 바닷가에서 돌출된 부분은 침식 작용이 활발하고, 안쪽으로 들어간 부분은 퇴적 작용이 활발합니다.

1. 바닷가 지형의 특징

① 바닷물의 침식 작용으로 만들어진 지형

절벽	구멍 뚫린 바위
파도가 바위를 깎아 절벽이 가파름.	파도가 바위를 깎아 구멍이 뚫림.

② 바닷물의 퇴적 작용으로 만들어진 지형

모래사장	갯벌 용어 물에 잠겼다 드러났다 하는 바닷가의 넓고 편평한 땅
파도가 모래를 쌓음.	파도가 고운 흙이나 가는 모래를 쌓음.

2. 바닷물의 작용

① 바닷가 지형은 바닷물의 침식 작용, 운반 작용, 퇴적 작용으로 만들어졌습니다.

② 바닷물은 오랜 시간 동안 바닷가 주변의 모습을 서서히 변화시킵니다.

> 내 교과서 살펴보기 / 김영사, 지학사
>
> **파도에 의한 지형 변화 알아보기**
> • 방법: 수조 한쪽에 모래를 쌓고 물을 부은 뒤 플라스틱 판 등으로 파도를 일으킵니다.
> • 결과: 쌓여 있던 모래가 깎여 바닷가 모형의 아래쪽으로 밀려들어가 쌓였습니다.

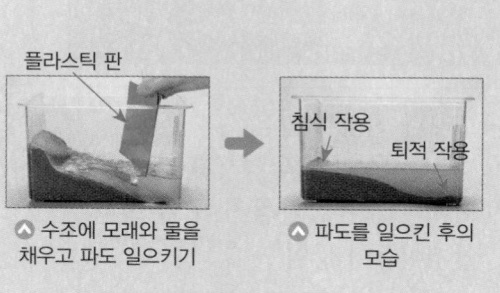

⚠ 수조에 모래와 물을 채우고 파도 일으키기   ⚠ 파도를 일으킨 후의 모습

개념 ④ 소중한 흙

내 교과서 살펴보기 / 천재, 아이스크림, 지학사

① 흙이 소중한 까닭: 흙은 만들어지는 데 오랜 시간이 걸리기 때문입니다. 흙이 없으면 식물이 살기 어렵고, 동물은 살 곳이 없어지기 때문입니다. 등

② 흙을 보호하는 방법: 분리배출 잘하기, 음식물 쓰레기 줄이기, 샴푸나 세제, 일회용품 등의 사용을 줄이기, 쓰레기를 아무 곳에나 버리지 않기 등

☑ **바닷물의 침식 작용**

가파른 절벽이나 구멍 뚫린 바위는 파도가 치면서 지표를 ⑤ ㄲ ㅇ 만들어졌습니다.

파도가 깎은 거야.

☑ **바닷물의 퇴적 작용**

모래사장이나 갯벌은 파도가 세지 않아서 모래나 진흙 등이 ⑥ ㅌ ㅈ 되어 만들어졌습니다.

갯벌은 퇴적 작용으로 만들어졌어.

개념 다지기

1 다음과 같이 흙 언덕 위쪽에서 물을 흘려 보냈을 때의 결과에 대한 설명으로 옳은 것은 어느 것입니까?

천재

(   )

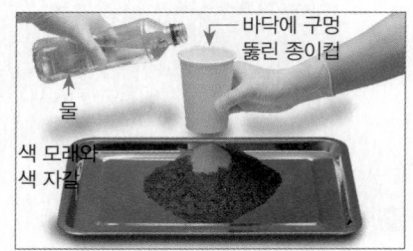

① 색 자갈이 사라진다.
② 색 모래가 이동하지 않는다.
③ 흐르는 물이 흙 언덕의 위쪽을 깎는다.
④ 흙 언덕의 위쪽에는 흙이 많이 쌓인다.
⑤ 흙 언덕의 아래쪽에는 흙이 많이 깎인다.

2 다음 흐르는 물에 의한 작용과 그 뜻을 줄로 바르게 이으시오.

7종 공통

(1) 침식 작용 · · ㉠ 깎인 돌이나 흙 등이 이동하는 것

(2) 운반 작용 · · ㉡ 운반된 돌이나 흙 등이 쌓이는 것

(3) 퇴적 작용 · · ㉢ 지표의 바위나 돌, 흙 등이 깎여 나가는 것

3 다음은 흐르는 물에 의해 지표가 변하는 까닭입니다. ㉠, ㉡에 들어갈 알맞은 말을 각각 쓰시오.

7종 공통

> 흐르는 물에 의해 경사진 곳의 지표는 깎이고, 깎인 흙이 ㉠ 되어 경사가 완만한 곳에 흘러내려와서 ㉡ 됩니다.

㉠ (   )
㉡ (   )

[4~5] 다음은 강 주변의 모습을 나타낸 것입니다. 물음에 답하시오.

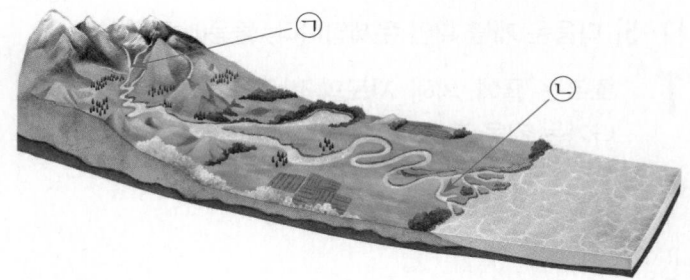

4 위의 ㉠과 ㉡ 중 강 상류인 것을 골라 기호를 쓰시오.

7종 공통

(   )

5 위의 ㉠과 ㉡ 중 오른쪽과 같은 모래가 넓게 쌓여 있는 것을 볼 수 있는 곳을 골라 기호를 쓰시오.

7종 공통

(   )

6 다음 중 바닷물의 침식 작용으로 만들어진 바닷가 지형을 두 가지 고르시오. (,   )

7종 공통

①
🔺 갯벌

②
🔺 절벽

③
🔺 모래사장

④
🔺 구멍 뚫린 바위

Step 1 단원평가

7종 공통

[1~5] 다음은 개념 확인 문제입니다. 물음에 답하시오.

1 흐르는 물에 의해 지표의 바위나 돌, 흙 등이 깎여 나가는 것을 무엇이라고 합니까?

( )

2 (고인 / 흐르는) 물은 침식 작용, 운반 작용, 퇴적 작용을 통해 지표를 서서히 변화시킵니다.

3 강 상류와 강 하류 중 강폭이 넓고 강의 경사가 완만한 곳은 어느 곳입니까? ( )

4 강 상류와 강 하류 중 큰 바위가 많은 곳은 어느 곳입니까? ( )

5 바닷가의 모래사장과 갯벌은 바닷물의 어떤 작용으로 만들어진 지형입니까? ( )

천재

6 다음과 같이 흙 언덕 위쪽에서 물을 흘려 보내는 실험을 할 때 색 모래와 색 자갈을 흙 언덕 위쪽에 놓는 까닭으로 옳은 것은 어느 것입니까? ( )

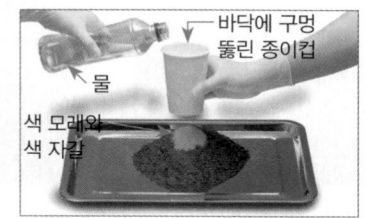

① 흙이 잘 깎이게 하기 위해서이다.
② 흙이 잘 쌓이게 하기 위해서이다.
③ 흙이 빠르게 이동하게 하기 위해서이다.
④ 흙 언덕의 모습을 아름답게 하기 위해서이다.
⑤ 흙이 어떻게 이동하는지 쉽게 보기 위해서이다.

7종 공통

7 다음은 앞의 6번 실험 결과 모습입니다. 흙이 많이 깎인 곳과 흙이 많이 쌓인 곳을 골라 각각 기호를 쓰시오.

(1) 흙이 많이 깎인 곳: ( )
(2) 흙이 많이 쌓인 곳: ( )

7종 공통

8 다음은 흐르는 물에 의한 지표 변화에 대한 설명입니다. ㉠~㉢에 들어갈 말을 바르게 짝지은 것은 어느 것입니까? ( )

> 지표의 바위나 돌, 흙 등이 깎여 나가는 것을 ㉠ 작용이라고 하고, 깎인 돌이나 흙 등이 이동하는 것을 ㉡ 작용이라고 하며, 운반된 돌이나 흙 등이 쌓이는 것을 ㉢ 작용이라고 합니다.

	㉠	㉡	㉢
①	운반	침식	퇴적
②	운반	퇴적	침식
③	침식	퇴적	운반
④	침식	운반	퇴적
⑤	퇴적	침식	운반

천재

9 다음 중 퇴적 작용이 활발한 지형을 골라 기호를 쓰시오.

㉠ 계곡   ㉡ 강과 바다가 만나는 곳

( )

7종 공통

[10~11] 다음은 강 주변의 모습을 나타낸 것입니다. 물음에 답하시오.

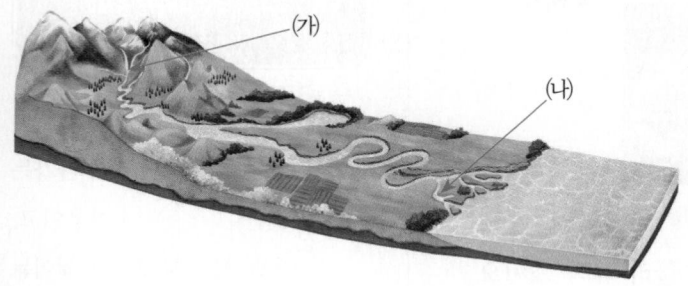

(가)
(나)

7종 공통

10 다음 보기 에서 위 (가) 지역에 대한 설명으로 옳은 것을 두 가지 골라 기호를 쓰시오.

> 보기
> ⊙ 강폭이 좁습니다.
> ⓒ 강폭이 넓습니다.
> ⓒ 강의 경사가 급합니다.
> ⓔ 강의 경사가 완만합니다.

(,   )

7종 공통

11 다음 중 위 (나) 지역에서 많이 볼 수 있는 모습으로 옳은 것을 두 가지 고르시오. (,   )

①    ②

③    ④

7종 공통

12 다음 강 상류와 강 하류에서 주로 일어나는 흐르는 물의 작용을 줄로 바르게 이으시오.

(1) | 강 상류 | •   • | ⊙ 침식 작용 |

(2) | 강 하류 | •   • | ⓒ 퇴적 작용 |

7종 공통

13 다음 중 바닷가 지형에 대한 설명으로 옳은 것에는 ○표, 옳지 않은 것에는 ×표를 하시오.

(1) 바닷물의 침식 작용이나 퇴적 작용으로 두 가지 모양의 지형만 만들어집니다. (   )

(2) 바닷물의 퇴적 작용으로 모래나 고운 흙이 쌓이기도 합니다. (   )

(3) 바닷가 지형은 짧은 시간에 걸쳐서 만들어집니다. (   )

천재, 김영사, 동아, 비상, 아이스크림, 지학사

14 다음에서 설명하는 바닷가 지형은 ⊙과 ⓒ 중 어느 것인지 골라 기호를 쓰시오.

> 바닷물에 의해 바위가 깎이면서 가운데에 구멍이 뚫렸습니다.

⊙    ⓒ

(   )

천재, 아이스크림, 지학사

15 다음 중 흙을 보호하는 방법으로 옳지 않은 것은 어느 것입니까? (   )

① 분리배출을 잘한다.
② 음식물 쓰레기를 줄인다.
③ 일회용품을 많이 사용한다.
④ 샴푸나 세제 등의 사용을 줄인다.
⑤ 쓰레기를 아무 곳에나 버리지 않는다.

천재

16 다음은 흐르는 물에 의해 만들어진 지형의 모습입니다.

⚠ ㉠ 지형

⚠ ㉡ 지형

(1) 위의 ㉠과 ㉡에 들어갈 알맞은 말을 침식과 퇴적 중에 골라 각각 쓰시오.

㉠ (　　　　　　　) ㉡ (　　　　　　　)

(2) 흐르는 물에 의해 지표가 변하는 까닭은 무엇인지 쓰시오.

답 흐르는 물에 의하여 경사진 곳의 지표는 ❶ [　　　　]고, 깎인 흙이 운반되어 경사가 완만한 곳에 ❷ [　　　　] 때문이다.

서술형 가이드
어려워하는 서술형 문제!
서술형 가이드를 이용하여 풀어 봐!

16 (1) 흐르는 물에 의해 지표의 바위나 돌 등이 깎여 나가는 것은 [　][　] 작용이고, 운반된 돌이나 흙 등이 쌓이는 것은 [　][　] 작용입니다.

(2) 흐르는 물은 지표를 (깎아 / 쌓아) 돌이나 흙 등을 낮은 곳으로 운반하여 (깎아 / 쌓아) 놓습니다.

7종 공통

17 오른쪽의 강 상류와 강 하류에서 각각 활발하게 일어나는 흐르는 물의 작용을 쓰시오.

⚠ 강 상류

⚠ 강 하류

_____

_____

17 • 강 상류는 (침식 / 퇴적) 작용이 활발하고, 강폭이 좁으며 강의 경사가 급합니다.
• 강 하류는 (침식 / 퇴적) 작용이 활발하고, 강폭이 넓으며 강의 경사가 완만합니다.

천재, 김영사, 동아, 비상, 아이스크림, 지학사

18 오른쪽은 바닷가에서 볼 수 있는 구멍 뚫린 바위의 모습입니다.

(1) 오른쪽 지형은 바닷물의 침식 작용과 퇴적 작용 중 어느 것이 활발하게 일어나서 만들어진 지형인지 쓰시오.

(　　　　　　　)

⚠ 구멍 뚫린 바위

(2) 위의 지형이 만들어지는 과정을 쓰시오.

_____

_____

18 (1) 바닷가의 구멍 뚫린 바위는 (침식 / 퇴적) 작용으로 만들어진 지형입니다.

(2) 바닷가에 있는 침식 지형은 파도에 의해 지표가 [　　] 만들어졌습니다.

학습 주제   흐르는 물에 의한 지표의 변화된 모습 알기

학습 목표   흙 언덕에 물을 흘려 보낸 후 변화된 모습을 관찰할 수 있다.

천재

19 다음은 흙 언덕 위쪽에서 물을 흘려 보낸 후 변화된 모습을 알아보는 실험입니다. ☐ 안에 알맞은 말을 각각 쓰시오.

실험 방법	**1** 사각 쟁반에 흙 언덕을 만들고, 색 모래와 색 자갈을 흙 언덕 위쪽에 놓기 **2** 흙 언덕 위에서 바닥에 구멍이 뚫린 종이컵을 잡고, 종이컵에 **①** ☐ 을/를 붓기 **3** 흙 언덕의 모습 변화와 색 모래와 색 자갈의 이동 관찰하기	 └ 바닥에 구멍 뚫린 종이컵 └ 물 색 모래와 색 자갈

실험 결과	• 색 모래는 아래쪽으로 이동함. • 색 자갈은 아래쪽으로 조금 이동함. • 흙 언덕의 위쪽에서는 흙이 많이 **②** ☐ 고, 흙 언덕의 아래쪽에서는 흙이 많이 **③** ☐ 임. 

알게 된 점	흙 언덕의 모습이 변한 까닭: 흐르는 물이 흙 언덕의 위쪽을 깎고, 깎인 흙을 흙 언덕 아래쪽으로 **④** ☐ 하여 쌓았기 때문임.

흙 언덕 실험에서 흐르는 물의 작용

흐르는 물은 경사가 급한 흙 언덕 위쪽의 흙을 깎아 경사가 완만한 흙 언덕 아래쪽으로 이동시킵니다.

흙을 아래쪽에 더 많이 쌓이게 하려면 물을 많이 흘려 보내거나 오랫동안 흘려 보내면 돼.

3 단원

진도 완료 체크

7종 공통

20 다음은 흐르는 물의 작용에 의한 지표의 변화를 정리한 것입니다. 빈곳에 알맞은 내용을 쓰시오.

침식 작용	지표의 바위나 돌, 흙 등이 깎여 나가는 것
운반 작용	깎인 돌이나 흙 등이 이동하는 것
퇴적 작용	

흐르는 물의 작용

흐르는 물은 경사진 곳의 지표를 깎고, 깎인 흙을 이동시켜 경사가 완만한 곳에 쌓이게 합니다.

🔖 배점 표시가 없는 문제는 문제당 4점입니다.

7종 공통

1 다음 ㉠과 ㉡ 중 진한 황토색이고, 나뭇잎이나 나뭇가지와 같은 물질이 섞여 있는 흙을 골라 기호를 쓰시오.

㉠ △ 화단 흙   ㉡ △ 운동장 흙

(   )

7종 공통

2 다음은 화단 흙과 운동장 흙을 비교한 내용입니다. ㉠, ㉡에 들어갈 알맞은 말을 각각 쓰시오.

구분	화단 흙	운동장 흙
알갱이의 크기	비교적 ㉠ .	비교적 큼.
만졌을 때의 느낌	부드럽고 축축함.	㉡ 하고 말라 있음.

㉠ (   )
㉡ (   )

[3~4] 다음은 장소에 따른 흙의 물 빠짐을 비교하는 실험 방법을 순서에 관계없이 나열한 것입니다. 물음에 답하시오.

> 1 물 빠짐 장치를 두 개 만들기
> 2 두 장치의 흙에 각각 같은 양의 물을 동시에 붓기
> 3 1분 정도 지난 뒤 페트병 아랫부분의 물 높이를 표시하기
> 4 물 빠짐 장치의 윗부분에 화단 흙과 운동장 흙을 각각 넣기

천재

3 위 실험 방법의 옳은 순서대로 번호를 쓰시오.
(   ) → (   ) → (   ) → (   )

서술형·논술형 문제 7종 공통

4 다음은 앞의 실험 결과 1분 정도 지난 뒤 물이 빠져나온 모습입니다. [총 12점]

㉠   ㉡

(1) 위 ㉠과 ㉡ 중 운동장 흙에서 빠져나온 물을 골라 기호를 쓰시오. [4점]

(   )

(2) 위 실험 결과 두 흙의 물 빠짐 정도를 비교하여 그 까닭과 함께 쓰시오. [8점]

_____

_____

천재

5 다음과 같이 화단 흙과 운동장 흙에 물을 부어 물에 뜬 물질을 비교하는 실험에 대한 설명으로 옳은 것을 두 가지 고르시오. (,   )

△ 화단 흙   △ 운동장 흙

① 플라스틱 컵에 흙을 각각 가득 채운다.
② 화단 흙과 운동장 흙은 같은 양을 넣는다.
③ 운동장 흙을 구하기 어려우면 화단 흙만으로 실험한다.
④ 물에 뜬 물질을 관찰하기 위해서는 핀셋으로 건져서 거름종이에 놓고 관찰한다.
⑤ 운동장 흙이 든 플라스틱 컵에는 화단 흙이 든 플라스틱 컵보다 두 배 이상의 물을 넣는다.

7종 공통

6 다음 중 부식물에 대한 설명으로 옳지 <u>않은</u> 것은 어느 것입니까? (   )

① 물에 뜨는 물질은 대부분 부식물이다.

② 화단 흙보다 운동장 흙에 더 많이 있다.

③ 운동장 흙보다 화단 흙에 더 많이 있다.

④ 나뭇잎이나 죽은 곤충 등이 썩은 것이다.

⑤ 부식물은 식물이 잘 자랄 수 있도록 도와준다.

지학사

7 오른쪽의 별 모양 사탕을 통에 넣고 뚜껑을 닫아 세게 흔들었을 때, 흔들기 전과 흔든 후를 비교한 내용으로 옳은 것을 보기 에서 골라 기호를 쓰시오.

보기

㉠ 흔들기 전 통 안에는 가루가 많았습니다.

㉡ 흔든 후 별 모양 사탕의 크기가 커졌습니다.

㉢ 흔든 후 별 모양 사탕의 크기가 작아졌습니다.

(   )

7종 공통

8 다음 보기 에서 큰 덩어리가 작은 알갱이로 부서지는 것을 관찰할 수 있는 경우로 옳은 것을 바르게 짝지은 것은 어느 것입니까? (   )

보기

㉠ 각설탕을 플라스틱 통에 넣고 세게 흔드는 경우

㉡ 바위틈으로 스며든 물이 얼었다 녹으면서 바위를 부수는 경우

㉢ 화단 흙과 운동장 흙에 각각 물을 붓고 물 빠짐 정도를 비교하는 경우

㉣ 플라스틱 컵에 화단 흙과 운동장 흙을 각각 넣고 물을 부은 뒤 뜬 물질을 건지는 경우

① ㉠, ㉡   ② ㉠, ㉢

③ ㉡, ㉢   ④ ㉡, ㉣

⑤ ㉢, ㉣

7종 공통

9 다음과 같이 바위틈에서 나무뿌리가 자랄 때에 대한 설명으로 옳은 것을 두 가지 고르시오. (,   )

① 바위가 부서진다.

② 바위 크기가 커진다.

③ 바위가 빨리 녹는다.

④ 바위가 더 단단해진다.

⑤ 바위틈이 조금씩 벌어진다.

🖊️ 서술형·논술형 문제

7종 공통

10 다음과 같이 자연에서 바위나 돌이 흙이 되는 과정을 쓰시오. [8점]

🔺 바위나 돌   🔺 흙

바위나 돌이 부서지면 _____

_____

천재

[11~13] 다음과 같이 흙 언덕 위쪽에서 물을 흘려 보낸 후 변화를 관찰하려고 합니다. 물음에 답하시오.

천재

11 다음 보기 에서 위 실험에 대한 설명으로 옳지 <u>않은</u> 것을 골라 기호를 쓰시오.

보기
㉠ 사각 쟁반에 흙 언덕을 만듭니다.
㉡ 종이컵은 바닥에 구멍을 뚫어 사용합니다.
㉢ 색 모래와 색 자갈을 흙 언덕 아래쪽에 놓습니다.
㉣ 물이 흐르면서 흙 언덕의 변화 모습을 알아보기 위한 실험입니다.

( )

7종 공통

12 위 실험 결과 흐르는 물에 의한 퇴적 작용이 주로 일어나는 곳은 어디입니까? ( )

① 흙 언덕 속
② 흙 언덕의 위쪽
③ 흙 언덕의 중간
④ 흙 언덕의 아래쪽
⑤ 흙 언덕에 골고루 퍼진다.

7종 공통

13 다음 중 위 실험을 통해 알게 된 흙 언덕의 모습이 변한 까닭으로 옳은 것을 두 가지 고르시오.

(,)

① 흐르는 물이 흙 언덕의 위쪽을 깎았기 때문이다.
② 흐르는 물이 흙 언덕의 아래쪽을 깎았기 때문이다.
③ 색 자갈은 흐르는 물에 의해 운반되지 않기 때문이다.
④ 색 모래는 흙 언덕의 아래쪽에서 위쪽으로 이동하기 때문이다.
⑤ 흐르는 물이 깎인 흙을 운반하여 흙 언덕의 아래쪽에 쌓았기 때문이다.

천재

14 다음 지형의 모습과 그곳에서 주로 일어나는 흐르는 물의 작용을 줄로 바르게 이으시오.

(1)
계곡

(2)
강과 바다가 만나는 곳

•

•

㉠ 운반된 돌이나 흙 등이 쌓이는 작용이 주로 일어남.

㉡ 지표의 바위나 돌, 흙 등이 깎여 나가는 작용이 주로 일어남.

7종 공통

15 오른쪽은 강 주변의 모습입니다. 강 상류, 강 중류, 강 하류는 어디인지 각각 쓰시오.

㉠ [ ]

㉡ [ ]

㉢ [ ]

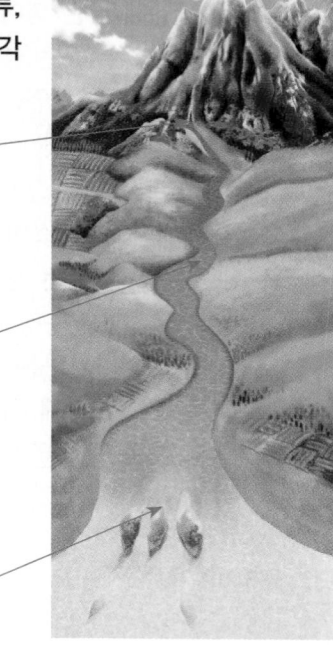

16 다음은 강 상류와 강 하류를 비교하여 정리한 것입니다. ⑤~②에 들어갈 알맞은 말을 각각 쓰시오. [6점]

구분	강 상류	강 하류
모습		
특징	큰 바위가 많음.	모래나 진흙 등이 많음.
강폭	⑤ .	넓음.
강의 경사	급함.	ⓒ .
활발한 작용	ⓒ 작용이 활발해 지표가 깎임.	② 작용이 활발해 운반된 알갱이들이 쌓임.

⑤ (   ) ⓒ (   )

ⓒ (   ) ② (   )

🖊 서술형·논술형 문제

17 다음은 오른쪽 지형에 대한 친구들의 대화입니다. [총 10점]

수진: 땅이 마치 우리나라 모양처럼 생겼네.

주원: 흐르는 물은 땅을 깎기도 하고, 모래나 흙을 운반하여 쌓기도 하거든.

수미: 그런데 이런 지형은 언제 만들어졌을까?

정원: 아마도 최근에 만들어졌을 거야. 흐르는 물은 지표를 매우 빠르게 변화시키거든.

(1) 위 대화에서 주원과 정원 중 잘못 말한 친구의 이름을 쓰시오. [4점]

(   )

(2) 잘못 말한 부분을 바르게 고쳐 쓰시오. [6점]

_____

_____

[18~19] 다음은 바닷가 지형의 모습입니다. 물음에 답하시오.

🔺 모래사장

🔺 절벽

18 위 ㈎와 ㈏ 중 바닷물이 바위와 만나는 부분을 계속 깎고 무너뜨려서 만들어진 지형을 골라 기호를 쓰시오.

(   )

3 단원

진도 완료 체크

19 위의 ㈎ 지형에 대한 설명으로 옳은 것을 보기 에서 두 가지 골라 기호를 쓰시오.

보기

⑤ 만들어지는 데 짧은 시간이 걸립니다.

ⓒ 만들어지는 데 오랜 시간이 걸립니다.

ⓒ 바닷물의 침식 작용으로 만들어졌습니다.

② 바닷물의 퇴적 작용으로 만들어졌습니다.

(,   )

20 다음 중 흙이 소중한 까닭으로 옳은 것을 두 가지 고르시오. (,   )

① 흙은 동물에게만 도움을 주기 때문이다.

② 흙이 없어도 식물은 살 수 있기 때문이다.

③ 흙은 만들어지는 데 짧은 시간이 걸리기 때문이다.

④ 흙은 만들어지는 데 오랜 시간이 걸리기 때문이다.

⑤ 흙에서는 다양한 생물이 살아가고 있기 때문이다.

초등 3학년 1학기	이 단원의 학습	초등 4학년
물질의 성질 물질마다 가지는 물질의 성질은 물체의 기능과 관련이 있음을 배웠어요.	**물질의 상태** 고체, 액체, 기체의 서로 다른 성질에 대해 배워요.	**물의 상태 변화** 물이 상태 변화할 때의 부피와 무게 변화, 증발, 끓음, 응결에 대해 배울 거예요.

만화로 단원 미리보기

물질의 상태

이어서
개념 웹툰

개념① 물질의 세 가지 상태에 따른 특징
→ 고체, 액체, 기체

내 교과서 살펴보기
김영사, 동아, 아이스크림, 지학사

⬆ 수족관 속 물질

공기(기체) 눈으로 볼 수 없고, 손으로 잡을 수 없음.

물(액체) 눈으로 볼 수 있고, 손에서 흘러내림.

돌(고체) 눈으로 볼 수 있고, 손으로 잡을 수 있어 전달할 수 있음.
예) 나무 막대, 플라스틱 막대, 쌓기나무 등

☑ **물질의 세 가지 상태**

우리 주변의 물질은 성질에 따라 고체, 액체, **❶** [ㄱ][ㅊ] 로 나눌 수 있습니다.

공기는 눈에 안 보여.
고체인 돌은 손으로 잡을 수 있어.
액체인 물은 손에서 흘러내려.

개념② 고체의 성질

1. **나뭇조각과 플라스틱 조각을 관찰한 결과:** 단단함. 손으로 잡을 수 있음. 눈에 보이고 모양이 있음. 쌓을 수 있음. 등

용어 물체나 물질이 차지하는 공간의 크기 ◀

2. **나뭇조각과 플라스틱 조각을 여러 가지 그릇에 넣었을 때 모양과 부피 변화**

나뭇조각을 그릇에 넣은 결과
나뭇조각

플라스틱 조각을 그릇에 넣은 결과
플라스틱 조각

→ 조각의 모양과 크기는 변하지 않습니다.

⬇

나무와 플라스틱의 모양과 부피 변화 ┃ 담는 그릇이 바뀌어도 모양과 부피는 변하지 않음.

☑ **고체**

담는 그릇이 바뀌어도 모양과 **❷** [ㅂ][ㅍ] 가 변하지 않는 물질의 상태입니다.

잘 안들어 가네.
스케치북은 모양과 부피가 일정해서 그래.

정답 **❶** 기체 **❷** 부피

3. **고체의 성질**

고체 ≫
• 담는 그릇이 바뀌어도 모양과 부피가 변하지 않는 물질의 상태
• 눈으로 볼 수 있고, 손으로 잡을 수 있음.
• 고체의 예: 나무, 플라스틱, 책, 컵, 책상, 의자, 가방 등

내 교과서 살펴보기 / 금성

가루 물질의 상태
• 가루 전체의 모양은 담는 그릇에 따라 변하지만, 알갱이 하나하나의 모양과 부피는 변하지 않습니다.
• 따라서 가루 물질은 고체입니다.

⬆ 담는 그릇에 상관없이 모양과 부피가 일정한 모래

개념 ③ 액체의 성질

1. 물과 주스를 관찰한 결과

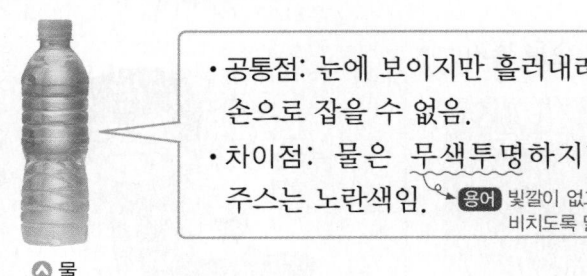

- 공통점: 눈에 보이지만 흘러내려서 손으로 잡을 수 없음.
- 차이점: 물은 **무색투명**하지만, 주스는 노란색임. →용어 빛깔이 없고 속이 비치도록 맑음.

⌃물

⌃주스

☑ **액체**

담는 그릇에 따라 ❸ □ ○ 이 변하지만, 부피는 변하지 않는 물질의 상태입니다.

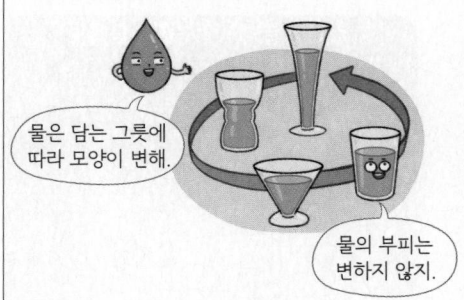

물은 담는 그릇에 따라 모양이 변해.

물의 부피는 변하지 않지.

2. 물과 주스를 여러 가지 그릇에 옮겨 담았을 때 모양과 부피 변화

① 물을 투명한 그릇에 넣은 다음, 다른 모양의 그릇에 차례대로 옮겨 담았다가 다시 처음 사용한 그릇에 옮겨 담아 모양과 부피 변화를 관찰합니다.

처음 물의 높이

물의 모양이 그릇의 모양과 같습니다.

물의 모양이 이전과 달라졌습니다.

| 물의 모양 | 담는 그릇의 모양에 따라 물의 모양이 변함. |
| 물의 높이 | 처음에 사용한 그릇으로 다시 옮기면 물의 높이가 처음과 같음. ➡ 부피가 변하지 않음. |

② 주스를 물과 같은 방법으로 옮겨 담았을 때: 주스의 모양은 담는 그릇의 모양에 따라 달라지지만, 부피는 변하지 않습니다.

☑ **액체의 성질**

액체는 눈에 보이지만 흘러내려서 손으로 잡을 수 ❹ ○ ㅅ 니다.

주스는 흐르는 성질이 있어서 조금 흘렀네.

3. 액체의 성질

액체

- 담는 그릇에 따라 모양이 변하지만 부피는 변하지 않는 물질의 상태
- 눈으로 볼 수 있지만 흘러내려서 손으로 잡을 수 없음.
- 액체의 예: 물, 주스, 우유, 간장, 식초, 식용유, 액체 세제, 꿀, 바닷물 등

내 교과서 살펴보기 / 금성, 지학사

서로 다른 용기에 담긴 세 액체의 부피를 비교하는 방법

액체를 모양과 크기가 같은 그릇에 각각 담아 높이를 비교합니다.

액체의 높이를 표시한 눈금

개념 ④ 우리 주변에 있는 공기

내 교과서 살펴보기 / 천재, 김영사

1. 우리 주변에 공기가 있는지 알아보기

① 빈 페트병을 손등에 가져가 누르거나 부풀린 풍선의 입구를 쥐었던 손을 놓기

빈 페트병의 입구를 손등에
가까이 가져가 누르기

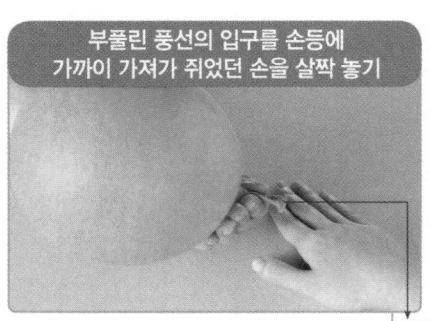
부풀린 풍선의 입구를 손등에
가까이 가져가 쥐었던 손을 살짝 놓기

풍선 속 공기가 빠져나오는
소리가 나고, 풍선의
크기가 줄어듭니다.

결과 공기가 빠져나와 손등에 바람이 느껴지고, 시원함.

② 물속에서 빈 페트병을 누르거나 부풀린 풍선의 입구를 쥐었던 손을 놓기

물속에서 빈 페트병을
눌렀을 때
공기
방울
물

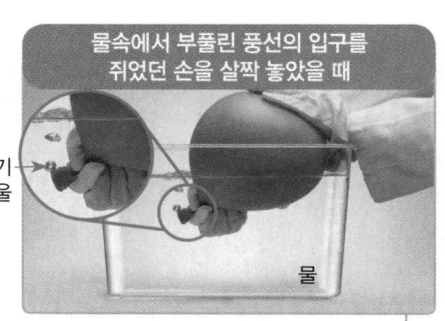
물속에서 부풀린 풍선의 입구를
쥐었던 손을 살짝 놓았을 때
공기
방울
물

결과 페트병과 풍선 입구에서 공기 방울이 생겨 위로 올라
오고, 공기 방울이 나오면서 보글보글 소리가 남.
용어 작은 거품이 잇따라
일어나는 소리

③ 위 ①과 ②의 실험을 통해 알게 된 점: 공기는 눈에 보이지 않지만 우리
주변에 있습니다.
→ 고체나 액체와는 다른 물질의 상태입니다.

2. 공기가 있음을 알 수 있는 예: 바람에 펄럭이는 깃발, 부채질을 하면 바람이
생기는 것 등

⚊ 날고 있는 연

⚊ 공기가 들어 있는 튜브

⚊ 바람에 흔들리는 나뭇가지

☑ **공기**

공기는 눈에 ❺(보이고 / 보이지 않지만)
우리 주변에 ❻ ⬜⬜ 니다.

아무도 없어서
슬퍼.
보이지
않지만
내가 곁에
있어.

☑ **공기가 있음을 알 수 있는 예**

우리가 숨을 쉴 수 있고, 나뭇가지가
바람에 흔들리는 것은 ❼ ⬜⬜ 가
있기 때문입니다.

휘
잉
내가 숨 쉴
수 있는 것도
공기 덕분이야.

정답 ❺ 보이지 않지만 ❻ 있습 ❼ 공기

1 7종 공통
다음 중 눈으로 볼 수 없고, 손으로 잡을 수 없는 물체나 물질은 어느 것입니까? (　　　)

① 돌　　　　　　　② 물
③ 주스　　　　　　④ 공기
⑤ 쌓기나무

2 7종 공통
다음은 나뭇조각과 플라스틱 조각을 여러 가지 모양의 그릇에 각각 넣으면서 관찰한 결과입니다. (　　) 안의 알맞은 말에 ○표를 하시오.

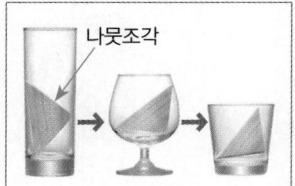
나뭇조각

플라스틱 조각

⚠ 나뭇조각을 여러 가지 모양의　　⚠ 플라스틱 조각을 여러 가지
　　그릇에 넣기　　　　　　　　　　　모양의 그릇에 넣기

여러 가지 모양의 그릇에 넣었을 때 조각의 모양과 크기는 (변합니다 / 변하지 않습니다).

3 7종 공통
다음 중 고체에 대한 설명으로 옳은 것은 어느 것입니까? (　　　)

① 흘러내린다.
② 눈으로 볼 수 없다.
③ 손으로 잡을 수 없다.
④ 담는 그릇에 따라 모양이 변한다.
⑤ 담는 그릇이 바뀌어도 모양과 부피가 일정하다.

4 7종 공통
다음과 같이 투명한 그릇에 물을 넣고 물의 높이를 표시한 다음, 다른 모양의 그릇에 차례대로 옮겨 담았다가 다시 처음 사용한 그릇에 옮겨 담을 때 변하는 것과 변하지 않는 것을 줄로 바르게 이으시오.

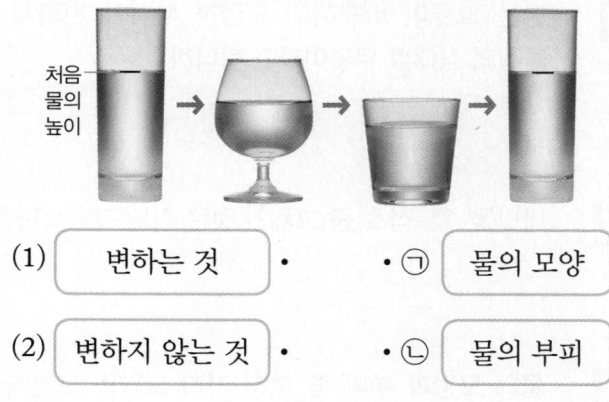
처음 물의 높이

(1) 　변하는 것　 · 　· ㉠ 　물의 모양

(2) 변하지 않는 것 · 　· ㉡ 　물의 부피

5 천재, 김영사, 동아, 비상, 아이스크림, 지학사
다음 중 위 **4**번과 같은 방법으로 실험했을 때와 같은 결과가 나타나는 물질은 어느 것입니까? (　　　)

① 소금　　　　　　② 공기
③ 나무　　　　　　④ 주스
⑤ 플라스틱

6 천재, 김영사
오른쪽과 같이 물이 담긴 수조에 빈 페트병을 넣고 눌렀을 때 나타나는 변화로 옳은 것을 두 가지 고르시오. (　　, 　　)

물

① 아무런 변화가 없다.
② 보글보글 소리가 난다.
③ 수조 속 물의 색깔이 변한다.
④ 페트병 입구에서 물방울이 생긴다.
⑤ 페트병 입구에서 공기 방울이 생겨 위로 올라온다.

7종 공통

Step ① 단원평가

7종 공통

[1~5] 다음은 개념 확인 문제입니다. 물음에 답하시오.

1 담는 그릇이 바뀌어도 모양과 부피가 변하지 않는 물질의 상태를 무엇이라고 합니까?

(   )

2 바닷물, 컵, 식초 중 고체인 것은 어느 것입니까?

(   )

3 물의 모양과 부피 중 여러 가지 모양의 그릇에 옮겨 담았을 때 변하지 않는 것은 어느 것입니까?

물의 (   )

4 주스는 눈으로 볼 수 (있 / 없)지만, 흐르는 성질 때문에 손으로 잡을 수 (있 / 없)습니다.

5 공기는 눈에 (보이고 / 보이지 않지만) 우리 주변에 있습니다.

6 오른쪽의 나뭇조각에 대한 설명으로 옳은 것은 어느 것입니까?

천재

(   )

① 눈으로 볼 수 없다.
② 모양이 일정하지 않다.
③ 담는 그릇에 따라 색깔이 변한다.
④ 담는 그릇에 따라 모양이 변한다.
⑤ 담는 그릇이 바뀌어도 부피가 변하지 않는다.

7 앞의 **6**번 나뭇조각을 이루는 물질과 같은 물질의 상태를 무엇이라고 하는지 쓰시오.

7종 공통

(   )

8 다음 중 고체가 <u>아닌</u> 것은 어느 것입니까? (   )

7종 공통

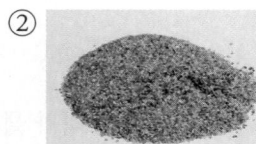

①
▲ 플라스틱 조각

②
▲ 모래

③
▲ 식용유

④
▲ 가방

9 다음 물과 주스를 관찰했을 때의 공통점으로 옳은 것은 어느 것입니까? (   )

7종 공통

▲ 물   ▲ 주스

① 흘러내리지 않는다.
② 눈에 보이지 않는다.
③ 손으로 잡을 수 있다.
④ 색깔이 없고 투명하다.
⑤ 담긴 그릇을 기울이면 모양이 변한다.

[10~11] 다음은 그릇에 주스를 넣고 주스의 높이를 표시한 다음, 다른 모양의 그릇에 차례대로 옮겨 담았다가 다시 처음에 사용한 그릇에 옮겨 담는 모습입니다. 물음에 답하시오.

처음 주스의 높이

7종 공통

10 다음은 위의 실험 결과를 관찰한 내용입니다. ㉠, ㉡에 들어갈 알맞은 말을 각각 쓰시오.

> • 주스의 ㉠ 은/는 담는 그릇의 모양에 따라 변합니다.
> • 처음에 사용한 그릇으로 다시 옮기면 주스의 ㉡ 이/가 처음 표시한 높이와 같습니다.

㉠ ( ) ㉡ ( )

금성

11 다음 중 주스 대신 사용하여도 위와 같은 결과를 얻을 수 있는 것을 두 가지 찾아 쓰시오.

> 물 공기 나무 우유 지우개

(,)

7종 공통

12 다음 보기 에서 고체와 액체의 공통적인 성질로 옳은 것을 골라 기호를 쓰시오.

> 보기
> ㉠ 손으로 잡으면 흘러내립니다.
> ㉡ 담긴 그릇을 항상 가득 채웁니다.
> ㉢ 담는 그릇이 바뀌어도 모양이 변하지 않습니다.
> ㉣ 담는 그릇이 바뀌어도 부피가 변하지 않습니다.

( )

13 다음과 같이 부풀린 풍선의 입구를 쥐었던 손을 살짝 놓는 실험의 결과에 대한 설명으로 옳지 않은 것을 두 가지 고르시오. (,)

㉠
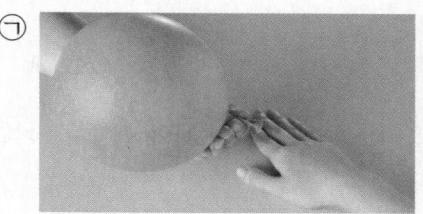
⬆ 부풀린 풍선의 입구를 손등에 가까이 가져가 쥐었던 손을 살짝 놓기

㉡
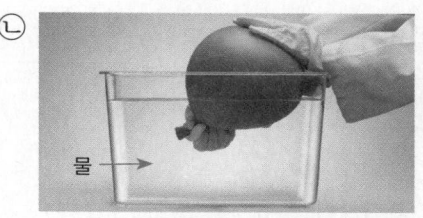
물
⬆ 부풀린 풍선의 입구를 물속에 넣고 풍선의 입구를 쥐었던 손을 살짝 놓기

① ㉠: 풍선의 크기가 커진다.
② ㉠: 손등에서 바람이 느껴진다.
③ ㉡: 풍선 속에 있던 물이 빠져나온다.
④ ㉡: 풍선 입구에서 공기 방울이 생긴다.
⑤ ㉠, ㉡: 우리 주변에 공기가 있음을 알 수 있다.

천재, 김영사

14 다음은 바람에 흔들리는 나뭇가지의 모습입니다. 이를 통해 알 수 있는 공기에 대한 설명으로 옳지 않은 것은 어느 것입니까? ( )

① 공기는 우리 주변에 있다.
② 공기는 눈에 보이지 않는다.
③ 공기를 느낄 수 있는 방법은 없다.
④ 공기는 고체와는 다른 물질의 상태이다.
⑤ 공기는 액체와는 다른 물질의 상태이다.

15 오른쪽은 플라스틱 조각 한 개를 여러 가지 모양의 그릇에 넣었을 때의 모습입니다.

7종 공통

플라스틱 조각

(1) 위의 플라스틱 조각은 고체와 액체 중 어떤 상태인지 쓰시오.

( )

(2) 위 (1)번 답과 같이 생각한 까닭을 쓰시오.

> **답** 플라스틱 조각은 담는 ❶ [ ] 이 바뀌어도 모양과 부피가
>
> ❷ [ ] 하기 때문이다.

7종 공통

16 다음 대화를 읽고, 물음에 답하시오.

> 엄마: 수지야, 오늘 간식은 가래떡과 꿀이란다.
> 수지: 와, 맛있겠어요.
> 엄마: 여기 있는 젓가락으로 먹으렴.
> 수지: 냉장고에 들어 있는 주스와 함께 먹을래요. 잘 먹겠습니다.

(1) 위 대화에 나온 여러 가지 물체나 물질 중 액체를 두 가지 골라 쓰시오.

(,)

(2) 위 (1)번 답과 같이 생각한 까닭을 모양과 부피 변화와 관련지어 쓰시오.

_____

_____

천재, 김영사

17 다음 실험을 보고 빈칸에 들어갈 알맞은 말을 쓰시오.

실험 방법	❶ 물이 든 수조에 빈 페트병을 넣고 누르기	❷ 물이 든 수조에 빈 플라스틱병을 넣고 누르기
실험 결과	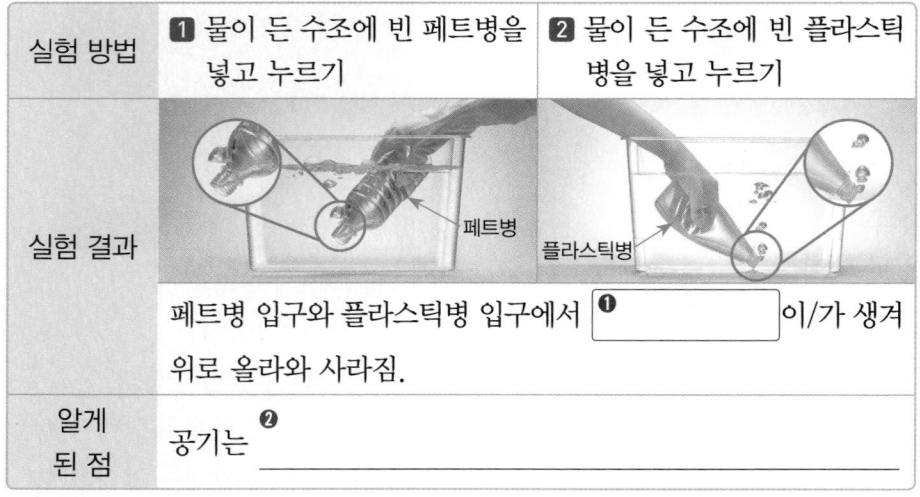 페트병	플라스틱병
	페트병 입구와 플라스틱병 입구에서 ❶ [ ] 이/가 생겨 위로 올라와 사라짐.	
알게 된 점	공기는 ❷ _____	

15 (1) 담는 그릇이 바뀌어도 모양과 [ ][ ] 가 변하지 않는 물질의 상태를 고체라고 합니다.

(2) 플라스틱 조각을 여러 가지 모양의 그릇에 넣었을 때 [ ][ ] 과 부피 변화가 없습니다.

16 (1) 꿀과 주스는 가래떡과 달리 모양이 (일정하지 않습니다 / 일정합니다).

(2) 담는 그릇에 따라 모양이 변하지만 부피는 변하지 않는 물질의 상태를 [ ][ ] 라고 합니다.

17 (1) 물속에서 눈에 보이지 않는 [ ][ ] 를 확인할 수 있습니다.

(2) 바람개비가 (돌아갈 때 / 돌아가지 않을 때) 우리 주변에 공기가 있음을 알 수 있습니다.

Step 3 수행평가

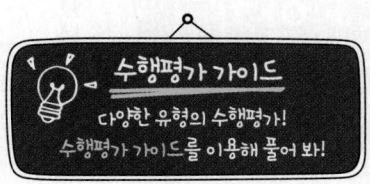
수행평가 가이드
다양한 유형의 수행평가!
수행평가 가이드를 이용해 풀어 봐!

학습 주제 액체의 성질 알기

학습 목표 액체의 성질을 그릇에 따른 모양과 부피 변화를 관찰하여 설명할 수 있다.

[18~20] 다음은 투명한 그릇에 물을 넣고 물의 높이를 표시한 다음, 다른 모양의 그릇에 차례대로 옮겨 담았다가 다시 처음 사용한 그릇에 옮겨 담으면서 물의 모양과 부피 변화를 관찰하는 모습입니다.

유성 펜으로 물의 높이를 표시할 때 수면과 눈높이를 맞춰야 해.

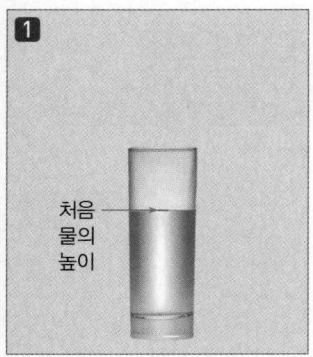
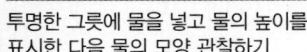
투명한 그릇에 물을 넣고 물의 높이를 표시한 다음 물의 모양 관찰하기

물을 다른 모양의 그릇에 차례대로 붓고 물의 모양 관찰하기

처음에 사용한 그릇에 다시 물을 붓고, 표시했던 물의 높이와 비교하기

7종 공통

18 담는 그릇에 따른 물의 모양은 어떠한지 ☐ 안에 들어갈 알맞은 말을 쓰시오.

물의 모양은 담는 그릇에 따라 ☐.

(   )

물의 모양

물의 모양은 그릇의 모양과 같습니다.

진도 완료 체크

4 단원

7종 공통

19 처음 사용한 그릇에 물을 다시 옮겨 담았을 때 물의 높이는 어떠한지 ☐ 안에 들어갈 알맞은 말을 쓰시오.

처음에 사용한 그릇으로 다시 옮기면 물의 높이가 처음과 ☐.

(   )

물의 부피

물의 부피는 변하지 않습니다.

7종 공통

20 위 실험 결과로 알 수 있는 액체란 무엇인지 설명하시오.

_____

_____

개념① 공기의 성질

실험 동영상

1. 공기가 공간을 차지하는지 알아보기 탐구활동

① 수조의 물 위에 스타이로폼 공을 띄운 후, 아랫부분이 잘린 페트병으로 덮어 수조 바닥까지 밀어 넣기

└ 페트병의 뚜껑을 닫거나 열고 실험합니다.

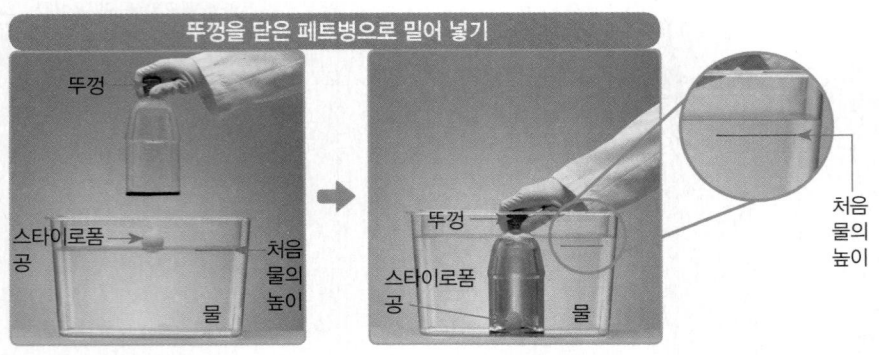

뚜껑을 닫은 페트병으로 밀어 넣기

뚜껑 / 스타이로폼 공 / 처음 물의 높이 / 물 / 뚜껑 / 스타이로폼 공 / 물 / 처음 물의 높이

> **결과** · 스타이로폼 공의 위치: 수조 바닥까지 내려감.
> · 수조 안 물의 높이: 조금 높아짐.
>
> **까닭** 페트병 안에 있는 공기가 공간을 차지하고 있기 때문에 물을 밀어 내어 페트병 안으로 물이 들어가지 못함. → 페트병을 천천히 들어 올리면 스타이로폼 공이 위로 올라오고, 물의 높이가 처음 높이로 돌아옵니다.

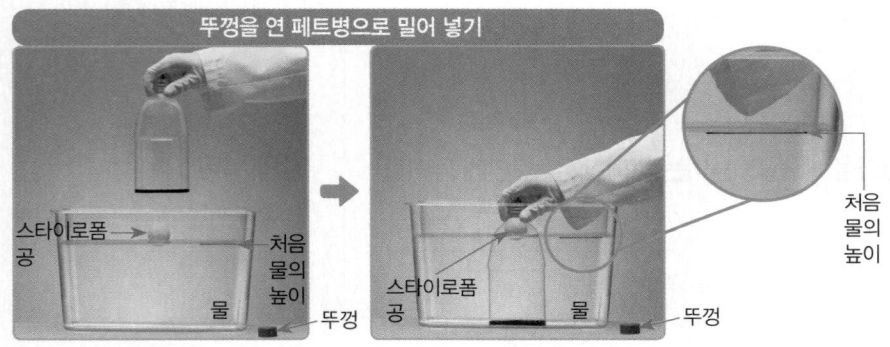

뚜껑을 연 페트병으로 밀어 넣기

스타이로폼 공 / 처음 물의 높이 / 물 / 뚜껑 / 스타이로폼 공 / 물 / 뚜껑 / 처음 물의 높이

> **결과** · 스타이로폼 공의 위치: 물 위에 그대로 있음.
> · 수조 안 물의 높이: 변화가 없음.
>
> **까닭** 페트병 안에 있는 공기가 페트병 입구로 빠져나가기 때문에 물이 페트병 안으로 들어감. → 페트병을 천천히 들어 올리면 스타이로폼 공의 위치와 물의 높이는 변화가 없습니다.

② 실험을 통해 알게 된 공기의 성질: 공기는 공간을 차지합니다.

개념 체크

☑ **공간을 차지하는 공기**

공기는 눈에 보이지 않지만 **❶** ㄱ

ㄱ 을 차지합니다.

공기는 공간을 차지해. / ← 공기 / 아래로 내려가네~ / 스타이로폼 공

정답 **❶** 공간

내 교과서 살펴보기 / 금성, 동아, 아이스크림

바닥에 구멍이 뚫리지 않은 컵으로 페트병 뚜껑을 덮고, 물속에 밀어 넣기

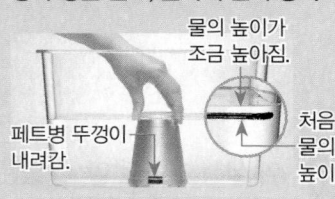

물의 높이가 조금 높아짐. / 페트병 뚜껑이 내려감. / 처음 물의 높이

· 결과: 물의 높이가 조금 높아지고, 페트병 뚜껑이 내려갑니다.
· 까닭: 공기가 공간을 차지하기 때문입니다.

③ 공기가 공간을 차지하는 성질을 이용한 예: 공기베개, 풍선 놀이 틀, 자동차 타이어, 축구공, 풍선 골대, 풍선 등

내 교과서 살펴보기 / **천재, 금성, 비상, 아이스크림**

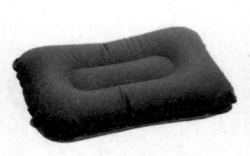

🔺 공기베개

🔺 풍선 놀이 틀

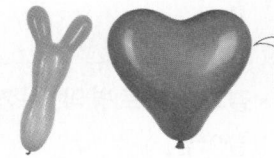

🔺 풍선

공기를 넣으면 풍선 안의 공기가 공간을 차지하고, 그 공간을 가득 채우기 때문에 풍선 이 부풀어.

☑ **이동하는 공기**

공기는 다른 곳으로 ❷ ⬜ ⬜ 할 수 있습니다.

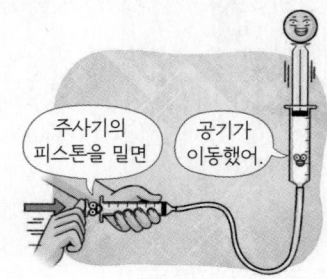

주사기의 피스톤을 밀면

공기가 이동했어.

2. 공기가 이동하는지 알아보기 [탐구활동]

실험 동영상

① 비닐관으로 연결된 주사기의 피스톤을 밀거나 당기기

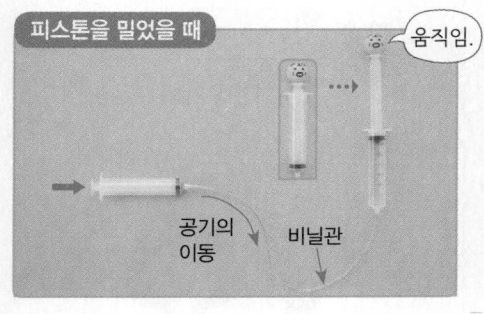

피스톤을 밀었을 때
움직임.
공기의 이동
비닐관

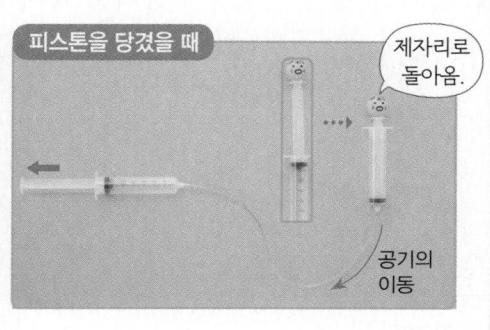

피스톤을 당겼을 때
제자리로 돌아옴.
공기의 이동

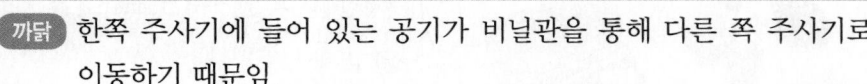

[까닭] 한쪽 주사기에 들어 있는 공기가 비닐관을 통해 다른 쪽 주사기로 이동하기 때문임.

② 실험을 통해 알게 된 공기의 성질: 공기는 다른 곳으로 이동할 수 있습니다.

③ 공기가 다른 곳으로 이동하는 성질을 이용한 예: 비눗방울 불기, 공기 주입기로 풍선을 부풀리기, 자전거 타이어에 공기를 넣기, 선풍기 등
└─ 바깥의 공기가 공기 주입기와 고무관을 거쳐 자전거 타이어로 이동합니다.

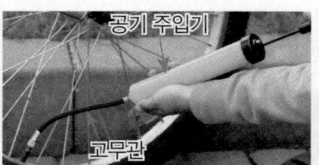

공기 주입기
고무관

🔺 자전거 타이어에 공기 넣기

☑ **기체**

공기처럼 담는 그릇에 따라 모양이 변하고, 그 공간을 항상 가득 ❸ ⬜ ⬜ ⬜ 물질의 상태입니다.

개념 ② 기체의 성질

[기체] ▶ • 공기처럼 담는 그릇에 따라 모양이 변하고, 그 공간을 항상 가득 채우는 물질의 상태   담는 그릇에 따라 부피가 변합니다.◄
• 공간을 차지하고 이동할 수 있으며, 무게가 있음.

공기를 가득 채워 풍선을 부풀게 해야지.

푸식
푸식

[정답] ❷ 이동 ❸ 채우는

개념 ③ 공기의 무게

1. 공기가 무게가 있는지 알아보기 (탐구활동)

실험 동영상

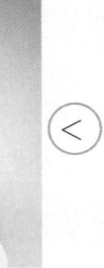

공기 주입 마개
전자 저울

54.0 g

⊙ 공기 주입 마개를 누르기 전의 페트병 무게 측정
→ 공기가 들어 있습니다.

<

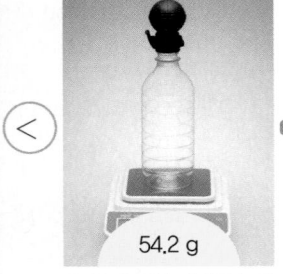

54.2 g

⊙ 공기 주입 마개를 누른 후의 페트병 무게 측정
→ 공기가 더 많이 들어 있습니다.

- 결과: 페트병의 무게가 늘어남.
- 알게 된 점: 공기(기체)는 무게가 있음.
  → 공기 주입 마개를 누르는 횟수가 늘어날수록 무게도 늘어납니다.

2. 공기가 무게가 있는지 알 수 있는 예: 공기를 넣은 비치볼이 공기를 넣지 않은 비치볼보다 무겁습니다. 등

개념 ④ 물질의 상태에 따른 분류

담는 그릇에 관계없이 모양과 부피가 일정함.

고체

⊙ 책 ⊙ 운동화 ⊙ 돌멩이 ⊙ 필통

담는 그릇에 따라 모양이 변하지만, 부피는 변하지 않음.

액체

⊙ 분수대의 물 ⊙ 음수대의 물 ⊙ 비눗물 ⊙ 음료수

용어 물을 마실 수 있게 해 놓은 곳

담는 그릇에 따라 모양이 변하고, 그 공간을 항상 가득 채움.

기체

⊙ 바람개비를 돌리는 공기 ⊙ 연을 날리는 공기 ⊙ 비눗방울 안의 공기 ⊙ 공 안의 공기

☑ 공기의 무게

공기는 무게가 ❹(있습니다 / 없습니다).

고무보트가 무거워.

공기는 무게가 있기 때문이야.

☑ 물질의 상태에 따른 분류

우리 주변의 물질들은 유리병과 같은 ❺ ㄱ ㅊ , 주스와 같은 ❻ ㅇ ㅊ , 공기와 같은 ❼ ㄱ ㅊ 로 분류할 수 있습니다.

액체인 주스를 마셔볼까?

공기

병 안에는 기체인 공기도 있어.

정답 ❹ 있습니다 ❺ 고체 ❻ 액체 ❼ 기체

내 교과서 살펴보기 / 천재, 금성

움직이는 장난감

- 만드는 방법: 공기를 넣은 풍선에 마개를 씌우고, 시디(CD)를 붙여 마개의 윗부분을 위로 당겨 놓습니다.
- 움직임: 풍선 속을 가득 채운 공기가 풍선 밖으로 이동하면서 풍선의 크기가 작아지고 장난감이 움직입니다.

시디 마개

⊙ 풍선 안의 공기로 움직이는 장난감

천재

1 다음은 물 위에 스타이로폼 공을 띄운 후, 아랫부분이 잘린 페트병의 뚜껑을 닫고 스타이로폼 공을 덮어 수조 바닥까지 밀어 넣는 실험입니다.

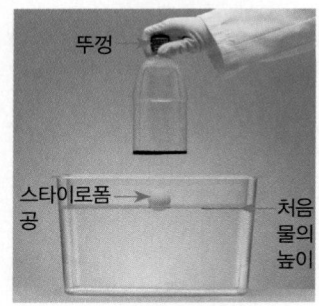

(1) 실험 결과 물에 띄운 스타이로폼 공의 위치는 어떻게 됩니까?　(내려간다. / 그대로 있다.)

(2) 실험 결과 수조 안의 물의 높이는 어떻게 됩니까?
　　　　　　(낮아진다. / 높아진다. / 변화가 없다.)

(3) 실험 결과 페트병 안에 들어 있는 것은 어느 것입니까?　　　　　(물 / 공기 / 물과 공기)

7종 공통

2 다음은 위 **1**번의 실험으로 알 수 있는 공기의 성질입니다. ☐ 안에 들어갈 알맞은 말을 쓰시오.

공기는 ☐ 을/를 차지합니다.

(　　　　　　　　　　)

천재, 비상, 아이스크림, 지학사

3 오른쪽과 같이 비닐관으로 연결된 주사기의 피스톤을 밀거나 당겼을 때의 변화를 줄로 바르게 이으시오.

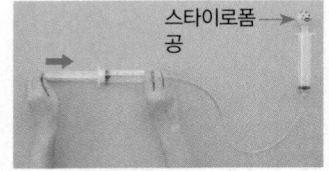

△ 주사기의 피스톤을 밀거나 당기기

(1) | 피스톤을 밀 때 | ・ | ・㉠ | 스타이로폼 공이 올라감. |

(2) | 밀었던 피스톤을 당길 때 | ・ | ・㉡ | 스타이로폼 공이 내려옴. |

7종 공통

4 다음 ☐ 안에 들어갈 말로 알맞지 <u>않은</u> 것은 어느 것입니까? (　　　　)

공기는 ☐ 이/가 있습니다.

① 무게
② 부피
③ 일정한 모양
④ 이동하는 성질
⑤ 공간을 차지하는 성질

천재, 금성, 김영사, 동아, 비상, 아이스크림

5 다음과 같이 페트병 입구에 공기 주입 마개를 끼운 뒤 공기 주입 마개를 누르기 전과 누른 후의 페트병 무게를 측정했을 때 ◯ 안에 >, =, <로 나타내시오.

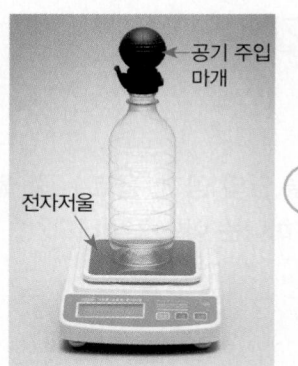 

△ 공기 주입 마개를 누르기 전
　페트병의 무게 측정하기

△ 공기 주입 마개를 누른 후
　페트병의 무게 측정하기

7종 공통

6 다음 보기에서 물체나 물질을 상태에 따라 분류할 때 잘못 분류한 것을 골라 기호를 쓰시오.

보기

	고체	액체	기체
㉠	책	우유	풍선 속 공기
㉡	운동화	물	공 안의 공기
㉢	돌멩이	비눗방울 안의 공기	비눗물

(　　　　　　　　　　)

Step ① 단원평가

7종 공통

[1~5] 다음은 개념 확인 문제입니다. 물음에 답하시오.

1 물과 공기 중 눈에 보이지 않고 손으로도 잡을 수 없지만 공간을 차지하는 것은 어느 것입니까?

( )

2 공기는 다른 곳으로 이동할 수 (있습니다 / 없습니다).

3 공기처럼 담는 그릇에 따라 모양이 변하고, 그 공간을 항상 가득 채우는 물질의 상태를 무엇이라고 합니까?

( )

4 페트병 입구에 끼운 공기 주입 마개를 누르면 누르기 전보다 누른 후의 무게가 어떻게 됩니까?

( )

5 분수대의 물, 비눗방울 안의 공기, 음료수 중 물질의 상태가 나머지와 <u>다른</u> 하나는 어느 것입니까?

( )

[6~8] 다음은 물 위에 스타이로폼 공을 띄운 후, 아랫부분이 잘린 페트병의 뚜껑을 닫거나 연 뒤 스타이로폼 공을 덮어 수조 바닥까지 밀어 넣는 실험입니다. 물음에 답하시오.

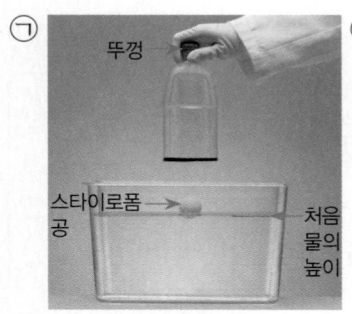

⊙ 뚜껑을 닫은 페트병을 밀어 넣기

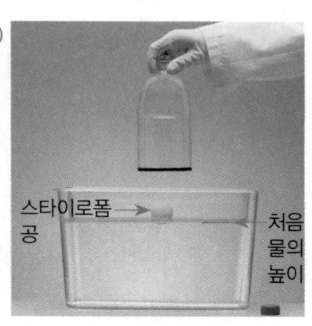

⊙ 뚜껑을 연 페트병을 밀어 넣기

천재

6 앞의 실험에서 ㉠과 ㉡ 중 페트병을 수조의 바닥까지 밀어 넣었을 때 스타이로폼 공이 수조 바닥까지 내려가는 경우를 골라 기호를 쓰시오.

( )

천재

7 위 **6**번 답과 같은 결과가 나타난 까닭으로 옳은 것은 어느 것입니까? ( )

① 페트병이 물에 잠겨 있기 때문이다.

② 페트병 안에 물이 들어가기 때문이다.

③ 페트병 안의 공기가 이동하기 때문이다.

④ 물이 페트병 안의 공기를 밀어내기 때문이다.

⑤ 페트병 안의 공기가 공간을 차지하기 때문이다.

천재

8 다음 중 앞의 실험 결과 수조 안 물의 높이를 바르게 짝지은 것은 어느 것입니까? ( )

	㉠ 수조	㉡ 수조
①	변화가 없다.	변화가 없다.
②	변화가 없다.	조금 높아진다.
③	조금 낮아진다.	변화가 없다.
④	조금 높아진다.	변화가 없다.
⑤	조금 높아진다.	조금 높아진다.

천재, 비상, 아이스크림, 지학사

9 다음과 같이 두 개의 주사기를 비닐관으로 연결한 뒤, 당겨 놓은 주사기의 피스톤을 밀 때 비닐관 속 공기가 이동하는 방향을 화살표로 나타내시오.

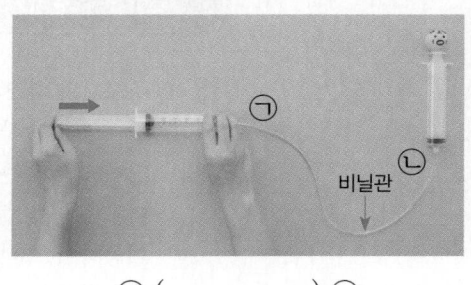

ㄱ ( ) ㄴ

천재, 비상, 아이스크림, 지학사

10 다음 중 위 **9**번의 스타이로폼 공이 움직이는 까닭으로 옳은 것은 어느 것입니까? ( )

① 공기는 가볍기 때문이다.
② 공기는 무겁기 때문이다.
③ 공기는 부피가 변하지 않기 때문이다.
④ 공기는 모양이 변하지 않기 때문이다.
⑤ 공기는 다른 곳으로 이동할 수 있기 때문이다.

7종 공통

11 다음 □ 안에 들어갈 단어를 설명한 것으로 옳지 **않은** 것을 보기 에서 골라 기호를 쓰시오.

> 얼음은 고체 상태, 물은 액체 상태, 공기는 □ 상태입니다.

보기
ㄱ 담긴 그릇을 항상 가득 채웁니다.
ㄴ 담는 그릇에 따라 색깔이 변합니다.
ㄷ 담는 그릇에 따라 모양이 변합니다.
ㄹ 담는 그릇에 따라 부피가 변합니다.

( )

천재, 금성, 김영사, 동아, 비상, 아이스크림

12 다음은 오른쪽과 같이 페트병 입구에 공기 주입 마개를 끼운 뒤 공기 주입 마개를 누르기 전과 누른 후의 페트병 무게를 각각 측정한 것입니다. 이에 대한 설명으로 옳은 것을 두 가지 고르시오.

(,)

공기 주입 마개

전자 저울

(가)	(나)
54.0 g	54.2 g

① (가)는 공기 주입 마개를 누른 후의 무게이다.
② (나)는 공기 주입 마개를 누른 후의 무게이다.
③ 공기 주입 마개를 누르기 전 페트병 안에는 공기가 없다.
④ 공기 주입 마개를 누르면 페트병의 무게가 줄어든다.
⑤ 실험을 통해 공기는 무게가 있음을 알 수 있다.

7종 공통

13 다음 물체나 물질을 상태에 따라 줄로 바르게 이으시오.

(1)

▲ 음료수

· ㄱ 고체

(2)
▲ 튜브 속 공기

· ㄴ 액체

(3)
▲ 책

· ㄷ 기체

천재, 금성

14 오른쪽은 풍선 안의 공기로 움직이는 장난감입니다. 풍선 속 공기가 밖으로 이동하면서 풍선의 크기는 어떻게 되는지 쓰시오.

시디

( )

4 단원

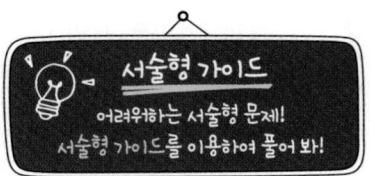

천재, 비상, 아이스크림, 지학사

15 오른쪽은 두 개의 주사기를 비닐관으로 연결한 뒤, 당겨 놓은 주사기의 피스톤을 미는 모습입니다.

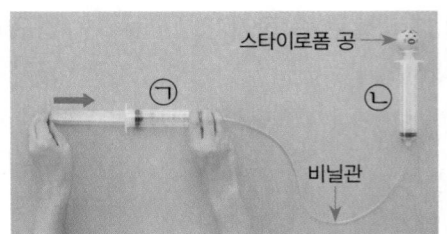

스타이로폼 공 →

㉠　　㉡

비닐관

(1) 위 주사기의 피스톤을 밀면 스타이로폼 공은 어떻게 되는지 쓰시오.

스타이로폼 공이 (　　　　　　　　　)

(2) 위 (1)번 답과 같은 결과가 나타난 까닭을 쓰시오.

답 ㉠ 주사기 안에 든 **❶** [　　　]이/가 ㉡ 주사기로 **❷** [　　　　] 했기 때문이다.

16 오른쪽은 공기 주입기로 풍선에 공기를 넣는 모습입니다.

금성, 비상, 아이스크림

(1) 풍선을 가득 채우고 있는 물질의 상태를 쓰시오.

(　　　　　　　)

공기 주입기

(2) 위 풍선에 공기를 넣으면 부푸는 까닭을 물질의 성질과 관련지어 쓰시오.

――――――――――――――――――――――

――――――――――――――――――――――

천재, 금성, 김영사, 동아, 비상, 아이스크림

17 오른쪽과 같이 페트병 입구에 공기 주입 마개를 끼운 뒤 공기 주입 마개를 누르기 전과 누른 후의 페트병 무게를 측정하였습니다.

공기 주입 마개

전자 저울

㉠ 공기 주입 마개를 누르기 전 페트병의 무게 측정
㉡ 공기 주입 마개를 누른 후 페트병의 무게 측정

(1) ㉠과 ㉡ 중 페트병의 무게가 더 무거운 것의 기호를 쓰시오.

(　　　　　　　)

(2) 위 실험으로 알 수 있는 공기의 성질을 쓰시오.

――――――――――――――――――――――

서술형 가이드
어려워하는 서술형 문제!
서술형 가이드를 이용하여 풀어 봐!

15 (1) 주사기의 피스톤을 (밀면 / 당기면) 주사기와 비닐관 안에 들어 있는 공기가 스타이로폼 공을 붙인 주사기로 이동하여 스타이로폼 공이 움직입니다.

(2) 공기는 다른 곳으로 이동할 수 [　][　]니다.

16 (1) (물 / 공기)처럼 담는 용기에 따라 모양이 변하고, 그 공간을 항상 가득 채우는 물질의 상태를 기체라고 합니다.

(2) 공기가 차지하는 공간의 모양은 담는 용기와 [　] [　]니다.

17 (1) 공기 주입 마개를 눌러서 공기를 더 넣은 것은 (㉠ / ㉡)입니다.

(2) 공기와 같은 [　][　]는 대부분 [　]에 보이지 않지만 무게가 있습니다.

Step ③ 수행평가

수행평가 가이드
다양한 유형의 수행평가!
수행평가 가이드를 이용해 풀어 봐!

학습 주제 공기의 성질 알기

학습 목표 기체가 공간을 차지하고 있음을 실험을 통해 알 수 있다.

[18~20] 다음은 공기의 성질을 알아보는 실험 과정입니다.

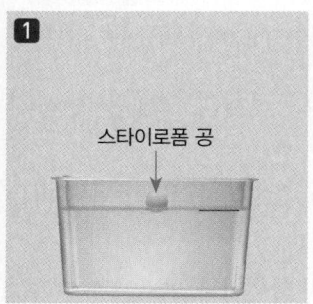

스타이로폼 공

물이 담긴 수조에 유성 펜으로 물의 높이를 표시하고, 물 위에 스타이로폼 공을 띄우기

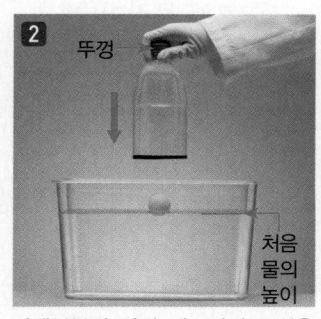

뚜껑

아랫부분이 잘린 페트병의 뚜껑을 닫고, 똑바로 세워 스타이로폼 공을 덮은 뒤 수조 바닥까지 밀어 넣기

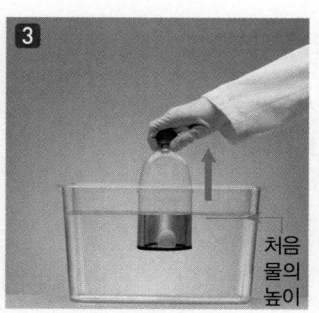

처음 물의 높이

바닥까지 넣었던 페트병을 천천히 위로 올리기

4 아랫부분이 잘린 페트병의 뚜껑을 열고 2 ~ 3 과 같은 방법으로 실험하기

천재

18 다음은 뚜껑을 닫은 페트병으로 실험한 결과를 정리한 것입니다. 빈곳에 알맞은 말을 쓰시오.

구분	페트병을 밀어 넣었을 때	페트병을 위로 올렸을 때
스타이로폼 공의 위치	❶	❷
물의 높이	❸	❹

천재

19 다음은 뚜껑을 닫은 페트병과 뚜껑을 연 페트병으로 각각 실험했을 때 다른 결과가 나타난 까닭입니다. ☐ 안에 알맞은 말을 쓰시오.

뚜껑을 닫은 페트병 안에는 공기가 ❶ [   ] 을/를 차지하고 있어

❷ [   ] 을/를 밀어내기 때문입니다.

7종 공통

20 위 실험 결과로 알 수 있는 공기의 성질을 쓰시오.

• _____

• 공기는 다른 곳으로 이동할 수 있다.

페트병 대신 바닥에 구멍을 뚫거나 뚫지 않은 플라스틱 컵을 사용할 수 있어.

뚜껑을 닫은 페트병

페트병을 수조 바닥까지 밀어 넣으면 페트병 안으로 물이 들어가지 못합니다.

4
단원

진도 완료 체크

뚜껑을 연 페트병

페트병을 수조 바닥까지 밀어 넣으면 페트병 안으로 물이 들어갑니다.

Q 배점 표시가 없는 문제는 문제당 4점입니다.

아이스크림

1 다음은 어떤 물질을 관찰한 내용인지 ㉠~㉢ 중 골라 기호를 쓰시오.

> • 눈에 보입니다.
> • 흘러내려서 손으로 잡을 수 없습니다.

 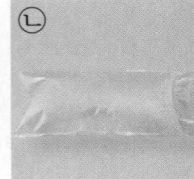 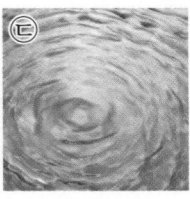

⌃ 돌멩이　　　⌃ 비닐 안의 공기　　　⌃ 물

(　　　　　　)

7종 공통

2 오른쪽과 같이 플라스틱 조각을 여러 가지 모양의 그릇에 넣었을 때 알 수 있는 점으로 옳은 것을 두 가지 고르시오.
(　 , 　)

⌃ 플라스틱 조각을 여러 가지 모양의 그릇에 넣기

① 플라스틱 조각은 물렁하다.
② 플라스틱 조각은 담는 그릇에 따라 크기가 변한다.
③ 플라스틱 조각은 담는 그릇이 바뀌어도 모양이 변하지 않는다.
④ 플라스틱 조각은 담는 그릇이 바뀌어도 크기가 변하지 않는다.
⑤ 플라스틱 조각은 담는 그릇에 따라 모양과 크기가 일정하게 변한다.

7종 공통

3 다음 ▢ 안에 들어갈 알맞은 물체나 물질이 <u>아닌</u> 것은 어느 것입니까? (　　　)

> ▢은/는 담는 그릇이 바뀌어도 모양과 부피가 변하지 않습니다.

① 책
② 간장
③ 동전
④ 지우개
⑤ 나뭇조각

금성

4 오른쪽 그릇에 담긴 가루 물질에 대한 설명으로 옳은 것을 두 가지 고르시오. (　 , 　)

⌃ 그릇에 담긴 모래

① 고체 물질이다.
② 액체 물질이다.
③ 담는 그릇에 따라 가루 전체의 모양은 변하지 않는다.
④ 담는 그릇에 따라 알갱이 하나하나의 모양과 부피는 변한다.
⑤ 담는 그릇에 따라 알갱이 하나하나의 모양과 부피는 변하지 않는다.

[5~6] 다음은 물의 성질을 알아보는 실험 과정입니다.

❶ 투명한 그릇에 물을 넣고 유성 펜으로 물의 높이를 표시합니다.
❷ 물을 여러 가지 모양의 그릇에 차례대로 옮겨 담습니다.
❸ 처음에 사용한 그릇에 물을 다시 옮겨 담고 처음 표시한 물의 높이와 비교합니다.

7종 공통

5 위 실험에 대한 설명에 맞게 다음 ㉠, ㉡에 들어갈 알맞은 말을 각각 쓰시오.

> 위 ❷의 과정은 물의 ▢㉠ 변화를 알아보는 실험이고, ❸의 과정은 물의 ▢㉡ 변화를 알아보는 실험입니다.

㉠ (　　　　　) ㉡ (　　　　　)

7종 공통

6 앞의 실험 결과 담는 그릇에 따른 물의 모양과 부피 변화는 어떻게 되는지 쓰시오. [8점]

_____

_____

7종 공통

7 다음과 같은 성질이 있는 물질을 두 가지 고르시오.

(,   )

> • 눈으로 볼 수 있습니다.
> • 흘러내려 손으로 잡을 수 없습니다.
> • 여러 가지 모양의 그릇에 넣었을 때 모양이 달라지지만 부피는 변하지 않습니다.

① 종이   ② 공기
③ 우유   ④ 나무
⑤ 바닷물

금성, 지학사

8 다음 컵에 담긴 음료수의 부피를 비교하기에 알맞은 방법을 보기 에서 골라 기호를 쓰시오.

보기
ㄱ 눈으로 어림합니다. 용어 대강 짐작으로 헤아림.
ㄴ 모양과 크기가 같은 컵에 각각 담아 액체의 부피를 비교합니다.
ㄷ 높이와 무늬가 같은 컵에 각각 담아 액체의 부피를 비교합니다.

(   )

9 다음은 빈 페트병을 손등에 가까이 가져가 누르거나 물속에서 누르는 실험입니다. ☐ 안에 공통으로 들어갈 알맞은 말을 쓰시오.

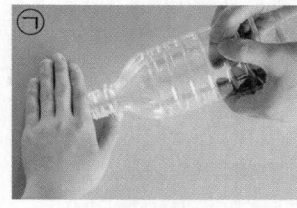
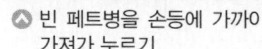
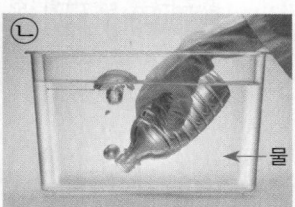

ㄱ ◎ 빈 페트병을 손등에 가까이 가져가 누르기   ㄴ ◎ 물속에서 빈 페트병을 누르기 ← 물

> • ㄱ 실험: 빈 페트병을 누를 때마다 빈 페트병 속에 있던 ☐이/가 빠져나오면서 바람이 부는 것처럼 시원한 느낌이 듭니다.
> • ㄴ 실험: 물속에 빈 페트병의 입구 부분을 넣고 페트병을 살짝 누르면 페트병 입구에서 ☐ 방울이 생겨 위로 올라옵니다.

(   )

7종 공통

10 다음 중 우리 주변에 공기가 있음을 알 수 있는 경우가 아닌 것은 어느 것입니까? (   )

①
◎ 부채질을 함.

②
◎ 날고 있는 연

③
◎ 흔들리는 나뭇가지

④
◎ 물을 넣은 페트병

4
단원

서술형·논술형 문제
금성, 동아, 아이스크림

11 다음과 같이 바닥에 구멍이 뚫리지 않은 플라스틱 컵으로 물 위에 띄운 페트병 뚜껑을 덮은 뒤 수조 바닥까지 밀어 넣으려고 합니다. [총 12점]

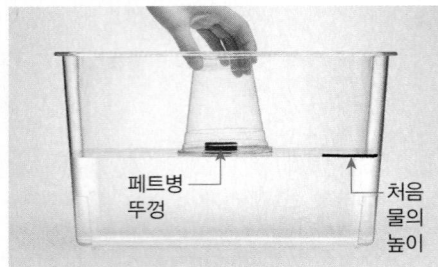

페트병 뚜껑 / 처음 물의 높이

(1) 위 실험 결과 페트병 뚜껑의 위치는 어떻게 되는지 쓰시오. [4점]

( )

(2) 위 실험 결과를 통해 알 수 있는 플라스틱 컵 안에 들어 있는 물질과 물질의 성질을 쓰시오. [8점]

_____

_____

천재

12 다음은 물이 담긴 수조에 스타이로폼 공을 띄운 후, 아랫부분이 잘린 페트병의 뚜껑을 닫고 스타이로폼 공을 덮어 수조 바닥까지 밀어 넣었을 때의 결과입니다. 이에 대한 설명으로 옳은 것을 두 가지 고르시오.

(,)

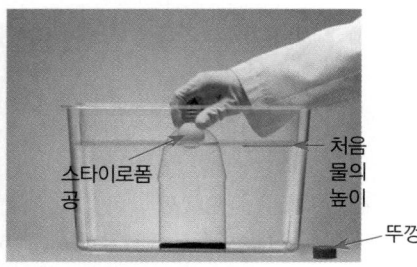

스타이로폼 공 / 처음 물의 높이 / 뚜껑

① 페트병 안에는 물이 들어 있다.

② 페트병 안에는 공기가 들어 있다.

③ 물의 높이가 처음 표시했던 높이와 같다.

④ 물의 높이가 처음 표시했던 것보다 조금 낮아진다.

⑤ 물의 높이가 처음 표시했던 것보다 조금 높아진다.

13 다음 중 공기가 공간을 차지하는 성질을 이용한 물건이 아닌 것은 어느 것입니까? ( )

① 축구공

② 공기베개

③ 고무호스

④ 풍선 놀이 틀

천재, 비상, 아이스크림, 지학사

14 다음과 같이 두 개의 주사기를 비닐관으로 연결한 뒤, 당겨 놓은 주사기의 피스톤을 밀었을 때의 결과로 옳은 것을 두 가지 고르시오. (,)

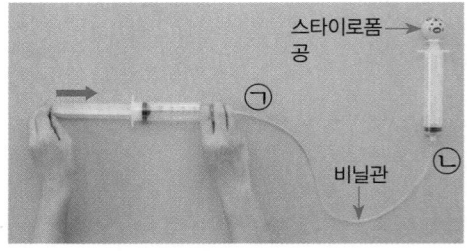

스타이로폼 공 / ㉠ / 비닐관 / ㉡

① 스타이로폼 공이 움직인다.

② 스타이로폼 공의 색깔이 변한다.

③ 스타이로폼 공의 모양이 변한다.

④ 비닐관 속 공기가 ㉠ → ㉡ 방향으로 이동한다.

⑤ 비닐관 속 공기가 ㉡ → ㉠ 방향으로 이동한다.

천재, 비상, 아이스크림, 지학사

15 위 **14**번 실험을 통해 알 수 있는 점으로 옳은 것을 보기 에서 골라 기호를 쓰시오.

보기
㉠ 공기는 부피가 일정합니다.
㉡ 공기는 모양이 일정합니다.
㉢ 공기는 다른 곳으로 이동할 수 있습니다.

( )

16 다음에서 공통으로 이용된 공기의 성질로 옳은 것을 보기 에서 골라 기호를 쓰시오.

△ 공기 주입기로 풍선 부풀리기　　△ 자전거 타이어에 공기 넣기

보기

㉠ 공기는 공간을 차지하며, 눈에 잘 보입니다.

㉡ 공기는 공간을 차지하고, 다른 곳으로 이동할 수 있습니다.

㉢ 공기는 눈에 보이지 않으며, 다른 곳으로 이동할 수 없습니다.

(　　　　　　　　)

---

17 다음은 공기의 성질을 알아보는 실험입니다. [총 12점]

❶ 공기 주입 마개를 끼운 페트병의 무게를 측정합니다.

❷ 공기 주입 마개를 눌러 페트병이 팽팽해질 때까지 공기를 채운 다음, 페트병의 무게를 측정합니다.

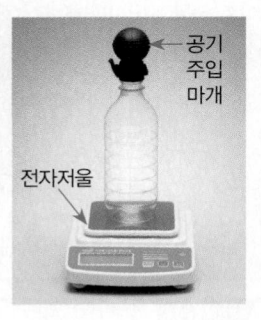

(1) 페트병에 끼운 공기 주입 마개를 누르기 전과 누른 후 중 더 무거운 것은 어느 것인지 쓰시오. [4점]

공기 주입 마개를 (　　　　　　)

(2) 위 (1)번 답과 같이 생각한 까닭을 쓰시오. [8점]

_____

_____

---

18 다음 ㉠～㉢ 중 담긴 그릇을 가득 채운 물체나 물질을 골라 기호를 쓰시오.

△ 용기 속 식초　　△ 타이어 속 공기　　△ 필통 속 연필

(　　　　　　　　)

19 다음 보기 의 물체나 물질을 상태에 따라 분류하시오.

보기

음료수, 연을 날리는 공기, 비눗물, 돌멩이, 필통

(1) 고체	(2) 액체	(3) 기체

진도 완료 체크

20 다음은 부풀린 풍선으로 이동하는 장난감입니다. 풍선 속을 가득 채운 물질의 종류와 물질의 상태를 순서대로 쓰시오.

시디

(　　　　，　　　　)

 **연관 학습 안내**

이 단원의 학습	중학교
소리의 성질 소리의 세기와 높낮이, 소리의 전달, 소리의 반사 등 소리의 성질을 배워요.	**빛과 파동** 진동(떨림)이 퍼져 나가는 것을 파동이라고 하는데, 파동의 한 종류인 소리의 개념을 배울 거예요.

만화로 단원 미리보기

소리의 성질

5

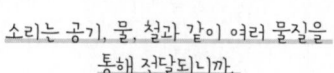

이어서
개념 웹툰

개념① 소리가 나는 물체의 공통점

실험 동영상

1. 물체에서 소리가 날 때의 공통점 알아보기

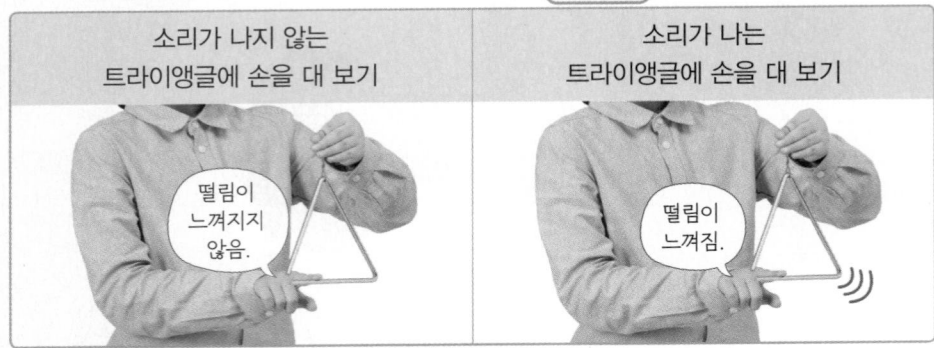

소리가 나지 않는 트라이앵글에 손을 대 보기	소리가 나는 트라이앵글에 손을 대 보기
떨림이 느껴지지 않음.	떨림이 느껴짐.

용어 길쭉한 금속 막대를 'U'자 모양으로 구부려 가운데에 자루를 단 것. 소리굽쇠는 고무망치로 쳐서 소리를 냄.

소리가 나지 않는 소리굽쇠를 물에 대어 보기	소리가 나는 소리굽쇠를 물에 대어 보기
아무 일도 일어나지 않음.	물이 튀어 오름. └ 소리굽쇠가 떨리기 때문임.

2. 물체에서 소리가 날 때의 공통점

북을 칠 때 북의 가죽이 떨리면서 소리가 남.

벌이 날 때 빠른 날갯짓의 떨림 때문에 소리가 남.

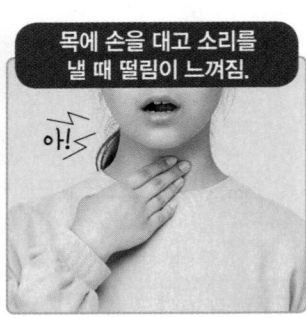
목에 손을 대고 소리를 낼 때 떨림이 느껴짐.

아!

공통점 물체가 떨림.

3. 소리가 나고 있는 물체에서 소리가 나지 않게 하는 방법

내 교과서 살펴보기 / 천재, 금성, 김영사, 비상

: 소리가 나고 있는 물체의 떨림을 멈추게 하면 소리가 나지 않습니다.
└ 물체를 손으로 잡습니다.
예 소리가 나고 있는 트라이앵글이나 소리굽쇠, 종을 손으로 잡아 떨림을 멈추게 하면 소리가 나지 않습니다.

☑ **물체에서 소리가 날 때의 공통점**

소리가 나는 물체는 ❶ [떨][림]이 있습니다.

떨리니까 소리가 나네.

☑ **소리가 나는 물체의 소리를 멈추는 방법**

소리가 나는 물체를 손으로 잡아 ❷ [떨][림]을 멈추게 합니다.

손으로 잡으면 소리가 멈춰.

정답 ❶ 떨림 ❷ 떨림

내 교과서 살펴보기 / 비상

가야금

우리나라 전통 악기인 가야금은 줄을 퉁길 때 생기는 줄의 떨림으로 소리가 납니다.

개념 ② 큰 소리와 작은 소리

실험 동영상

1. 작은북으로 큰 소리와 작은 소리 비교하기

내 교과서 살펴보기 / 천재

└→ 작은북 위에 스타이로폼 공을 올려놓고, 북채로 칠 때 스타이로폼 공이 튀어 오르는 모습을 관찰합니다.

구분	작은북을 약하게 칠 때	작은북을 세게 칠 때
소리 비교	작은 소리가 남.	큰 소리가 남.
스타이로폼 공이 튀어 오르는 모습	작은북이 작게 떨리면서 공이 낮게 튀어 오름.	작은북이 크게 떨리면서 공이 높게 튀어 오름.
정리	• 북을 약하게 치면 ➡ 북이 작게 떨리면서 ➡ 작은 소리가 남. • 북을 세게 치면 ➡ 북이 크게 떨리면서 ➡ 큰 소리가 남.	

2. 소리의 세기

① 소리의 세기: 소리의 크고 작은 정도를 말합니다.

② 물체의 떨림과 소리의 세기: 물체가 떨리는 정도에 따라 소리의 세기가 달라집니다. →물체의 떨림이 클 때 소리가 크게 나고, 물체의 떨림이 작을 때 소리가 작게 납니다.

물체의 떨림이 작을 때	물체의 떨림이 클 때
⌄	⌄
소리가 작게 남.	소리가 크게 남.

3. 생활 속 작은 소리와 큰 소리 예

① 작은 소리: 귀에 속삭이는 소리, 자장가 소리, 도서관에서 이야기하는 소리, 조용한 곡을 연주하는 피아노 소리 등

② 큰 소리: 기차 소리, 야구장의 응원 소리, 멀리 있는 친구를 부르는 소리, 수업 시간에 발표하는 소리 등

개념 체크

☑ **큰 소리와 작은 소리 비교하기**

작은북을 북채로 약하게 칠 때는
③ [ㅈ][ㅇ] 소리가 나고, 세게 칠 때는 큰 소리가 납니다.

약하게 치면 작은 소리!

세게 치면 큰 소리!

☑ **소리의 세기**

소리의 크고 작은 정도를 소리의
④ [ㅅ][ㄱ] 라고 합니다.

소리의 세기를 비교하자.

정답 ❸ 작은 ❹ 세기

내 교과서 살펴보기 / 금성

큰 소리와 작은 소리 비교하기
└→ 랩을 씌운 스피커 위에 좁쌀을 올려놓고 소리 조절 장치로 큰 소리, 작은 소리를 냅니다.

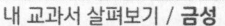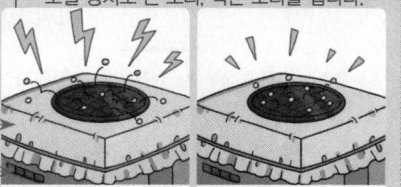

랩→

스피커→

스피커에서 큰 소리가 날 때: 좁쌀이 많이 움직임.

스피커에서 작은 소리가 날 때: 좁쌀이 조금 움직임.

➡ 큰 소리가 날 때 물체는 많이 떨림.
➡ 작은 소리가 날 때 물체는 작게 떨림.

5 단원

개념 알기

개념 ③ 높은 소리와 낮은 소리

중요

1. 높은 소리와 낮은 소리 비교하기

내 교과서 살펴보기 / 천재, 금성

① 실로폰을 이용해 소리의 높낮이 비교하기 → 실로폰 음판을 같은 힘으로 쳐서 소리의 높낮이를 비교합니다.

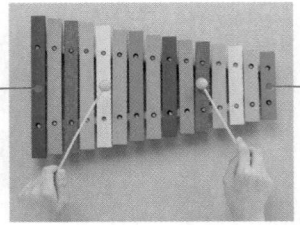

음판의 길이가 길수록
낮은 소리가 남.

음판의 길이가 짧을수록
높은 소리가 남.

② 플라스틱 빨대를 이용해 소리의 높낮이 비교하기 → 플라스틱 빨대를 같은 힘으로 불어 소리의 높낮이를 비교합니다.

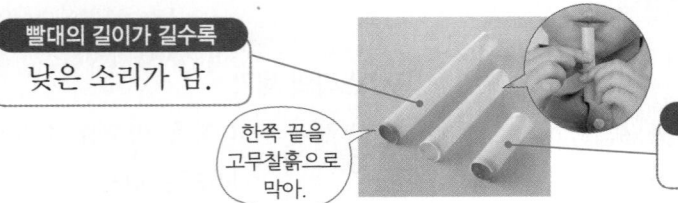

빨대의 길이가 길수록
낮은 소리가 남.

한쪽 끝을 고무찰흙으로 막아.

빨대의 길이가 짧을수록
높은 소리가 남.

③ 정리: 음판이나 빨대의 길이에 따라 소리의 높낮이가 달라집니다.

낮은 소리가 날 때	높은 소리가 날 때
• 실로폰의 긴 음판을 칠 때 • 긴 플라스틱 빨대를 불 때	• 실로폰의 짧은 음판을 칠 때 • 짧은 플라스틱 빨대를 불 때

④ 소리의 높낮이: 소리의 높고 낮은 정도를 말합니다.

2. 우리 주변의 높은 소리와 낮은 소리

높은 소리를 이용하는 예

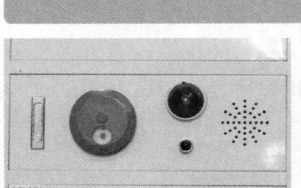
🔔 불이 난 것을 알리는 화재 비상벨

🔔 환자가 타고 있는 것을 알리는 구급차 소리

🔔 해수욕장에서 안전 요원이 부는 호루라기 소리

낮은 소리를 이용하는 예

🔔 낮은 소리로 먼 곳까지 신호를 보내는 뱃고동

높고 낮은 소리를 함께 이용하는 예

🔔 높은 소리와 낮은 소리가 어우러진 합창단 노랫소리

용어 배에서 신호를 위하여 길게 내는 소리

☑ 개념 체크

☑ 소리의 높낮이

소리의 높고 낮은 정도를 소리의 ❺ □ㄴ□ㄴ□ㅇ 라고 합니다.

긴 음판 / 짧은 음판
낮은 소리 / 높은 소리

☑ 소리의 높낮이를 활용하는 예

합창단의 ❻ □ㄴ□ㄹ 소리는 높은 소리와 낮은 소리를 함께 이용하는 경우입니다.

낮은 음 담당이야.
높은 음 담당이야.

정답 ❺ 높낮이 ❻ 노랫

내 교과서 살펴보기 / 금성, 비상, 지학사

팬 플루트로 소리의 높낮이 비교하기
팬 플루트는 길이가 다양한 여러 개의 관이 연결된 악기입니다. 관의 길이가 짧을수록 높은 소리, 관의 길이가 길수록 낮은 소리가 납니다.

짧은 관 불기 / 긴 관 불기
🔔 높은 소리가 남. / 🔔 낮은 소리가 남.

개념 다지기

7종 공통

1 다음은 여러 가지 물체에서 소리가 나는 현상을 관찰한 내용입니다. ☐ 안에 들어갈 알맞은 말을 쓰시오.

> 물체가 ☐☐ 면 소리가 납니다.

(   )

천재, 김영사, 동아, 비상, 아이스크림

2 다음은 작은북을 북채로 약하게 칠 때와 세게 칠 때의 모습입니다. 큰 소리가 나는 경우와 작은 소리가 나는 경우는 어느 것인지 각각 기호를 쓰시오.

ㄱ  ㄴ

⌃ 작은북을 약하게 칠 때   ⌃ 작은북을 세게 칠 때

(1) 큰 소리가 나는 경우: (   )

(2) 작은 소리가 나는 경우: (   )

7종 공통

3 다음은 물체의 떨림과 소리의 세기에 대한 설명입니다. ( ) 안의 알맞은 말에 ○표를 하시오.

> 물체가 크게 떨리면 (큰 / 작은) 소리가 나고,
> 물체가 작게 떨리면 (큰 / 작은) 소리가 납니다.

7종 공통

4 다음 중 우리 주변에서 낮은 소리를 이용하는 것은 어느 것입니까? (   )

①
⌃ 구급차 소리

②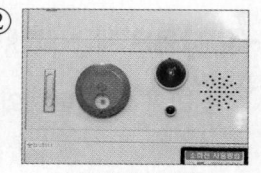
⌃ 화재 비상벨

③
⌃ 뱃고동

④
⌃ 합창단 노랫소리

7종 공통

5 다음과 같이 실로폰의 음판을 쳤을 때의 소리를 비교하여, 긴 음판과 짧은 음판을 칠 때 나는 소리를 줄로 바르게 이으시오.

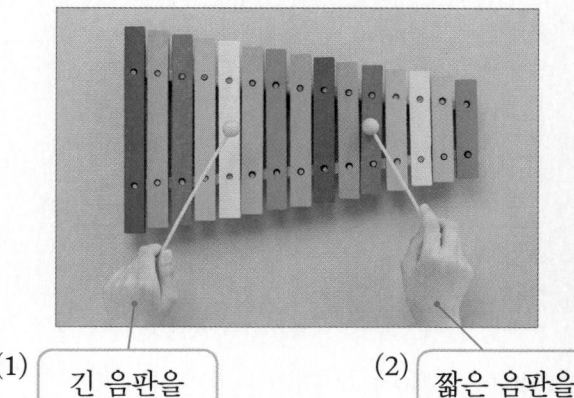

(1) 긴 음판을 칠 때 •

(2) 짧은 음판을 칠 때 •

•

•

ㄱ 높은 소리가 남.

ㄴ 낮은 소리가 남.

5 단원

Step 1 단원평가

7종 공통

[1~5] 다음은 개념 확인 문제입니다. 물음에 답하시오.

1 소리가 나는 물체의 공통점은 무엇입니까?

물체가 ( ).

2 작은북을 세게 칠 때 큰 소리와 작은 소리 중 어떤 소리가 납니까?

( )

3 소리의 크고 작은 정도를 소리의 무엇이라고 합니까?

( )

4 소리의 높고 낮은 정도를 소리의 무엇이라고 합니까?

( )

5 실로폰의 짧은 음판을 치면 높은 소리와 낮은 소리 중 어떤 소리가 납니까?

( )

7종 공통

6 다음 중 떨림이 있는 물체를 두 가지 고르시오.

(,)

① 북채로 친 북
② 소리가 나지 않는 스피커
③ 소리가 나지 않는 트라이앵글
④ 금속 부분을 손으로 꽉 잡은 소리굽쇠
⑤ 빠른 날갯짓으로 날아 소리가 나는 벌

7 다음과 같이 소리가 나는 소리굽쇠를 물에 대 보고, 관찰한 결과로 옳은 것은 어느 것입니까? ( )

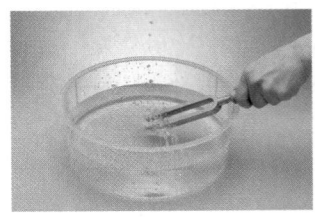

① 물이 튀어 오른다.
② 소리굽쇠의 소리가 점점 커진다.
③ 소리굽쇠의 떨림이 바로 멈춘다.
④ 소리굽쇠의 소리가 점점 높아진다.
⑤ 아무 일도 일어나지 않는다.

8 다음 중 소리가 나는 트라이앵글을 소리가 나지 않게 하는 방법으로 옳은 것은 어느 것입니까? ( )

① 트라이앵글을 물에 대 본다.
② 트라이앵글을 채로 세게 친다.
③ 트라이앵글을 채로 약하게 친다.
④ 소리가 나지 않는 물체를 살짝 대 본다.
⑤ 트라이앵글을 손으로 잡아 떨림을 멈추게 한다.

9 다음과 같이 소리가 나는 물체에 손을 대 보았을 때 공통된 손의 느낌을 쓰시오.

 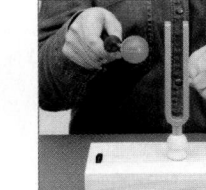

⌂ 소리가 나는 트라이앵글   ⌂ 소리가 나는 소리굽쇠

소리가 나는 물체에 손을 대면 [ ]이/가 느껴집니다.

( )

천재, 금성, 비상, 아이스크림

> 용어 플라스틱의 일종으로 물에 젖지 않고 가벼운 물질.
> 아이스크림 포장 용기 등 다양한 곳에 사용됨.

[10~11] 다음은 작은북 위에 스타이로폼 공을 올려놓고, 작은북을 북채로 세게 칠 때와 약하게 칠 때 스타이로폼 공이 튀어 오르는 모습입니다. 물음에 답하시오.

ⓐ 작은북을 세게 칠 때   ⓐ 작은북을 약하게 칠 때

천재

10 위의 ㉠과 ㉡ 중 큰 소리가 나는 경우의 기호를 쓰시오.

(   )

천재, 김영사, 동아, 비상, 아이스크림

11 다음 중 위 활동에서 나타나는 현상으로 옳지 <u>않은</u> 것은 어느 것입니까? (   )

① 작은북을 세게 치면 작은북이 크게 떨린다.
② 작은북을 약하게 치면 작은북이 작게 떨린다.
③ 작은북을 세게 치면 스타이로폼 공이 높게 튀어 오른다.
④ 작은북을 약하게 치면 스타이로폼 공이 낮게 튀어 오른다.
⑤ 작은북을 약하게 치거나 세게 치더라도 떨리는 정도는 일정하다.

7종 공통

12 다음 보기 에서 작은 소리를 이용하는 경우로 옳은 것을 두 가지 고르시오.

보기
㉠ 귓속말을 할 때
㉡ 야구장에서 응원할 때
㉢ 수업 시간에 발표할 때
㉣ 도서관에서 이야기할 때

(,   )

13 다음과 같이 실로폰 음판을 ㉠ 방향과 ㉡ 방향으로 칠 때 나는 소리에 대한 내용으로 옳은 것을 두 가지를 고르시오. (,   )

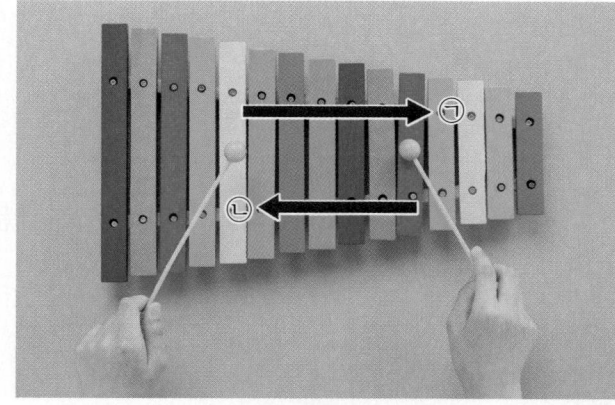

① ㉠ 방향으로 칠 때 점점 높은 소리가 난다.
② ㉠ 방향으로 칠 때 점점 낮은 소리가 난다.
③ ㉡ 방향으로 칠 때 점점 높은 소리가 난다.
④ ㉡ 방향으로 칠 때 점점 낮은 소리가 난다.
⑤ 어느 방향으로 치더라도 소리의 높낮이는 변함이 없다.

7종 공통

14 다음 중 우리 주변에서 소리를 이용하는 경우를 옳게 설명한 것은 어느 것입니까? (   )

①
ⓐ 구급차 소리: 높은 소리를 이용함.

②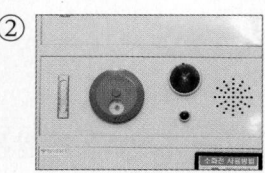
ⓐ 화재 비상벨: 낮은 소리를 이용함.

③
ⓐ 뱃고동: 작은 소리를 이용함.

④
ⓐ 합창단 노랫소리: 높은 소리를 이용함.

5단원

천재, 금성, 김영사, 지학사

15 오른쪽과 같이 소리가 나는 소리굽쇠를 물에 대 보았을 때 나타나는 현상과 그 까닭을 쓰시오.

답 소리가 나는 소리굽쇠의 **❶** [   ] 때문에 물이 **❷** [   ].

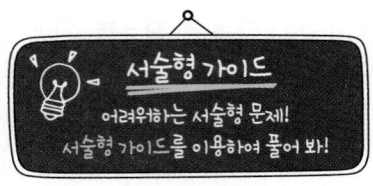

서술형 가이드
어려워하는 서술형 문제!
서술형 가이드를 이용하여 풀어 봐!

15 소리가 (나는 / 나지 않는) 소리굽쇠는 떨리기 때문에 물에 대 보면 물이 튀어 오릅니다.

천재

16 다음은 다양한 길이의 플라스틱 빨대를 만들어 소리의 높낮이를 비교하는 활동 입니다. 가장 낮은 소리가 날 때는 언제인지 쓰시오.

> ❶ 플라스틱 빨대를 4 cm, 7 cm, 10 cm 길이로 자 른 뒤에 한쪽 끝을 고무찰흙으로 막습니다.
> ❷ 길이가 다른 플라스틱 빨대를 각각 불어 보고 소리를 비교해 봅니다.

_____

_____

16 짧은 빨대를 불면 [   ][   ] 소리가 나고, 긴 빨대를 불면 [   ][   ] 소리가 납니다.

천재, 금성, 비상, 아이스크림

17 오른쪽과 같이 길이가 다른 실로폰 음판을 칠 때 나는 소리를 비교하였습니다.
(단, 실로폰 음판을 치는 세기는 같게 합니다.)

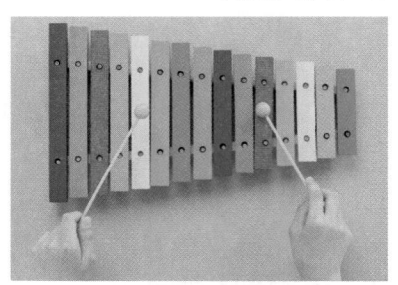

(1) 위 실로폰의 짧은 음판부터 긴 음판을 차례로 칠 때 소리의 세기와 소리의 높낮이 중 달라지는 것은 무엇인지 쓰시오.

(   )

(2) 위 활동에서 실로폰 음판의 길이에 따라 어떤 소리가 나는지 쓰시오.

_____

_____

17 (1) 다양한 길이의 실로폰 음판 을 칠 때, 음판의 길이에 따라 소리의 [   ][   ][   ]가 달라집니다.
(2) 실로폰 음판의 길이가 짧을 수록 (높은 / 낮은) 소리가 나고, 음판의 길이가 길수록 (높은 / 낮은) 소리가 납니다.

Step 3 수행평가

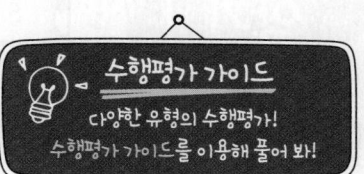

학습 주제 작은북으로 큰 소리와 작은 소리 비교하기

학습 목표 세기가 다른 소리를 만들어 소리의 세기를 비교할 수 있다.

[18~20] 다음은 작은북 위에 스타이로폼 공을 올려놓고, 작은북을 북채로 쳐서 소리의 세기를 비교하는 활동입니다.

▲ 작은북을 약하게 치기

▲ 작은북을 세게 치기

천재

스타이로폼 공 대신 플라스틱 조각이나 좁쌀, 팥 등을 올려 놓고 실험할 수 있어.

18 다음은 위 활동의 결과를 표로 정리한 것입니다. ㉠~㉣에 들어갈 알맞은 말을 각각 쓰시오.

구분	작은북을 약하게 칠 때	작은북을 세게 칠 때
소리 비교	㉠ 소리가 남.	㉡ 소리가 남.
스타이로폼 공의 모습	스타이로폼 공이 ㉢ 튀어 오름.	스타이로폼 공이 ㉣ 튀어 오름.

㉠ (　　　　　　　) ㉡ (　　　　　　　)

㉢ (　　　　　　　) ㉣ (　　　　　　　)

큰 소리와 작은 소리 비교하기

작은북 위에 스타이로폼 공을 올려 놓고 북채로 약하게 치거나 세게 쳤을 때 스타이로폼 공이 튀어 오르는 정도를 관찰하여 소리의 세기와 물체의 떨림을 비교해 볼 수 있습니다.

천재, 김영사, 동아, 비상, 아이스크림

19 작은북을 치는 세기에 따라 작은북 위의 스타이로폼 공이 튀어 오르는 모습이 다른 까닭을 물체의 떨림과 관련지어 쓰시오.

작은북을 북채로 약하게 치면, _____

_____

5
단원

진도 완료
체크

7종 공통

20 위와 같이 소리의 세기를 비교할 수 있는 활동을 한 가지 쓰시오.

_____

_____

소리의 세기

물체가 떨리는 정도에 따라 소리의 크기가 달라지는데, 소리의 크고 작은 정도를 소리의 세기라고 합니다.

개념① 소리의 전달

1. 여러 가지 물질을 통해 소리 전달하기

내 교과서 살펴보기 / 천재

① 책상을 두드리는 소리 들어 보기

책상을 통해 소리가 전달됨.

② 스피커에서 나는 소리 들어 보기

공기를 통해 소리가 전달됨.

스피커

③ 물속에 있는 스피커에서 나는 소리 들어 보기

물과 사람의 귀 사이에서는 공기를 통해 소리가 전달됨.

물과 사람의 귀 사이에는 공기가 있음.

물속에서는 물을 통해 소리가 전달됨.

스피커

④ 정리: 소리는 책상(나무), 물, 공기 등을 통해 전달됩니다.
└→ 고체, 액체, 기체 상태의 물질입니다.

2. 소리의 전달

① 소리는 고체, 액체, 기체 상태의 여러 가지 물질을 통해 전달됩니다.

고체	액체	기체
철을 두드리는 소리: 철을 통해 전달됨.	배에서 나는 소리: 물을 통해 전달됨.	새 소리: 공기를 통해 전달됨.

⚠ 고체, 액체, 기체를 통한 소리의 전달

② 우리 주변의 대부분의 소리는 기체인 공기를 통해 전달됩니다.
└→ 우리 주변에 있지만 눈에 보이지 않습니다.

③ 달에서는 소리가 전달되지 않는 까닭: 달에는 소리를 전달해 주는 공기가 없기 때문입니다.

☑ **고체, 액체, 기체를 통한 소리의 전달**

소리는 고체, ❶[ㅇ][ㅊ], 기체 상태의 여러 가지 물질을 통해 전달됩니다.

공기를 통해 소리가 전달돼.

무슨 소리야?

물을 통해 소리가 전달돼.

☑ **소리가 들리지 않는 달**

달에는 소리를 전달해 주는 ❷[ㄱ][ㄱ]가 없어 서로 크게 말을 해도 소리가 들리지 않습니다.

안녕!   안 들려.

정답 ❶ 액체 ❷ 공기

내 교과서 살펴보기 / 비상

공기를 뺄 수 있는 장치에 소리가 나는 스피커를 넣고 공기를 뺄 때 나타나는 현상

소리를 전달하는 통 안의 공기가 줄어들어 스피커의 소리가 작아집니다.

공기를 뺄 수 있는 장치

소리가 나는 스피커

개념 ② 소리를 전달하는 실 전화기 내 교과서 살펴보기 / 천재, 금성, 김영사, 동아, 지학사

1. 실 전화기를 만들어 소리 전달하기 → 소리가 물질을 통해 전달되는 성질을 이용하여 만듭니다.

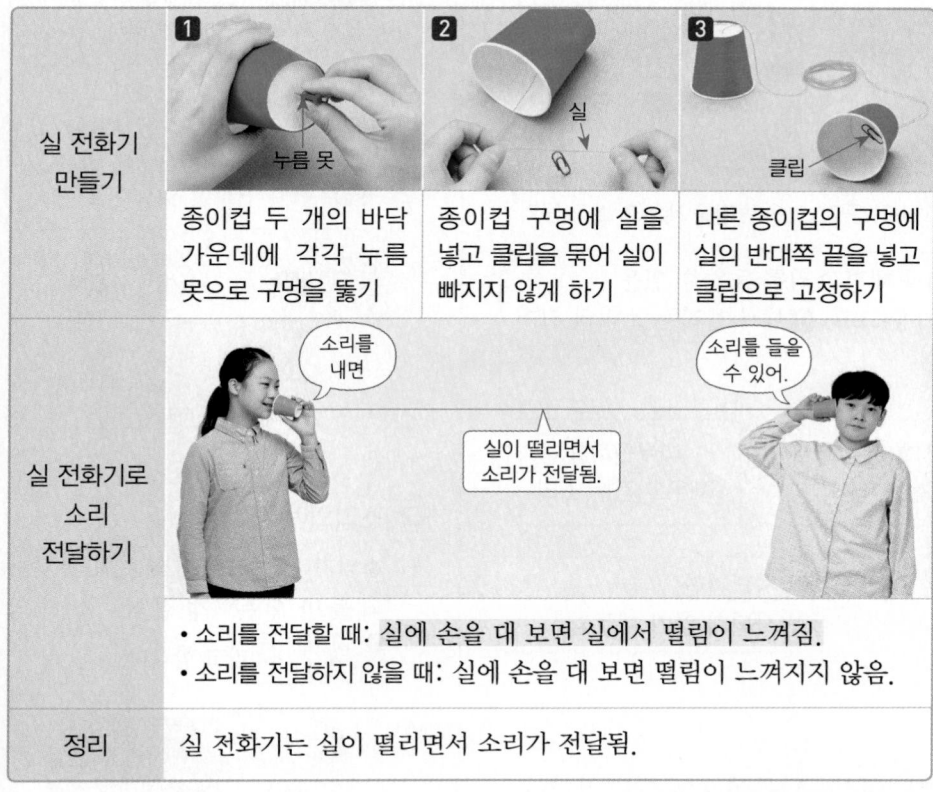

실 전화기 만들기	❶ 누름 못	❷ 실	❸ 클립
	종이컵 두 개의 바닥 가운데에 각각 누름 못으로 구멍을 뚫기	종이컵 구멍에 실을 넣고 클립을 묶어 실이 빠지지 않게 하기	다른 종이컵의 구멍에 실의 반대쪽 끝을 넣고 클립으로 고정하기

실 전화기로 소리 전달하기	소리를 내면 · 소리를 들을 수 있어. 실이 떨리면서 소리가 전달됨.
	• 소리를 전달할 때: 실에 손을 대 보면 실에서 떨림이 느껴짐.
	• 소리를 전달하지 않을 때: 실에 손을 대 보면 떨림이 느껴지지 않음.
정리	실 전화기는 실이 떨리면서 소리가 전달됨.

2. 실 전화기에서 소리가 전달되는 까닭

① 실 전화기의 한쪽 종이컵에 입을 대고 소리를 냄. ▷ 실을 통해 소리가 전달됨. ▷ 다른 쪽 종이컵에서 소리를 들을 수 있음.

② 실 전화기는 실의 떨림으로 소리가 전달됩니다.

3. 실 전화기의 소리가 더 잘 전달되는 조건

→ 실을 느슨하게 하면 실이 잘 떨리지 않기 때문에 소리가 잘 들리지 않습니다.

① 실이 팽팽할수록, 실이 굵을수록 소리를 잘 전달할 수 있습니다.

② 종이컵 바닥과 실이 단단히 고정되어 있어야 실이 잘 떨려서 소리를 잘 전달할 수 있습니다.

③ 실의 길이가 짧을 때 소리를 잘 전달할 수 있습니다.

④ 실에 물을 묻히면 소리를 잘 전달할 수 있습니다.
→ 실의 길이가 지나치게 길면 실의 떨림이 줄어들 수 있기 때문입니다.

☑ 실 전화기에서 소리의 전달

실 전화기는 ❸ [ㅅ] 이 떨리면서 소리가 전달됩니다.

잘 들려.

☑ 실 전화기의 소리를 더 잘 들리게 하는 방법

실이 ❹ [ㅍ] [ㅍ] 할수록 실이 잘 떨려서 소리가 잘 전달됩니다.

실을 팽팽하게 당겨. 뭐라고?

정답 ❸ 실 ❹ 팽팽

내 교과서 살펴보기 / 금성, 동아

실 전화기로 소리를 전달할 때 실을 손으로 잡으면

실의 떨림이 멈춰 소리가 잘 전달되지 않기 때문에 소리가 잘 들리지 않습니다.

개념 ③ 소리의 반사

실험 동영상

1. 소리가 물체에 부딪칠 때 나타나는 현상 관찰하기

내 교과서 살펴보기 / 천재

❶ → 2개의 종이관을 직각이 되게 놓기
→ 작은 소리가 나는 이어폰 넣기

아무것도 세우지 않고 소리 듣기

❷ → 나무판자

나무판자를 세우고 소리 듣기

❸ → 스펀지

스펀지를 세우고 소리 듣기

관찰 결과	• 이어폰을 넣지 않은 종이관에 귀를 대면 소리를 들을 수 있음. • ❷에서 들리는 소리의 크기가 가장 크고, ❶에서 들리는 소리의 크기가 가장 작았음.
들리는 소리의 크기 비교	아무것도 세우지 않고 듣는 소리 < 스펀지를 세우고 듣는 소리 < 나무판자를 세우고 듣는 소리
까닭	나무판자와 같이 **딱딱한** 물체에는 소리가 잘 반사되지만, 스펀지와 같이 부드러운 물체에는 소리가 잘 반사되지 않기 때문임.

2. 소리의 반사

① 소리의 반사: 소리가 나아가다가 물체에 부딪쳐 되돌아오는 성질입니다.

② 소리가 반사될 때 물체마다 소리의 크기가 다르게 들리는 까닭

: 소리는 **딱딱한** 물체에는 잘 반사되지만, **부드러운** 물체에는 잘 반사되지 않기 때문입니다.
→ 예 나무판자, 플라스틱판 등   → 예 스펀지, 스타이로폼판 등

③ 소리가 반사되는 경우 예

• 산에서 울리는 메아리, 소리가 울리는 동굴 등
• 공연장 천장에 설치된 반사판: 소리를 골고루 전달합니다.

용어 사람의 기분을 좋지 않게 만들거나 건강을 해칠 수 있는 시끄러운 소리

개념 ④ 생활 속 소음을 줄이는 방법

→ 주택 바닥에 까는 소음 방지 매트, 이중창 등
→ 자동차가 느리게 달리도록 하는 과속 방지 턱 등

소리의 전달 줄이기 | **소리 반사하기** | **소리의 세기 줄이기**

벽에 소리가 잘 전달되지 않는 물질을 붙여 소리를 줄여.

⬆ 음악실 방음벽

자동차 소음을 도로 쪽으로 반사시켜.

⬆ 도로 방음벽

스피커의 볼륨을 조절하여 소리의 세기를 줄여.

⬆ 소리가 큰 스피커

물체에 따라 소리가 반사되는 정도 비교하기: 딱딱한 물체일수록 소리가 잘 반사되어 크게 들립니다.

나무판처럼 딱딱한 물체에 반사되는 소리 > 스타이로폼처럼 부드러운 물체에 반사되는 소리

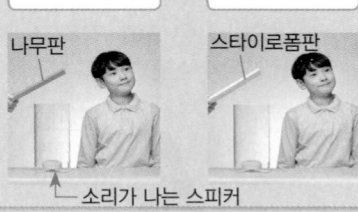

나무판   스타이로폼판

↑ 소리가 나는 스피커

☑ 소리의 반사

소리가 나아가다가 물체에 부딪쳐 되돌아오는 성질을 소리의 ❺ ㅂ ㅅ 라고 합니다.

누구 있어요?

☑ 생활 속 소음 줄이기

음악실 ❻ ㅂ ㅇ ㅂ, 도로 방음벽, 소리가 큰 스피커 볼륨 줄이기 등의 방법으로 소음을 줄일 수 있습니다.

전달 방지!   반사!

음악실 방음벽   도로 방음벽

정답 ❺ 반사 ❻ 방음벽

개념 다지기

1 7종 공통
다음은 소리의 전달에 대한 설명입니다. ☐ 안에 들어갈 알맞은 말을 쓰시오.

> 소리는 고체, 액체, 기체 상태의 여러 가지 물질을 통해 전달됩니다. 우리 주변의 대부분의 소리는 기체인 ☐을/를 통해 전달됩니다.

(   )

2 7종 공통
다음의 경우에서 소리를 전달하는 물질의 상태를 줄로 바르게 이으시오.

(1)
ⓐ 막대기로 철을 두드리는 소리

·   · ㉠   기체

(2)
ⓐ 배에서 나는 소리

·   · ㉡   액체

(3)
ⓐ 새 소리

·   · ㉢   고체

천재, 금성, 김영사, 동아, 지학사

3
다음은 실 전화기의 소리를 더 잘 들리게 하는 방법입니다. ( ) 안의 알맞은 말에 ○표를 하시오.

> 실 전화기의 실을 (팽팽 / 느슨)하게 하면 실을 더 잘 떨리게 하여 소리가 잘 들립니다.

[4~5] 다음은 두 개의 종이관을 직각으로 놓은 후, 한쪽 종이관에 소리가 나는 이어폰을 넣고, 여러 가지 상황에서 소리를 듣는 모습입니다. 물음에 답하시오.

소리가 나는 이어폰
ⓐ 아무것도 세우지 않고 소리 듣기

나무판자
ⓐ 나무판자를 세우고 소리 듣기

천재

4
위의 ㉠과 ㉡ 중 소리가 더 크게 잘 들리는 경우를 골라 기호를 쓰시오.

(   )

천재

5
위의 ㉡에서 나무판자 대신 스펀지를 세우고 소리를 들었을 때, 두 경우 중 소리가 더 크게 들리는 것은 어느 경우인지 쓰시오.

(   )를 세우고 소리를 들었을 때

5
단원

7종 공통

진도 완료 체크

6
다음 중 생활 속 소음을 줄이기 위한 방법을 옳게 설명한 친구를 두 명 고르시오. (,   )

① 범훈: 실 전화기 대신 확성기를 사용해.
② 다래: 공연장 천장에 소리 반사판을 설치해.
③ 승현: 소리가 큰 스피커의 소음을 줄일 수 있는 방법은 없어.
④ 영수: 도로 방음벽을 설치하여 자동차의 소리를 반사시킬 수 있어.
⑤ 민지: 음악실 방음벽에 소리가 잘 전달되지 않는 물질을 붙여 소리를 줄일 수 있어.

Step 1 단원평가

7종 공통

[1~5] 다음은 개념 확인 문제입니다. 물음에 답하시오.

1 소리는 여러 가지 [   ]을/를 통해 전달됩니다.

2 실 전화기에서 소리를 전달하는 물질은 무엇입니까?
( )

3 소리가 나아가다가 물체에 부딪쳐 되돌아오는 성질을 무엇이라고 합니까?
소리의 ( )

4 부드러운 물체와 딱딱한 물체 중 소리가 잘 반사되는 것은 어느 것입니까? ( )

5 음악실의 방음벽과 도로의 방음벽은 무엇을 줄이는 방법입니까? ( )

7종 공통

6 오른쪽과 같이 책상을 두드리는 소리를 들어 볼 때, 소리는 무엇을 통해 전달되는지 보기 에서 골라 기호를 쓰시오.

보기
ㄱ 책상   ㄴ 공기   ㄷ 없다.

( )

금성

7 다음과 같이 스피커를 켜면 앞에 놓인 촛불이 흔들립니다. 이와 같은 현상에 대한 설명으로 옳은 것을 두 가지 고르시오. (,   )

① 스피커를 꺼도 촛불이 흔들린다.
② 스피커에서 바람이 나와 촛불이 흔들린다.
③ 스피커의 볼륨을 낮추면 촛불이 크게 흔들린다.
④ 스피커의 소리는 공기를 통해 전달됨을 알 수 있다.
⑤ 스피커에서 소리가 나면 주변 공기가 떨리면서 촛불이 흔들린다.

7종 공통

8 다음 중 소리를 들을 수 <u>없는</u> 경우는 어느 것입니까?
( )

① 달에서 크게 말하는 소리 듣기
② 철봉에 귀를 대고 철을 두드리는 소리 듣기
③ 운동장에서 친구를 부르는 소리 듣기
④ 잠수부가 물속에서 배에서 나는 소리 듣기
⑤ 물속에 있는 스피커에서 나는 소리 듣기

7종 공통

9 다음 중 소리의 전달에 대한 설명으로 옳은 것은 어느 것입니까? ( )

① 소리는 고체 물질을 통해 전달되지 않는다.
② 소리는 액체 물질을 통해 전달되지 않는다.
③ 소리는 기체 물질을 통해 전달되지 않는다.
④ 소리는 고체, 액체, 기체 상태의 물질을 통해 전달된다.
⑤ 우리 생활에서 대부분의 소리는 물질을 통하지 않고 직접 전달된다.

천재, 금성, 김영사, 동아, 지학사

10 다음은 실 전화기를 만드는 방법을 순서에 관계없이 나열한 것입니다. 순서에 맞게 기호를 쓰시오.

> ㉠ 종이컵의 구멍에 실을 넣기
> ㉡ 종이컵 두 개의 바닥에 누름 못으로 구멍 뚫기
> ㉢ 종이컵 구멍에 넣은 실의 한쪽 끝에 클립을 묶기
> ㉣ 다른 종이컵의 구멍에 실의 반대쪽 끝을 넣고 클립으로 고정하기

( ) → ( ) → ( ) → ( )

천재, 금성, 김영사, 동아, 지학사

11 다음과 같이 실 전화기로 소리를 전달할 때에 대한 설명으로 옳지 <u>않은</u> 것은 어느 것입니까? ( )

① 소리는 실을 통해 전달된다.
② 소리는 고체를 통해 전달된다.
③ 실이 떨리면 소리가 전달되지 않는다.
④ 소리를 전달할 때, 실에 손을 대 보면 떨림이 느껴진다.
⑤ 실이 종이컵 바닥과 단단하게 고정되어 있어야 소리를 잘 전달할 수 있다.

천재, 금성, 김영사, 동아, 지학사

12 다음은 실 전화기의 소리를 더 잘 들을 수 있는 조건입니다. ( ) 안의 알맞은 말에 ○표 하시오.

> • 실을 (느슨 / 팽팽)하게 하면 소리를 더 잘 들을 수 있습니다.
> • 실의 길이를 (짧게 / 길게) 할수록 소리가 더 잘 전달됩니다.
> • 실의 굵기를 (가늘게 / 굵게) 할수록 소리가 더 잘 전달됩니다.

[13~14] 다음은 소리가 여러 가지 물체에 부딪힐 때 나타나는 현상을 관찰하는 실험입니다. 물음에 답하시오.

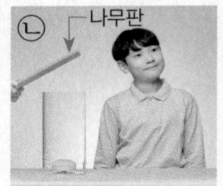
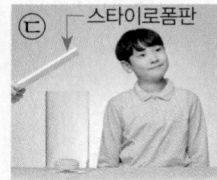

소리가 나는 스피커

㉠ 나무판 ㉡ 스타이로폼판 ㉢

△ 아무것도 들지 않고 소리 듣기
△ 나무판을 들고 소리 듣기
△ 스타이로폼판을 들고 소리 듣기

김영사, 아이스크림

13 다음 중 위 ㉠~㉢에서 들리는 소리의 크기를 비교한 것으로 옳은 것은 어느 것입니까? ( )

① ㉠에서 들리는 소리가 가장 크고, ㉡에서 들리는 소리가 가장 작다.
② ㉠에서 들리는 소리가 가장 크고, ㉢에서 들리는 소리가 가장 작다.
③ ㉡에서 들리는 소리가 가장 크고, ㉢에서 들리는 소리가 가장 작다.
④ ㉡에서 들리는 소리가 가장 크고, ㉠에서 들리는 소리가 가장 작다.
⑤ ㉠, ㉡, ㉢에서 들리는 소리의 크기는 모두 같다.

김영사, 아이스크림

14 다음 중 위 실험에 대한 설명으로 옳은 것에는 ○표, 옳지 않은 것에는 ×표를 하시오.

(1) 소리는 나무판보다 스타이로폼판에서 더 잘 반사됩니다. ( )
(2) 소리는 부드러운 물체보다 딱딱한 물체에서 더 잘 반사됩니다. ( )
(3) 여러 가지 물체에서 소리가 반사될 때 물체에 따라 소리가 반사되는 정도는 다릅니다. ( )

7종 공통

15 다음 중 소음을 줄이는 방법으로 옳지 <u>않은</u> 것은 어느 것입니까? ( )

① 도로에 방음벽을 설치한다.
② 공동 주택에서 뛰지 않는다.
③ 자동차의 경적 소리를 줄인다.
④ 소리가 큰 스피커의 소리를 크게 한다.
⑤ 음악실 벽에 소리가 잘 전달되지 않는 물질을 붙인다.

5 단원

천재, 비상, 아이스크림

16 오른쪽과 같이 물속에 소리가 나는 스피커를 넣고 스피커에서 나는 소리를 들어 보았습니다.

(1) 위의 상황에서 소리를 전달하는 물질을 두 가지 쓰시오.

(,   )

(2) 위의 물속에 있는 스피커에서 나는 소리가 귀에 전달되는 과정을 쓰시오.

답 물속에서는 **❶**[   ]을/를 통해 소리가 전달되었고, 물과 사람의 귀 사이에서는 **❷**[   ]을/를 통해 소리가 사람에게 전달되었다.

천재, 금성, 김영사, 동아, 지학사

17 다음은 실 전화기를 이용하여 친구와 이야기하는 모습입니다.

(1) 다음은 실 전화기로 소리를 전달하면서 실에 손을 살짝 대 보았을 때의 느낌입니다. ☐ 안에 들어갈 알맞은 말을 쓰시오.

> 실에서 [   ]이/가 느껴집니다.

(   )

(2) 실 전화기로 소리를 전달할 때 소리가 잘 전달되는 방법을 두 가지 쓰시오.

답 실 전화기의 실을 팽팽하게 한다.

_____

_____

_____

16 (1) 스피커는 물속에 있고, 물 밖은 [ ][ ]가 있습니다.

(2) 물속에 있는 스피커 소리는 물속에서는 [ ][ ]인 물을 통해 전달되고, 물과 사람의 귀 사이에서는 [ ][ ]인 공기를 통해 소리가 전달됩니다.

17 (1) 실 전화기는 [ ]이 떨리면서 소리가 전달됩니다.

(2) 실 전화기의 실이 (팽팽 / 느슨)할수록, 실의 길이를 (길게 / 짧게) 할수록, 실의 굵기를 (굵게 / 가늘게) 할수록 소리가 더 잘 들립니다.

학습 주제 소리가 물체에 부딪칠 때 나타나는 현상 관찰하기

학습 목표 소리가 물체에 부딪쳐 되돌아오는 현상을 관찰하고 소리의 반사를 설명할 수 있다.

[18~20] 다음과 같이 두 개의 종이관을 직각이 되게 놓고 한쪽 종이관에 작은 소리가 나는 이어폰을 넣은 다음, 아무것도 놓지 않거나 나무판자나 스펀지를 세우고 소리를 들어 보았습니다.

소리가 나는 이어폰
▲ 아무것도 세우지 않고 소리 듣기

나무판자
▲ 나무판자를 세우고 소리 듣기

스펀지
▲ 스펀지를 세우고 소리 듣기

18 위 실험을 통해 관찰할 수 있는 소리의 성질은 무엇인지 쓰시오. 천재

(　　　　　　　)

소리의 반사

• 소리가 나아가다가 물체에 부딪쳐 되돌아오는 성질을 소리의 반사라고 합니다.

• 소리는 딱딱한 물체에는 잘 반사되고, 부드러운 물체에는 잘 반사되지 않습니다.

19 위 세 가지 상황에서 소리가 크게 들리는 순서대로 번호를 쓰고, 그 까닭을 쓰시오. 천재

(1) 소리가 크게 들리는 순서: (　　　 , 　　　 , 　　　)

(2) 까닭: 소리는 나무판자와 같이 ❶ [　　　　　] 물체에는 잘 반사되지만, 스펀지와 같이 ❷ [　　　　　] 물체에는 잘 반사되지 않기 때문이다.

20 오른쪽과 같이 도로 방음벽을 설치하면 소음을 줄일 수 있는 까닭을 위 실험을 통하여 알 수 있는 점과 관련지어 쓰시오. 7종 공통

도로 방음벽

소음은 사람의 기분을 좋지 않게 만들거나 건강을 해칠 수 있는 시끄러운 소리를 말해.

5 단원

진도 완료 체크

🔍 배점 표시가 없는 문제는 문제당 4점입니다.

7종 공통

1 다음 중 소리가 나는 물체에 대한 설명으로 옳지 <u>않은</u> 것은 어느 것입니까? ( )

① 물체가 떨리면 소리가 난다.

② 소리마다 떨리는 정도는 같다.

③ 소리가 나는 소리굽쇠에 손을 대면 떨림이 느껴진다.

④ 소리가 나는 트라이앵글에 손을 대면 떨림이 느껴진다.

⑤ 소리가 나는 물체를 떨리지 않게 하면 더 이상 소리가 나지 않는다.

📋 서술형·논술형 문제   7종 공통

2 다음의 소리가 나는 트라이앵글과 소리굽쇠에 손을 대 보았을 때 손의 느낌과 소리가 나는 물체의 공통점을 쓰시오. [10점]

 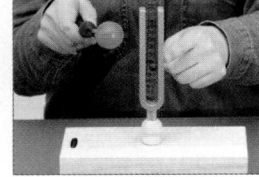

⚊ 소리가 나는 트라이앵글   ⚊ 소리가 나는 소리굽쇠

_____

_____

천재, 금성, 김영사, 비상

3 다음 중 소리가 나는 소리굽쇠를 손으로 잡으면 나타나는 현상을 바르게 말한 친구를 쓰시오.

> 현주: 소리굽쇠의 떨림이 멈추어 소리가 나지 않아.
>
> 영준: 세게 잡은 손의 힘으로 인해 소리굽쇠의 소리가 점점 커져.
>
> 지수: 소리굽쇠에서 계속 소리가 나.

( )

[4~5] 다음은 작은북 위에 스타이로폼 공을 올려놓고 북을 약하게 칠 때와 세게 칠 때 스타이로폼 공이 튀어 오르는 모습입니다. 물음에 답하시오.

⚊ 작은북을 약하게 칠 때   ⚊ 작은북을 세게 칠 때

천재

4 다음 중 작은북을 약하게 칠 때와 세게 칠 때 달라지는 것을 두 가지 고르시오. (,)

① 작은북 소리의 세기

② 작은북 소리의 높낮이

③ 스타이로폼 공의 무게

④ 스타이로폼 공의 모양

⑤ 스타이로폼 공이 튀어 오르는 높이

7종 공통

5 다음 중 작은북을 약하게 칠 때와 세게 칠 때의 소리를 비교한 것으로 옳은 것은 어느 것입니까? ( )

	약하게 칠 때	세게 칠 때
①	큰 소리가 남.	작은 소리가 남.
②	작은 소리가 남.	큰 소리가 남.
③	높은 소리가 남.	낮은 소리가 남.
④	낮은 소리가 남.	높은 소리가 남.
⑤	소리가 나지 않음.	소리가 나지 않음.

7종 공통

6 다음 **보기** 에서 큰 소리를 내는 경우를 두 가지 골라 기호를 쓰시오.

> **보기**
> ㉠ 수업 시간에 발표할 때
> ㉡ 아기에게 자장가를 불러 줄 때
> ㉢ 야구장에서 우리나라 선수단을 응원할 때

(,)

7 다음 실로폰에 대한 설명으로 옳지 <u>않은</u> 것은 어느 것 입니까? (   )

7종 공통

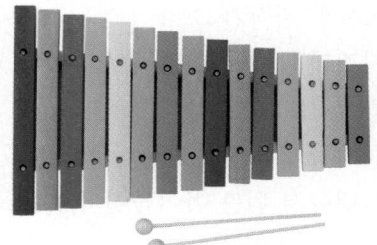

① 실로폰 채로 쳐서 소리를 내는 악기이다.
② 음판의 길이에 따라 소리의 세기가 달라진다.
③ 가장 긴 음판을 치면 가장 낮은 소리가 난다.
④ 가장 짧은 음판을 치면 가장 높은 소리가 난다.
⑤ 소리의 높낮이를 이용하여 연주하는 악기이다.

8 다음은 우리 생활에서 어떤 소리를 이용한 예인지 (   ) 안의 알맞은 말에 ○표를 하시오.

천재

> 불이 난 것을 알리는 화재 비상벨은 (높은 / 낮은) 소리를 이용한 예입니다.

9 다음의 경우에 소리는 무엇을 통해 전달되는지 각각 쓰시오.

7종 공통

(1) 공원에서 새의 소리를 듣습니다.
(   )

(2) 책상에 귀를 대고 책상을 두드리는 소리를 듣습 니다. (   )

10 다음 중 고체를 통해 소리가 전달되는 것을 두 가지 고르시오. (,   )

7종 공통

① 실 전화기로 소리를 전달할 때
② 운동장에서 친구가 부르는 소리를 들을 때
③ 바닷속에서 잠수부가 배의 소리를 들을 때
④ 철봉에 귀를 대고 철봉을 두드리는 소리를 들을 때
⑤ 수중 발레 선수가 수중 스피커로 음악을 들을 때

천재, 비상, 아이스크림

11 다음은 물이 담긴 수조에 소리가 나는 스피커를 넣고 소리를 들어 보는 모습입니다. 스피커에서 나는 소리가 귀에 전달되는 과정을 순서대로 쓰시오. [12점]

소리가 나는 스피커

_____

_____

비상

12 오른쪽과 같이 공기를 뺄 수 있는 장치에 소리가 나는 스피커를 넣고 공기를 빼면 소리가 작아집니다. 이와 관련 있는 것은 어느 것입니까?
(   )

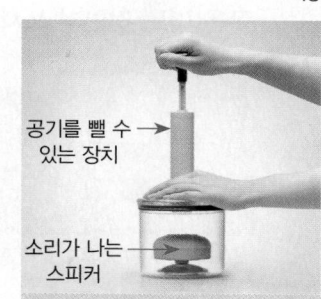

공기를 뺄 수 있는 장치

소리가 나는 스피커

① 소리의 반사
② 소리의 전달
③ 소리의 높낮이
④ 물체의 떨림
⑤ 물질의 상태 변화

천재, 금성, 김영사, 동아, 지학사

13 다음의 실 전화기에서 소리를 전달하는 것을 쓰시오.

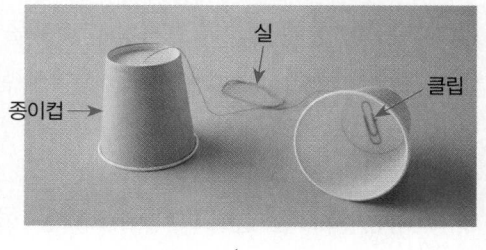

실

종이컵 →

클립

(   )

5단원

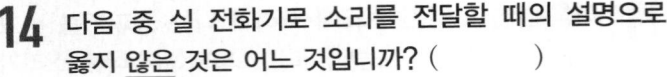
천재, 금성, 김영사, 동아, 지학사

14 다음 중 실 전화기로 소리를 전달할 때의 설명으로 옳지 <u>않은</u> 것은 어느 것입니까? (   )

① 실의 떨림으로 소리가 전달된다.

② 실이 굵을수록 실 전화기의 소리가 더 잘 전달된다.

③ 실의 길이가 길수록 실 전화기의 소리가 더 잘 전달된다.

④ 실을 팽팽하게 할수록 실 전화기의 소리가 더 잘 전달된다.

⑤ 실 전화기로 소리를 전달하면서 실에 손을 대 보면 떨림이 느껴진다.

천재

15 다음과 같이 두 개의 종이관을 직각이 되게 놓고 한쪽 종이관에는 소리가 나는 이어폰을 넣은 후, 소리를 들어 보았습니다. ㉠과 ㉡ 중 소리가 더 크게 들리는 쪽은 어느 것인지 쓰시오.

▲ 나무판자를 세우고 소리 듣기

▲ 스펀지를 세우고 소리 듣기

(   )

천재

16 위 **15**번의 답을 고른 까닭과 관련된 소리의 성질을 쓰시오.

(   )

7종 공통

17 다음 중 소리의 반사에 대한 설명으로 옳은 것은 어느 것입니까? (   )

① 메아리는 소리의 반사와 관련 없다.

② 공연장 천장에 설치된 반사판은 소음을 줄여 준다.

③ 소리는 나무판보다 스타이로폼판에서 잘 반사된다.

④ 소리가 나아가다가 물체에 부딪쳐 되돌아오는 성질이다.

⑤ 소리는 딱딱한 물체보다 부드러운 물체에서 더 잘 반사된다.

7종 공통

18 다음 중 소음에 해당하지 <u>않는</u> 것은 어느 것입니까? (   )

① 조용한 자장가 소리

② 시끄러운 자동차 경적 소리

③ 밤에 시끄러운 음악 소리

④ 공사장에서 땅을 뚫는 소리

⑤ 주택에서 위층 아이들이 뛰는 소리

7종 공통

19 다음 보기 에서 음악실의 방음벽에 대한 설명으로 옳지 <u>않은</u> 것을 골라 기호를 쓰시오.

보기
㉠ 스펀지와 같은 물질을 벽에 붙입니다.
㉡ 벽에 소리를 잘 반사하는 물질을 붙여 소음을 줄입니다.
㉢ 벽에 소리가 잘 전달되지 않는 물질을 붙여 소음을 줄입니다.

(   )

🧰 서술형·논술형 문제   7종 공통

20 다음은 도로에 설치된 방음벽입니다. [총 10점]

도로 방음벽

(1) 위의 도로 방음벽은 어떤 소음을 줄이기 위한 것인지 쓰시오. [4점]

(   )

(2) 위의 도로 방음벽을 설치해 소음을 줄이는 방법을 소리의 성질과 관련하여 쓰시오. [6점]

_____

_____

문제 읽을 준비는
저절로 되지 않습니다.

문해력을 키우는 시간

하루 10분

똑똑한 하루 국어 시리즈

문제풀이의 핵심, 문해력을 키우는 승부수

  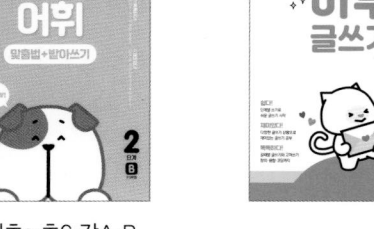 

예비초~초6 각A·B
교재별14권

예비초A·B, 초1~초6: 1A~4C
총 14권

뭘 좋아할지 몰라 다 준비했어♥
전과목 교재

전과목 시리즈 교재

● 무등생 해법시리즈
– 국어/수학　　　　　　　　　　　1~6학년, 학기용
– 사회/과학　　　　　　　　　　　3~6학년, 학기용
– 봄·여름/가을·겨울　　　　　　　1~2학년, 학기용
– SET(전과목/국수, 국사과)　　　1~6학년, 학기용

● 똑똑한 하루 시리즈
– 똑똑한 하루 독해　　　　　　　예비초~6학년, 총 14권
– 똑똑한 하루 글쓰기　　　　　　예비초~6학년, 총 14권
– 똑똑한 하루 어휘　　　　　　　예비초~6학년, 총 14권
– 똑똑한 하루 한자　　　　　　　예비초~6학년, 총 14권
– 똑똑한 하루 수학　　　　　　　1~6학년, 학기용
– 똑똑한 하루 계산　　　　　　　예비초~6학년, 총 14권
– 똑똑한 하루 도형　　　　　　　예비초~6학년, 총 8권
– 똑똑한 하루 사고력　　　　　　1~6학년, 학기용
– 똑똑한 하루 사회/과학　　　　　3~6학년, 학기용
– 똑똑한 하루 봄/여름/가을/겨울　1~2학년, 총 8권
– 똑똑한 하루 안전　　　　　　　1~2학년, 총 2권
– 똑똑한 하루 Voca　　　　　　　3~6학년, 학기용
– 똑똑한 하루 Reading　　　　　초3~초6, 학기용
– 똑똑한 하루 Grammar　　　　　초3~초6, 학기용
– 똑똑한 하루 Phonics　　　　　예비초~초등, 총 8권

● 독해가 힘이다 시리즈
– 초등 문해력 독해가 힘이다 비문학편　3~6학년
– 초등 수학도 독해가 힘이다　　　　1~6학년, 학기용
– 초등 문해력 독해가 힘이다 문장제수학편　1~6학년, 총 12권

영어 교재

● 초등영어 교과서 시리즈
　파닉스(1~4단계)　　　　　　　3~6학년, 학년용
　영단어(1~4단계)　　　　　　　3~6학년, 학년용
● LOOK BOOK 영단어　　　　　3~6학년, 단행본
● 원서 읽는 LOOK BOOK 영단어　3~6학년, 단행본

국가수준 시험 대비 교재

● 해법 기초학력 진단평가 문제집　　2~6학년·중1 신입생, 총 6권

#홈스쿨링

우등생

개념 동영상 강의

온라인 성적 피드백

온라인 학습북

서술형 문제 동영상 강의

×

과학 3·2

온라인 학습북 포인트 3가지

▶ 「**개념 동영상 강의**」로 교과서 핵심만 정리!

▶ 「**서술형 문제 동영상 강의**」로 사고력도 향상!

▶ 「**온라인 성적 피드백**」으로 단원별로 내가 부족한 부분 꼼꼼하게 체크!

우등생 온라인 학습북 활용법

home.chunjae.co.kr

우등생 홈스쿨링

어떤 교과서를 쓰더라도
언제나
우등생
홈스쿨링

풍부한 동영상 · 편한 학습 스케줄링 · 다양한 교구재

온라인 강의
개념 / 서술형 · 논술형 평가 / 단원평가

온라인 학습 스케줄 관리
맞춤형 홈스쿨링 스케줄표 제공

온라인 채점과 성적 피드백
정답을 입력하면 채점과 성적 분석까지

우등생 홈스쿨링

로그아웃

🏠 과학 ▾ 온라인 학습북 ▾ 단원평가 ▾

단원평가

1단원 단원평가
정답입력 · 온라인피드백 · 문제풀이

2단원 단원평가
정답입력 · 온라인피드백 · 문제풀이

3단원 단원평가
정답입력 · 온라인피드백 · 문제풀이

4단원 단원평가
정답입력 · 온라인피드백 · 문제풀이

정답 입력

1	① ② ③ ④ ⑤
2	① ② ③ ④ ⑤
3	① ② ③ ④ ⑤
4	① ② ③ ④ ⑤
5	① ② ③ ④ ⑤
6	① ② ③ ④ ⑤

온라인 피드백

9 📷 문제풀이

어떤 물체를 특정 물질로 만드는 까닭을 알고 있으면 문제를 푸는 데 도움이 됩니다. 집게를 이루고 있는 물질과 물체를 그 물질로 만들었을 때의 좋은 점을 알고 있어야 합니다.

11 ▶ 문제풀이

물체의 기능에 알맞은 물질을 선택하여 물체를 만드는 경우를 이해하는 데 어려움을 느낄 수 있습니다. 물체의 각 부분을 서로 다른 물질로 만들었을 때의 좋은 점을 알

단원평가의 답을 입력하여 제출하면
틀린 문제에 대한 피드백과 동영상 강의 제공!

우등생 과학 3-2
홈스쿨링 스피드 스케줄표(10회)

스피드 스케줄표는 온라인 학습북을 10회로 나누어
빠르게 공부하는 학습 진도표입니다.

1. 재미있는 과학 탐구	2. 동물의 생활	
1회 온라인 학습북 4~7쪽	**2**회 온라인 학습북 8~15쪽	**3**회 온라인 학습북 16~19쪽
월 일	월 일	월 일

3. 지표의 변화		4. 물질의 상태
4회 온라인 학습북 20~27쪽	**5**회 온라인 학습북 28~31쪽	**6**회 온라인 학습북 32~39쪽
월 일	월 일	월 일

4. 물질의 상태	5. 소리의 성질	
7회 온라인 학습북 40~43쪽	**8**회 온라인 학습북 44~51쪽	**9**회 온라인 학습북 52~55쪽
월 일	월 일	월 일

전체 범위
10회 온라인 학습북 56~59쪽
월 일

스피드
스케줄표
바로가기

차례

1. 재미있는 과학 탐구

❶ 탐구 활동 과정

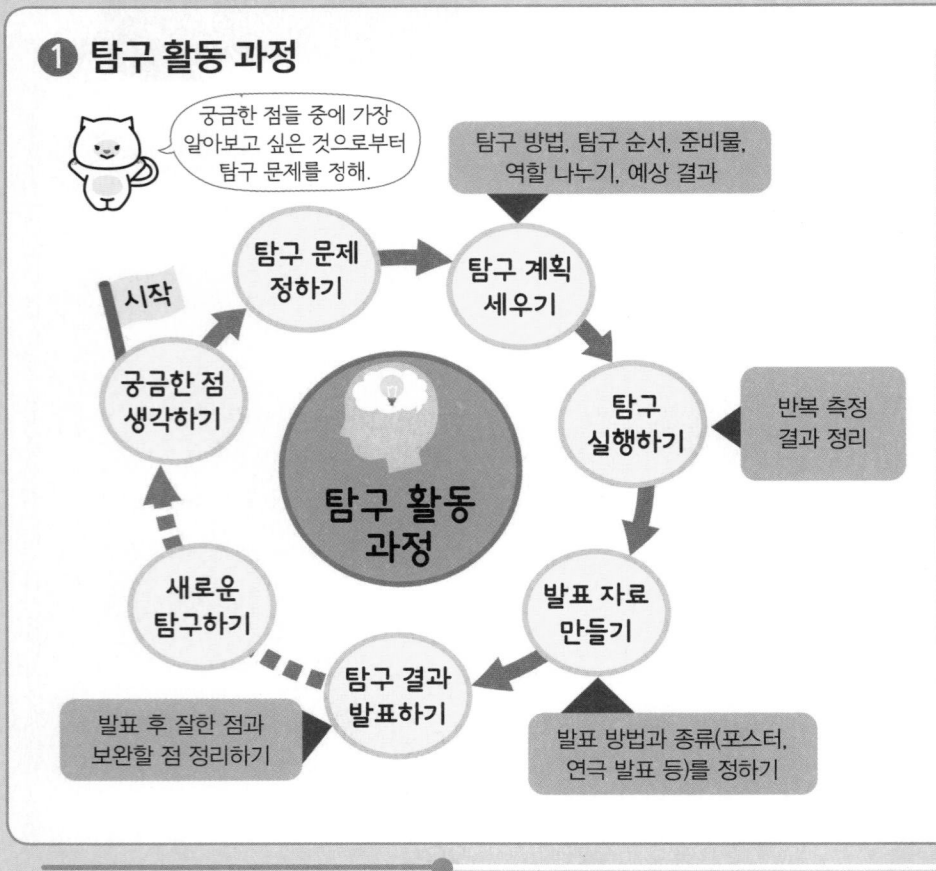

> 궁금한 점들 중에 가장 알아보고 싶은 것으로부터 탐구 문제를 정해.

탐구 방법, 탐구 순서, 준비물, 역할 나누기, 예상 결과

시작 → 궁금한 점 생각하기 → 탐구 문제 정하기 → 탐구 계획 세우기 → 탐구 실행하기 → 발표 자료 만들기 → 탐구 결과 발표하기 → 새로운 탐구하기

탐구 활동 과정

반복 측정 결과 정리

발표 방법과 종류(포스터, 연극 발표 등)를 정하기

발표 후 잘한 점과 보완할 점 정리하기

✻ 중요한 내용을 정리해 보세요!

● 탐구 활동 과정의 순서는?

● 탐구 활동 과정 중 탐구 문제를 정한 후에 해야 하는 과정은?

개념 확인하기

정답 19쪽

✍ 다음 문제를 읽고 답을 찾아 ☐ 안에 ✔표를 하시오.

1 탐구 문제를 정할 때 생각해야 하는 점은 무엇입니까?

　　㉠ 직접 관찰하면서 궁금했던 점 ☐

　　㉡ 과학자들이 해결하지 못한 어려운 점 ☐

2 탐구 계획에 들어갈 내용으로 적절하지 않은 것은 무엇입니까?

　　㉠ 준비물 ☐　　㉡ 실험 결과 ☐

　　㉢ 탐구 순서 ☐　　㉣ 역할 나누기 ☐

3 탐구를 실행할 때 기록해야 하는 것은 무엇입니까?

　　㉠ 예상되는 결과 ☐

　　㉡ 탐구를 실행한 결과 ☐

4 효과적인 발표 방법으로 적절하지 않은 것은 무엇입니까?

　　㉠ 포스터 발표 ☐

　　㉡ 자료가 없는 발표 ☐

5 탐구 결과를 발표한 후에 해야 할 일로 적절한 것은 무엇입니까?

　　㉠ 잘한 점과 보완할 점을 정리한다. ☐

　　㉡ 친구들의 질문에는 대답하지 않는다. ☐

천재, 금성, 김영사, 아이스크림, 지학사

1 다음 중 궁금한 점을 찾는 방법으로 옳지 <u>않은</u> 것은 어느 것입니까? (　　　)

① 책에서 찾는다.　　② 교과서에서 찾는다.
③ 인터넷에서 찾는다.　④ 우리 생활에서 찾는다.
⑤ 아는 문제에서 찾는다.

천재, 금성, 김영사, 아이스크림, 지학사

2 다음 중 탐구 문제를 정하는 방법으로 옳은 것은 어느 것입니까? (　　　)

① 직접 탐구할 수 있는 문제를 선택한다.
② 높은 수준의 실험이 필요한 문제를 선택한다.
③ 준비물을 쉽게 구할 수 없는 문제를 선택한다.
④ 책에서 쉽게 답을 찾을 수 있는 문제를 선택한다.
⑤ 인터넷 검색으로 쉽게 해결할 수 있는 문제를 선택한다.

천재, 금성, 김영사, 아이스크림, 지학사

3 다음은 탐구 문제를 정하는 방법입니다. ☐ 안에 들어갈 알맞은 말은 어느 것입니까? (　　　)

> 이미 답을 알고 있어서는 안 되고, ☐☐☐☐ 하여 대답할 수 있는 탐구 문제여야 합니다.

① 실험　　　　　② 간단히 조사
③ 인터넷을 검색　④ 친구에게 질문
⑤ 선생님께 질문

천재, 금성, 김영사, 아이스크림, 지학사

4 다음 중 우리가 직접 실험하여 해결하기 <u>어려운</u> 탐구 문제는 어느 것입니까? (　　　)

① 빛이 서로 섞이면 무슨 색이 될까?
② 씨앗의 종류마다 싹이 트는 시간이 다를까?
③ 달과 지구에서 팽이가 도는 시간이 서로 다를까?
④ 고구마는 흙과 물 중 어디에서 더 빨리 자랄까?
⑤ 회전판의 수에 따라 팽이가 도는 시간이 달라질까?

천재

5 다음의 탐구 문제를 해결하기 위한 실험 조건으로 옳지 <u>않은</u> 것은 어느 것입니까? (　　　)

팽이 심
회전판
△ 팽이

탐구 문제	회전판을 여러 장 겹치면 팽이가 도는 시간이 길어질까?

① 회전판의 크기를 같게 하여 실험한다.
② 팽이 심의 종류를 같게 하여 실험한다.
③ 팽이 심의 길이를 같게 하여 실험한다.
④ 회전판의 모양을 다르게 하여 실험한다.
⑤ 겹친 회전판의 개수를 다르게 하여 실험한다.

천재, 금성, 김영사, 아이스크림, 지학사

6 다음 중 탐구 계획을 세우는 방법에 대해 <u>잘못</u> 말한 친구는 누구입니까? (　　　)

① 영아: 준비물을 정해야 해.
② 수진: 모둠원의 역할을 나눠야지.
③ 현재: 예상되는 결과를 생각해야 해.
④ 성훈: 탐구 문제를 해결할 방법을 정해야 해.
⑤ 민지: 탐구 순서는 최대한 간단하게 적으면 돼.

천재, 금성, 김영사, 아이스크림, 지학사

7 다음을 탐구 계획을 세우는 과정에 맞게 순서대로 나타낸 것은 어느 것입니까? (　　　)

> ㉠ 탐구 계획이 적절한지 확인하기
> ㉡ 탐구 문제를 해결할 수 있는 실험 방법을 생각하기
> ㉢ 실험에서 다르게 해야 할 것, 같게 해야 할 것, 다르게 한 것에 따라 바뀌는 것을 생각하여 탐구 계획 세우기

① ㉠ → ㉡ → ㉢　　② ㉠ → ㉢ → ㉡
③ ㉡ → ㉠ → ㉢　　④ ㉡ → ㉢ → ㉠
⑤ ㉢ → ㉠ → ㉡

천재, 금성, 김영사, 아이스크림, 지학사

8 다음 중 탐구 계획을 세울 때 주의해야 할 점으로 옳은 것은 어느 것입니까? (   )

① 탐구 순서만 정확하게 적으면 된다.

② 예상되는 결과는 생각하지 않아도 된다.

③ 역할은 계획을 실행하고 나서 나누면 된다.

④ 탐구 계획을 실행할 사람만 이해할 수 있도록 적으면 된다.

⑤ 모둠원 모두가 이해할 수 있도록 탐구 계획을 자세히 적어야 한다.

천재, 금성, 김영사, 아이스크림, 지학사

9 다음 중 탐구 계획이 적절한지 확인할 내용으로 옳지 <u>않은</u> 것은 어느 것입니까? (   )

① 준비물을 자세히 적었는가?

② 예상되는 결과를 적었는가?

③ 탐구 순서를 자세히 적었는가?

④ 계획을 실행한 결과를 적었는가?

⑤ 탐구 계획이 탐구 문제를 해결하기에 적절한가?

천재, 금성, 김영사, 아이스크림, 지학사

10 다음 중 탐구를 실행하기 전에 해야 할 일로 옳지 <u>않은</u> 것은 어느 것입니까? (   )

① 준비물을 준비한다.

② 탐구 순서를 확인한다.

③ 자신의 역할을 확인한다.

④ 실험 결과를 미리 조사한다.

⑤ 탐구 계획에 빠진 것이 없는지 확인한다.

천재, 금성, 김영사, 아이스크림, 지학사

11 다음은 탐구를 실행하는 방법입니다. ☐ 안에 들어갈 알맞은 말은 어느 것입니까? (   )

> 탐구 계획에 따라 탐구를 실행할 때에는 주의 깊게 관찰하고, 관찰한 결과를 확인하면 ☐ 기록해야 합니다.

① 즉시   ② 나중에

③ 천천히   ④ 발표가 끝나고

⑤ 발표하기 직전에

천재, 금성, 김영사, 아이스크림, 지학사

12 다음 중 탐구를 실행하는 과정에 대해 <u>잘못</u> 이야기한 친구는 누구입니까? (   )

① 정아: 탐구를 실행한 결과를 기록해야지.

② 수연: 탐구 결과를 어떻게 기록할지 정해야 해.

③ 민성: 예상한 결과는 실제 탐구 결과와 비교해야지.

④ 서준: 탐구 결과로 알게 된 것을 친구들과 이야기 해야지.

⑤ 준우: 예상한 결과는 중요하지 않기 때문에 실제 탐구 결과와 비교하지 않아도 돼.

천재, 금성, 김영사, 아이스크림, 지학사

13 다음 중 탐구를 실행할 때 정확한 결과를 얻기 위한 방법으로 옳은 것은 어느 것입니까? (   )

① 여러 번 과정을 반복한다.

② 과정을 한 번만 실행한다.

③ 탐구 순서에 상관없이 실행한다.

④ 자신의 역할에 상관없이 과정에 참여한다.

⑤ 예상한 결과가 나오도록 정해진 탐구 순서를 바꾼다.

천재, 금성, 김영사, 아이스크림, 지학사

14 다음과 같이 탐구 결과를 발표 자료로 만들려고 합니다. 발표 자료에 들어가야 할 내용으로 옳지 <u>않은</u> 것은 어느 것입니까? (   )

> ○○조의 탐구 결과
> 1. 탐구 문제
> 회전판을 여러 장 겹치면 팽이가 도는 시간이 길어질까?
> ……

① 준비물   ② 탐구 결과

③ 탐구 순서   ④ 탐구 발표 방법

⑤ 탐구한 시간과 장소

천재, 금성, 김영사, 아이스크림, 지학사

15 다음 중 탐구 결과 발표 자료를 만들 때 탐구 결과를 이해하기 쉽게 표현할 수 있는 방법으로 옳은 것은 어느 것입니까? (   )

① 표, 그래프, 사진, 그림 등을 이용한다.

② 발표 자료에 탐구 순서를 넣지 않는다.

③ 탐구 결과는 예상한 결과와 같게 기록한다.

④ 발표를 들을 사람들의 이름을 모두 적는다.

⑤ 표와 그림은 발표 자료의 공간을 많이 차지하므로 글로만 적는다.

천재, 금성, 김영사

16 다음 중 포스터를 이용하여 발표하는 모습은 어느 것입니까? (   )

①

②

③

④

천재, 금성, 김영사, 아이스크림, 지학사

17 다음 중 탐구 결과 발표가 적절한지 확인할 내용으로 옳지 <u>않은</u> 것은 어느 것입니까? (   )

① 새로운 과학적 원리를 알아냈나?

② 알맞은 목소리와 말투로 발표했나?

③ 발표 자료를 이해하기 쉽게 만들었나?

④ 친구들의 질문에 대한 대답이 적절했나?

⑤ 탐구한 내용의 결과를 알기 쉽게 전달했나?

천재, 금성, 김영사, 아이스크림, 지학사

18 다음 각 모둠의 발표에 대한 평가 의견을 참고할 때 가장 우수한 발표를 했을 것으로 예상되는 모둠은 어느 것입니까? (   )

① 모둠 1: 발표자의 목소리가 너무 작았다.

② 모둠 2: 발표 자료의 그림이 분명하지 않았다.

③ 모둠 3: 탐구 순서가 매우 자세했고, 모둠 구성원 모두 열심히 참여한 것 같다.

④ 모둠 4: 발표 자료는 이해하기 쉬웠지만, 결과를 한 번씩만 측정해서 정확한지 의심이 된다.

⑤ 모둠 5: 발표 자료에 준비물이 적혀 있지 않아서 무엇으로 탐구를 실행했는지 알 수 없었다.

천재, 금성, 김영사, 아이스크림, 지학사

19 다음을 탐구 문제를 해결하기 위한 과정에 맞게 순서대로 나타낸 것은 어느 것입니까? (   )

| ㉠ 탐구 실행하기 | ㉡ 탐구 계획 세우기 |
| ㉢ 탐구 문제 정하기 | ㉣ 탐구 결과 발표하기 |

① ㉠ → ㉡ → ㉢ → ㉣

② ㉠ → ㉢ → ㉡ → ㉣

③ ㉡ → ㉠ → ㉣ → ㉢

④ ㉡ → ㉢ → ㉣ → ㉠

⑤ ㉢ → ㉡ → ㉠ → ㉣

천재, 금성, 김영사, 아이스크림, 지학사

20 다음 중 새로운 탐구 문제를 정할 때 생각해야 할 점으로 옳지 <u>않은</u> 것은 어느 것입니까? (   )

① 실험하기에 안전한 문제여야 한다.

② 스스로 탐구할 수 있는 문제여야 한다.

③ 실험하여 해결할 수 있는 문제여야 한다.

④ 결과를 관찰하거나 측정할 수 있는 문제여야 한다.

⑤ 교과서에서 답을 쉽게 찾을 수 있는 문제여야 한다.

· 답안 입력하기   · 온라인 피드백 받기

❶ 주변에서 볼 수 있는 동물

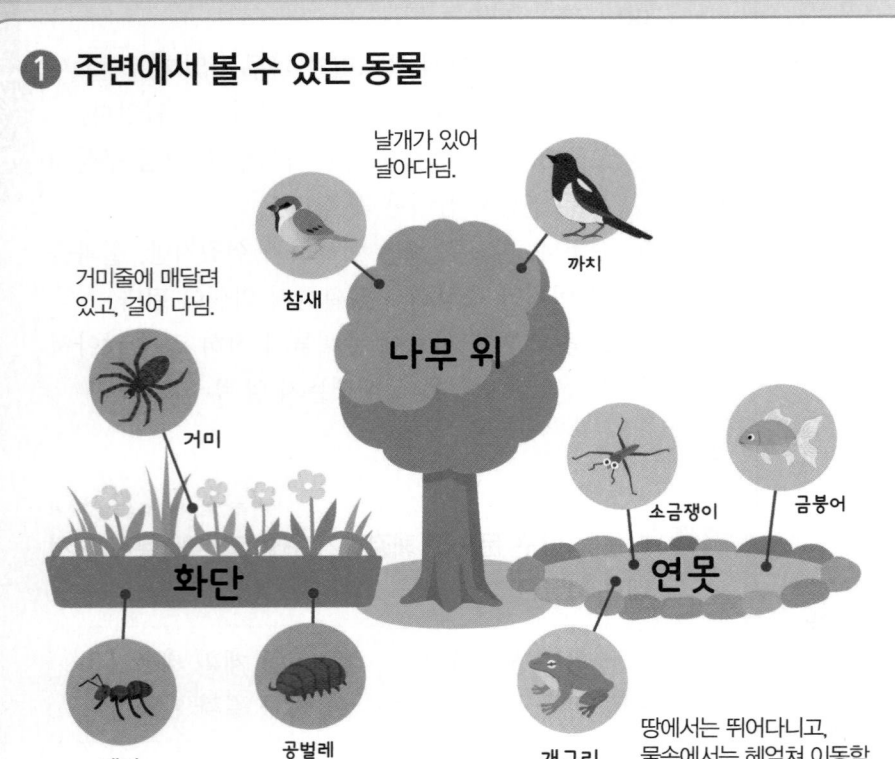

날개가 있어 날아다님.

참새

까치

거미줄에 매달려 있고, 걸어 다님.

거미

나무 위

소금쟁이

금붕어

화단

연못

개미

공벌레

개구리

땅에서는 뛰어다니고, 물속에서는 헤엄쳐 이동함.

다리로 걸어 다님.

❋ 중요한 내용을 정리해 보세요!

● 주변에서 동물을 볼 수 있는 곳은?

● 주변에서 사는 동물의 특징은?

개념 확인하기

정답 20쪽

🍃 다음 문제를 읽고 답을 찾아 ☐ 안에 ✔표를 하시오.

1 주변에서 동물을 볼 수 있는 곳을 모두 고르시오.

ㄱ 화단 ☐

ㄴ 연못 ☐

ㄷ 나무 위 ☐

2 나무 위에서 볼 수 있는 동물은 어느 것입니까?

ㄱ 참새 ☐ ㄴ 소금쟁이 ☐

ㄷ 공벌레 ☐ ㄹ 개구리 ☐

3 화단에서 볼 수 있는 동물은 어느 것입니까?

ㄱ 공벌레 ☐ ㄴ 소금쟁이 ☐

4 몸이 머리, 가슴, 배로 구분되고 다리가 세 쌍인 동물은 어느 것입니까?

ㄱ 거미 ☐ ㄴ 개미 ☐

5 개구리의 특징이 아닌 것은 어느 것입니까?

ㄱ 다리가 있다. ☐

ㄴ 물속에서만 산다. ☐

② 동물 분류하기

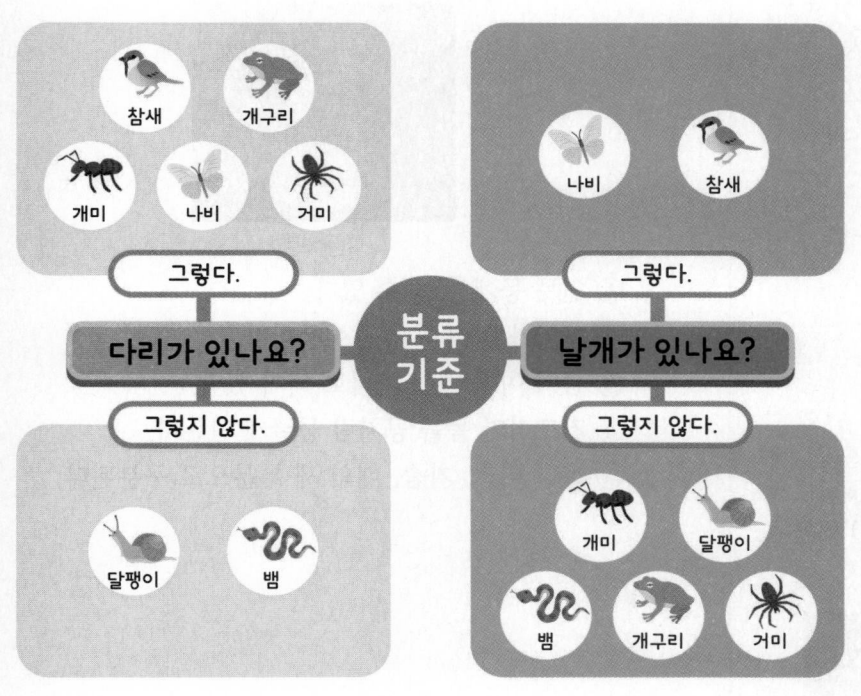

✳ 중요한 내용을 정리해 보세요!

● 동물을 분류할 수 있는 기준은?

● 동물을 분류 기준에 따라 분류하는 방법은?

2 단원

개념 확인하기

정답 20쪽

🍃 다음 문제를 읽고 답을 찾아 ☐ 안에 ✔표를 하시오.

1 날개가 있는 동물끼리 모은 것은 어느 것입니까?

㉠ 참새, 나비	☐
㉡ 토끼, 조개	☐
㉢ 금붕어, 개구리	☐

2 달팽이와 뱀의 공통점은 어느 것입니까?

㉠ 다리가 있다. ☐   ㉡ 다리가 없다. ☐

3 동물을 분류할 때 기준이 될 수 있는 것은 어느 것입니까?

㉠ 빠른가요? ☐   ㉡ 다리가 있나요? ☐

4 분류 기준인 '날개가 있나요?'에 따라 바르게 분류한 것은 어느 것입니까?

	그렇다.	그렇지 않다.
㉠ ☐	까치, 벌	공벌레, 거미
㉡ ☐	다람쥐, 뱀	파리, 잠자리

5 분류 기준인 '다리가 있나요?'에 따라 바르게 분류한 것은 어느 것입니까?

	그렇다.	그렇지 않다.
㉠ ☐	지렁이, 뱀	개, 비둘기
㉡ ☐	참새, 개구리	뱀, 달팽이

천재, 아이스크림, 지학사

1 다음의 주변에서 사는 동물을 주로 볼 수 있는 곳을 줄로 바르게 이으시오.

(1) 참새, 까치 · · ㉠ 연못

(2) 개, 고양이 · · ㉡ 나무 위

(3) 개구리, 금붕어 · · ㉢ 집 주변

천재, 아이스크림

2 다음 중 몸이 깃털로 덮여 있고, 다리가 두 개인 동물은 어느 것입니까? ( )

①
⚠ 까치

②
⚠ 다람쥐

③
⚠ 달팽이

④
⚠ 벌

3 다음 중 주변에서 볼 수 있는 동물의 특징에 대한 설명으로 옳지 <u>않은</u> 것은 어느 것입니까? ( )

① 나비: 날개가 두 쌍이 있다.
② 까치: 날개가 있어 날아다닌다.
③ 고양이: 다리로 걷거나 뛰어다닌다.
④ 개미: 다리가 세 쌍이고, 더듬이가 있다.
⑤ 거미: 다리가 세 쌍이고, 땅속에서 볼 수 있다.

4 다음의 주변에서 사는 동물에 대한 설명으로 옳은 것을 두 가지 고르시오. (,)

⚠ 공벌레

① 연못 등에서 볼 수 있다.
② 다리가 없어 기어서 이동한다.
③ 몸이 여러 개의 마디로 되어 있다.
④ 건드리면 몸을 공처럼 둥글게 만든다.
⑤ 몸이 머리, 가슴, 배의 세 부분으로 구분된다.

5 다음은 친구들이 관찰한 동물을 더 자세히 알아보는 방법에 대해 나눈 대화입니다. <u>잘못</u> 설명한 친구의 이름을 쓰시오.

> 다래: 스마트 기기를 활용하여 동물의 특징을 조사해도 돼.
> 지훈: 동물도감을 이용하면 동물의 특징을 자세하게 조사할 수 있어.
> 인영: 돋보기나 확대경을 이용하면 작은 동물을 확대하여 관찰할 수 있어.
> 한솔: '동물 다섯고개' 놀이를 통해 동물의 특징을 자세하게 조사할 수 있어.

( )

6 동물을 다음과 같이 분류한 기준으로 알맞은 것은 어느 것입니까? (   )

개, 토끼, 다람쥐	개구리, 붕어, 나비

① 다리가 있나요?
② 날개가 있나요?
③ 더듬이가 있나요?
④ 새끼를 낳는 동물인가요?
⑤ 물속에서 사는 동물인가요?

7 동물을 다음과 같이 두 무리로 분류할 수 있는 기준을 한 가지 쓰시오.

벌, 개미, 달팽이	개구리, 지렁이, 참새

(   )

8 다음 중 동물을 특징에 따라 분류하는 기준으로 알맞지 않은 것은 어느 것입니까? (   )

① 곤충인가?
② 날개가 있는가?
③ 좋아하는 동물인가?
④ 알을 낳는 동물인가?
⑤ 몸이 털로 덮여 있는가?

9 다음의 동물을 분류 기준에 따라 바르게 분류한 것은 어느 것입니까? (   )

뱀, 참새, 나비, 붕어, 거미, 달팽이, 공벌레

	분류 기준 다리가 있나요?	
	그렇다.	그렇지 않다.
①	참새, 나비, 거미, 공벌레	뱀, 붕어, 달팽이
②	뱀, 붕어, 달팽이	참새, 나비, 거미, 공벌레
③	참새, 나비	뱀, 붕어, 거미, 달팽이, 공벌레
④	거미, 공벌레	뱀, 달팽이
⑤	뱀, 참새, 나비, 거미, 공벌레	붕어, 달팽이

10 다음의 동물을 두 무리로 분류하는 기준으로 알맞은 것을 두 가지 고르시오. (,   )

⚠ 잠자리   ⚠ 개미

⚠ 메뚜기   ⚠ 달팽이

① 몸집이 큰가?   ② 알을 낳는가?
③ 날개가 있는가?   ④ 다리가 있는가?
⑤ 더듬이가 있는가?

2. 동물의 생활 (2)

❶ 땅에서 사는 동물 / 특수한 환경에서 사는 동물

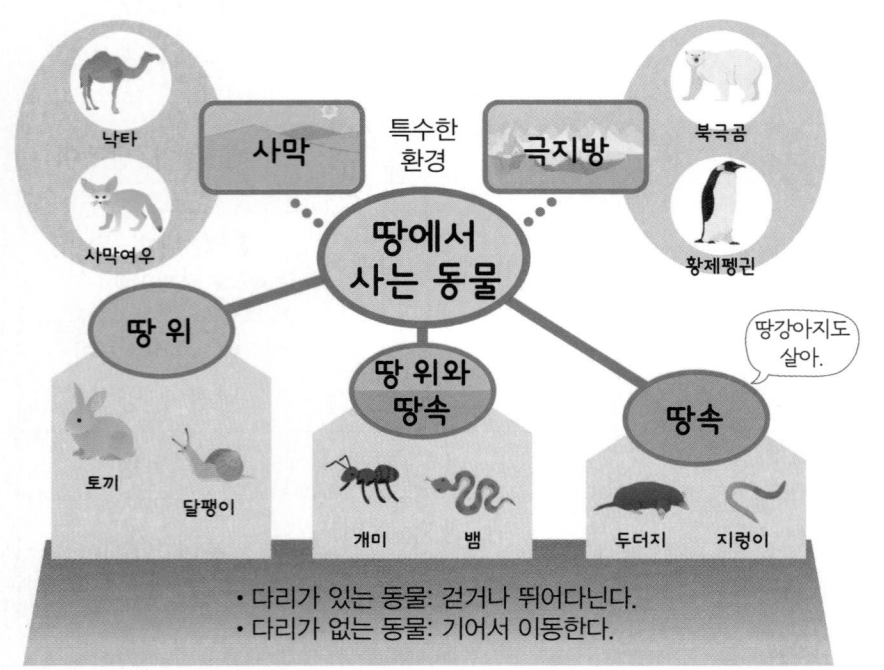

특수한 환경

사막 — 낙타, 사막여우

극지방 — 북극곰, 황제펭귄

땅에서 사는 동물

땅 위 — 토끼, 달팽이

땅 위와 땅속 — 개미, 뱀

땅속 — 두더지, 지렁이

땅강아지도 살아.

• 다리가 있는 동물: 걷거나 뛰어다닌다.
• 다리가 없는 동물: 기어서 이동한다.

✳ 중요한 내용을 정리해 보세요!

● 땅 위와 땅속을 오가며 사는 동물은?

● 땅속에 사는 동물은?

● 사막이나 극지방에 사는 동물은?

개념 확인하기

정답 20쪽

🌱 다음 문제를 읽고 답을 찾아 ☐ 안에 ✔표를 하시오.

1 사는 곳이 땅속인 동물을 모두 고르시오.

㉠ 뱀 ☐	㉡ 개미 ☐
㉢ 지렁이 ☐	㉣ 두더지 ☐
㉤ 공벌레 ☐	㉥ 땅강아지 ☐

2 땅 위와 땅속을 오가며 사는 동물끼리 짝지은 것은 어느 것입니까?

㉠ 뱀, 개미 ☐

㉡ 지렁이, 두더지 ☐

㉢ 공벌레, 땅강아지 ☐

3 땅에서 사는 동물 중 다리가 없는 동물은 어떻게 이동합니까?

㉠ 기어 다닌다. ☐

㉡ 걷거나 뛰어다닌다. ☐

㉢ 이동하지 않는다. ☐

4 사막여우의 특징은 어느 것입니까?

㉠ 귀가 크다. ☐   ㉡ 귀가 작다. ☐

5 북극곰, 황제펭귄이 사는 곳은 어디입니까?

㉠ 사막 ☐   ㉡ 극지방 ☐

② 물에서 사는 동물 / 날아다니는 동물

날아다니는 동물

새 — 참새, 박새
곤충 — 나비, 잠자리

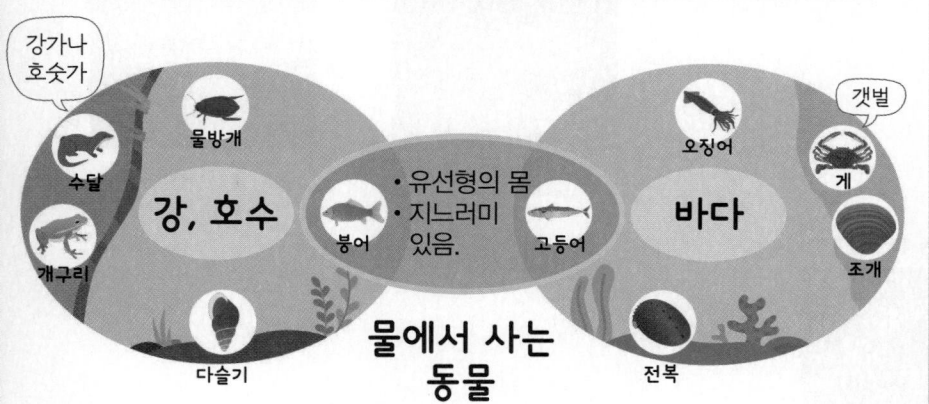

강가나 호숫가 — 수달, 물방개, 개구리, 다슬기

강, 호수

• 유선형의 몸
• 지느러미 있음.

붕어, 고등어

바다 — 오징어, 게, 조개, 전복

갯벌

물에서 사는 동물

✷ 중요한 내용을 정리해 보세요!

● 강이나 호수에서 사는 동물은?

● 바다에서 사는 동물은?

● 날아다니는 동물은?

개념 확인하기

정답 20쪽

🔖 다음 문제를 읽고 답을 찾아 ☐ 안에 ✔표를 하시오.

1 강가나 호숫가에서 사는 동물을 모두 고르시오.

㉠ 수달 ☐	㉡ 조개 ☐
㉢ 개구리 ☐	㉣ 다슬기 ☐

2 바닷속에서 사는 동물이 <u>아닌</u> 것은 어느 것입니까?

㉠ 전복 ☐	㉡ 오징어 ☐
㉢ 금붕어 ☐	㉣ 고등어 ☐

3 붕어, 고등어의 공통된 특징은 어느 것입니까?

㉠ 몸이 둥글다. ☐
㉡ 지느러미가 있다. ☐

4 날아다니는 동물은 어느 것입니까?

㉠ 거미 ☐	㉡ 참새 ☐	㉢ 공벌레 ☐

5 참새, 잠자리의 공통된 특징은 어느 것입니까?

㉠ 날개가 있다. ☐
㉡ 다리가 없다. ☐
㉢ 깃털이 있다. ☐

비상, 아이스크림, 지학사

1 다음 동물들의 공통점으로 옳은 것에 ○표를 하시오.

> 소, 개미, 다람쥐, 땅강아지

(1) 주로 땅 위에서 생활합니다. ( )
(2) 공기 중에서 숨을 쉴 수 있습니다. ( )
(3) 다리가 있어 걷거나 뛰어다닙니다. ( )

천재, 김영사, 동아, 비상, 지학사

2 오른쪽의 두더지는 삽처럼 생긴 앞발로 땅속에 굴을 팝니다. 이 특징으로 보아 두더지가 주로 사는 곳은 땅 위와 땅속 중 어디인지 쓰시오.

⚊ 두더지

( )

3 다음은 물에서 사는 어떤 동물을 관찰한 내용입니다. 이 동물은 어느 것입니까? ( )

> • 사는 곳: 갯벌
> • 특징: 아가미가 있고, 몸이 두 장의 딱딱한 껍데기로 둘러싸여 있으며, 땅을 파고 들어가거나 기어 다닙니다.

① 게   ② 조개
③ 전복   ④ 다슬기
⑤ 달팽이

4 다음 중 지느러미가 있고 몸이 부드럽게 굽은 형태인 동물이 <u>아닌</u> 것은 어느 것입니까? ( )

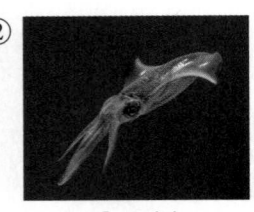

① ⚊ 돌고래   ② ⚊ 오징어

③ ⚊ 붕어   ④ ⚊ 고등어

5 다음과 같은 특징을 가지는 동물은 어느 것입니까?
( )

> • 다리가 세 쌍입니다.
> • 몸이 머리, 가슴, 배의 세 부분으로 구분됩니다.
> • 날개가 있어 날아서 이동할 수 있습니다.

① 까치   ② 참새
③ 거미   ④ 잠자리
⑤ 직박구리

6 다음 중 날아다니는 동물의 종류가 나머지 셋과 <u>다른</u> 하나는 어느 것입니까? (   )

① △ 제비
② △ 참새
③ △ 벌
④ △ 까치

7 다음 중 낙타가 사막에서 잘 살 수 있는 특징으로 옳은 것을 두 가지 고르시오. (,   )

① 다리가 두 쌍이다.
② 귀와 꼬리가 작고 뭉툭하다.
③ 콧구멍을 열고 닫을 수 있다.
④ 등에 있는 혹에 지방을 저장한다.
⑤ 무리 지어 생활하며 추위를 이겨낸다.

천재, 금성, 동아, 아이스크림, 지학사

8 다음은 극지방에서 사는 어떤 동물의 특징입니다. 이 동물은 어느 것입니까? (   )

> • 계절에 따라 털 색깔이 바뀝니다.
> • 털이 두껍고 촘촘하게 나 있습니다.
> • 몸의 열을 빼앗기지 않기 위해 귀가 작습니다.

① 고래
② 순록
③ 황제펭귄
④ 사막여우
⑤ 북극여우

9 다음 중 사는 곳은 다르지만 이동 방법이 비슷한 동물끼리 바르게 짝지은 것은 어느 것입니까? (   )

① △ 수달   △ 두더지
② △ 전복   △ 다슬기
③ △ 물방개   △ 소금쟁이
④ △ 개구리   △ 뱀

천재

10 다음은 여러 가지 동물의 특징을 활용한 물건입니다. 활용한 동물을 보기에서 찾아 기호를 쓰시오.

> **보기**
> ㉠ 수리   ㉡ 문어   ㉢ 오리
> ㉣ 상어   ㉤ 잠자리   ㉥ 물총새

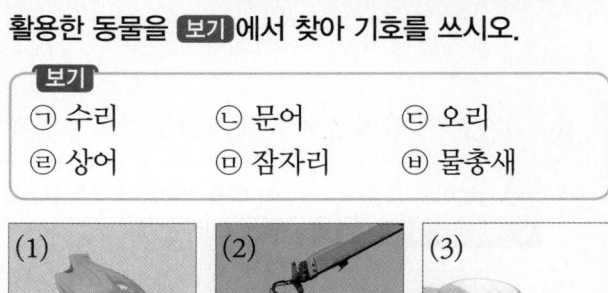

(1)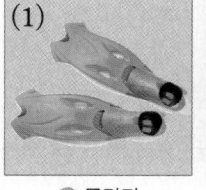
△ 물갈퀴

(2)
△ 집게 차

(3)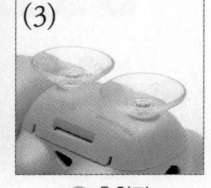
△ 흡착판

(   ) (   ) (   )

연습 🐱 도움말을 참고하여 내 생각을 차근차근 써 보세요.

1 다음은 주변에서 사는 동물을 관찰하고, 특징을 정리한 것입니다. [총 12점]

동물 이름	사는 곳	특징
㉠	화단, 나무 위	• 날개가 있어 날 수 있음. • 몸이 검은색과 하얀색 깃털로 덮여 있음.
공벌레	㉡	• 몸이 여러 개의 마디로 되어 있음. • 건드리면 몸을 공처럼 둥글게 만듦.
개	㉢	• 냄새를 잘 맡고, 꼬리가 있음. • 다리는 두 쌍이 있고, 걷거나 뛰어다님.
달팽이	화단	㉣

(1) 위의 ㉠에 들어갈 알맞은 동물 이름을 쓰시오. [2점]

( )

(2) 위의 ㉡, ㉢에 들어갈 동물이 사는 곳을 각각 쓰시오. [4점]

㉡ ( )

㉢ ( )

(3) 위의 ㉣에 들어갈 동물의 특징을 쓰시오. [6점]

> 🐱 달팽이의 생김새의 특징과 이동 방법을 생각해 보세요.
> **꼭 들어가야 할 말** 더듬이 / 미끄러지다

_____

_____

2 다음과 같이 동물을 분류할 때, ❶~❸에 알맞은 말을 각각 쓰시오. [8점]

```
┌─────────────────────┐
│  분류 기준  ❶        │
└─────────────────────┘
        │
   ┌────┴────┐
그렇다.      그렇지 않다.
┌──────────┐  ┌──────────┐
│벌, 참새,  │  │토끼, 송사리,│
│잠자리,    │  │다람쥐,     │
│❷         │  │❸         │
└──────────┘  └──────────┘
```

천재, 비상

3 다음은 물에서 사는 동물의 모습입니다. [총 14점]

⬆ 상어　　　　　　　　⬆ 붕어

⬆ 전복　　　　　　　　⬆ 물방개

(1) 위의 동물 중 강이나 호수의 물속에서 사는 동물을 모두 쓰시오. [2점]　( )

(2) 위의 전복이 이동하는 방법을 쓰시오. [6점]

( )

(3) 다음은 위의 붕어가 물속에서 생활하기에 알맞은 점입니다. 이외에도 어떤 것이 있는지 몸의 형태와 관련지어 쓰시오. [6점]

> • 아가미가 있어서 물속에서 숨을 쉴 수 있습니다.
> • 지느러미가 있어 물속에서 헤엄을 잘 칠 수 있습니다.

_____

_____

2단원

천재, 김영사, 아이스크림, 지학사

1 다음에서 설명하는 도구는 어느 것입니까? (　　　)

- 주변에서 사는 작은 동물을 관찰할 때 사용할 수 있습니다.
- 움직이는 작은 동물을 안에 가둬 놓고 관찰할 수 있습니다.

①
△ 거울

②
△ 확대경

③
△ 돋보기

④
△ 안경

7종 공통

2 주변에서 볼 수 있는 동물과 그 동물의 특징에 대한 설명으로 옳지 <u>않은</u> 것은 어느 것입니까? (　　　)

① 달팽이: 다리가 있다.
② 거미: 다리가 여덟 개이다.
③ 까치: 몸이 깃털로 덮여 있다.
④ 개구리: 몸이 매끄럽게 생겼다.
⑤ 공벌레: 몸이 여러 개의 마디로 되어 있다.

천재, 동아, 비상

3 다음과 같은 특징을 가진 동물은 어느 것입니까?

(　　　)

딱딱한 껍데기로 된 집이 있으며, 미끄러지듯이 움직입니다.

① 까치　　　② 공벌레　　　③ 개구리
④ 달팽이　　　⑤ 잠자리

7종 공통

4 동물을 다음과 같이 분류할 수 있는 기준으로 알맞은 것은 어느 것입니까? (　　　)

(가)	(나)	(다)
비둘기, 참새	개구리, 다람쥐	잠자리, 꿀벌

① 몸의 크기
② 다리의 개수
③ 날개의 유무
④ 먹이의 종류
⑤ 몸 표면의 색깔

7종 공통

5 다음 동물을 두 무리 이상으로 분류할 수 있는 기준으로 알맞지 <u>않은</u> 것은 어느 것입니까? (　　　)

△ 개구리

△ 붕어

△ 꿀벌

① 다리의 개수
② 날개의 유무
③ 먹이의 종류
④ 몸 표면의 특징
⑤ 깃털이 아름다운 정도

7종 공통

6 다음 동물을 분류 기준에 따라 바르게 분류한 것은 어느 것입니까? (　　　)

개미, 지렁이, 공벌레, 다슬기

	분류 기준	땅에서 사는가?
	그렇다.	그렇지 않다.
①	개미, 지렁이	공벌레, 다슬기
②	공벌레, 다슬기	개미, 지렁이
③	개미, 공벌레, 지렁이	다슬기
④	다슬기	개미, 지렁이, 공벌레
⑤	개미	다슬기

7 다음과 같은 특징을 가지는 동물은 어느 것입니까?

( )

> 땅속과 땅 위를 오가며 생활하고 다리가 없으며, 몸이 비늘로 덮여 있습니다.

① 닭   ② 소   ③ 개
④ 뱀   ⑤ 지렁이

8 다음 중 뱀과 너구리의 공통점으로 옳은 것은 어느 것입니까? ( )

① 다리가 있다.
② 기어서 이동한다.
③ 몸이 털로 덮여 있다.
④ 공기 중에서 숨 쉴 수 있다.
⑤ 땅 위와 땅속을 오가며 산다.

9 다음 중 땅에서 사는 동물의 특징으로 옳은 것은 어느 것입니까? ( )

① 몸이 비늘로 덮여 있다.
② 몸이 머리, 가슴, 배로 구분된다.
③ 땅에서 사는 동물은 모두 다리가 있다.
④ 땅 위와 땅속을 오가며 사는 동물도 있다.
⑤ 땅에서 사는 동물은 모두 걷거나 뛰어서 이동한다.

10 다음과 같이 물에서 사는 동물을 분류하였습니다. 분류 기준으로 알맞은 것은 어느 것입니까? ( )

전복, 다슬기	고등어, 오징어

① 강에서 사는가?   ② 바다에서 사는가?
③ 다리가 있는가?   ④ 지느러미가 있는가?
⑤ 더듬이가 있는가?

11 다음 보기 에서 아가미를 이용하여 숨을 쉬는 동물을 모두 고른 것은 어느 것입니까? ( )

> **보기**
> ㉠ 다슬기   ㉡ 미꾸리   ㉢ 고양이
> ㉣ 개구리   ㉤ 오징어   ㉥ 잠자리

① ㉠, ㉡   ② ㉠, ㉡, ㉢
③ ㉠, ㉡, ㉣   ④ ㉠, ㉡, ㉤
⑤ ㉢, ㉣, ㉥

12 다음 중 붕어에 대한 설명으로 옳지 <u>않은</u> 것은 어느 것입니까? ( )

① 강이나 호수의 물속에서 산다.
② 헤엄쳐서 이동한다.
③ 몸이 딱딱한 직선 형태이다.
④ 아가미를 이용하여 숨을 쉰다.
⑤ 지느러미를 이용하여 헤엄친다.

13 다음 중 나비와 잠자리의 공통점으로 옳지 <u>않은</u> 것은 어느 것입니까? ( )

⌃ 나비   ⌃ 잠자리

① 곤충이다.   ② 더듬이가 있다.
③ 다리가 세 개다.   ④ 날아서 이동한다.
⑤ 몸이 머리, 가슴, 배의 세 부분으로 구분된다.

14 다음 중 날아다니는 동물에 대한 설명으로 옳은 것은 어느 것입니까? ( )

① 지느러미가 있다.
② 물갈퀴가 있어 헤엄을 잘 칠 수 있다.
③ 헤엄을 잘 쳐서 물속 먹이를 잡는다.
④ 박새와 같은 새뿐만 아니라 곤충 중에도 날아다니는 동물이 있다.
⑤ 밤에 주로 활동한다.

② 흙이 만들어지는 과정

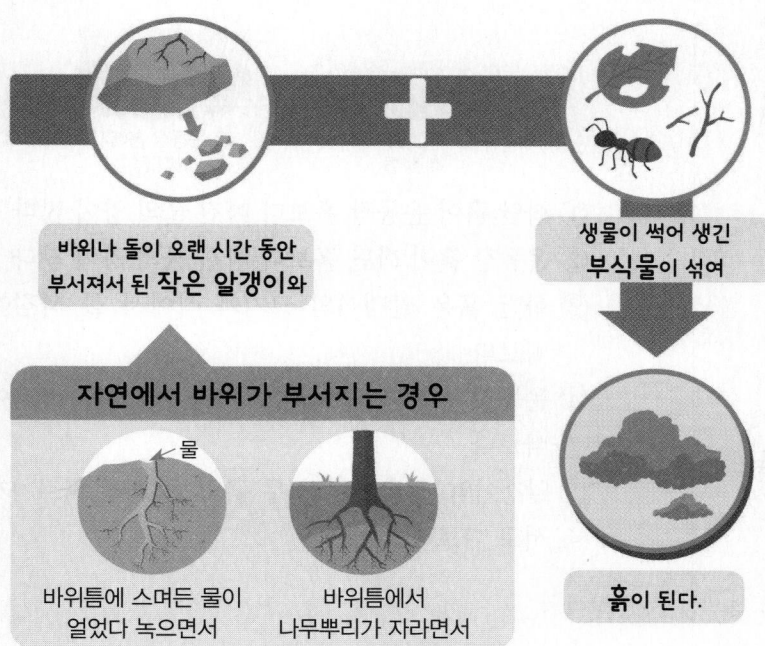

바위나 돌이 오랜 시간 동안
부서져서 된 **작은 알갱이**와

자연에서 바위가 부서지는 경우

바위틈에 스며든 물이
얼었다 녹으면서

바위틈에서
나무뿌리가 자라면서

생물이 썩어 생긴
부식물이 섞여

흙이 된다.

✳ 중요한 내용을 정리해 보세요!

● 자연에서 바위가 부서지는 경우는?

● 자연에서 흙이 만들어지는 과정은?

3
단원

개념 확인하기

정답 23쪽

🖊 다음 문제를 읽고 답을 찾아 ☐ 안에 ✔표를 하시오.

1 바위나 돌이 부서져서 된 작은 알갱이와 부식물이 섞이면 무엇이 됩니까?

㉠ 물 ☐   ㉡ 흙 ☐   ㉢ 자갈 ☐

2 부식물에 해당하지 <u>않는</u> 것은 어느 것입니까?

㉠ 작은 먼지 ☐

㉡ 나뭇잎 등이 오랫동안 썩어서 만들어진 것 ☐

㉢ 죽은 곤충 등이 오랫동안 썩어서 만들어진 것 ☐

3 바위틈으로 스며든 물이 얼었다 녹는 과정을 반복하면 바위가 어떻게 됩니까?

㉠ 바위가 작게 부서진다. ☐

㉡ 바위가 더 단단해진다. ☐

4 바위틈에서 자라는 나무뿌리가 점점 커지면 바위가 어떻게 됩니까?

㉠ 바위가 작게 부서진다. ☐

㉡ 바위가 크게 뭉쳐진다. ☐

5 바위나 돌이 부서져 흙으로 되는 데 걸리는 시간으로 옳은 것은 어느 것입니까?

㉠ 짧은 시간 ☐   ㉡ 오랜 시간 ☐

1 다음 ㉠과 ㉡ 중 색깔이 밝은 흙을 골라 기호를 쓰시오.

㉠
◎ 화단 흙

㉡
◎ 운동장 흙

( )

2 위 **1**번의 화단 흙과 운동장 흙을 관찰한 결과로 옳은 것을 두 가지 고르시오. (,)
① 화단 흙은 흙먼지가 많이 날린다.
② 운동장 흙은 나뭇잎과 같은 물질이 섞여 있다.
③ 화단 흙이 운동장 흙보다 만졌을 때 부드럽다.
④ 화단 흙이 운동장 흙보다 만졌을 때 축축하다.
⑤ 화단 흙이 운동장 흙보다 만졌을 때 꺼끌꺼끌하다.

천재

3 다음의 물 빠짐 장치에 두 흙을 넣고 물을 부어 일정한 시간 동안 어느 흙에서 물이 더 많이 빠지는지 비교하려고 합니다. 실험에 필요한 준비물이 <u>아닌</u> 것은 어느 것입니까? ( )

물
화단 흙
운동장 흙

① 거즈
② 비커
③ 초시계
④ 온도계
⑤ 반으로 자른 페트병

4 앞의 **3**번 실험 결과가 다음과 같을 때 이에 대한 설명으로 옳지 <u>않은</u> 것을 두 가지 고르시오.

(,)

◎ 화단 흙에서 빠진 물

◎ 운동장 흙에서 빠진 물

① 화단 흙이 운동장 흙보다 빠진 물의 양이 많다.
② 운동장 흙이 화단 흙보다 빠진 물의 양이 많다.
③ 화단 흙은 알갱이의 크기가 작아서 물 빠짐이 빠르다.
④ 운동장 흙은 알갱이의 크기가 커서 물 빠짐이 빠르다.
⑤ 알갱이의 크기가 달라 두 흙의 물 빠짐 빠르기가 서로 다르다.

[5~6] 다음은 화단 흙과 운동장 흙이 담긴 비커에 각각 물을 넣고, 유리 막대로 저은 뒤 잠시 놓아둔 모습입니다. 물음에 답하시오.

㉠
◎ 물에 뜬 물질이 많음.

㉡
◎ 물에 뜬 물질이 적음.

5 위 ㉠과 ㉡ 중 운동장 흙이 담긴 비커를 골라 기호를 쓰시오.

( )

6 오른쪽은 앞의 실험에서 어떤 흙의 물에 뜬 물질을 건져서 거름종이에 올려놓은 모습입니다. 이에 대한 설명으로 옳지 <u>않은</u> 것을 두 가지 고르시오.

(,)

⊙ 식물의 뿌리나 줄기, 마른 잎, 죽은 곤충 등이 있음.

① 화단 흙의 물에 뜬 물질이다.
② 운동장 흙의 물에 뜬 물질이다.
③ 위와 같은 물질은 대부분 부식물이다.
④ 위와 같은 물질은 식물에 필요한 영양분이 된다.
⑤ 흙에 위와 같은 물질이 많으면 식물이 잘 자라지 못한다.

7 다음 중 식물이 잘 자라는 흙에 대한 설명으로 옳은 것은 어느 것입니까? ( )

① 부식물이 적은 흙
② 물 빠짐이 빠른 흙
③ 잘 뭉쳐지지 않는 흙
④ 알갱이의 크기가 매우 큰 흙
⑤ 부식물이 많은 흙

8 흙이 만들어지는 과정을 알아보기 위해 플라스틱 통에 각설탕을 넣고 뚜껑을 닫은 다음, 통을 흔들었습니다. 통을 흔들기 전과 흔든 후의 모습이 다음과 같을 때 각설탕과 가루 설탕이 의미하는 것을 보기 에서 골라 각각 기호를 쓰시오.

⊙ 플라스틱 통을 흔들기 전 각설탕

⊙ 플라스틱 통을 흔든 후 가루 설탕

보기
㉠ 실제 자연에서의 흙
㉡ 실제 자연에서의 물
㉢ 실제 자연에서의 바위나 돌

(1) 플라스틱 통을 흔들기 전 각설탕: ( )
(2) 플라스틱 통을 흔든 후 가루 설탕: ( )

9 앞의 **8**번 실험에서 플라스틱 통을 흔드는 것과 다음의 자연에서 나무뿌리나 물이 하는 일의 공통점으로 옳은 것을 보기 에서 골라 기호를 쓰시오.

• 바위틈에서 나무뿌리가 자라면서 바위가 부서집니다.
• 바위틈으로 스며든 물이 얼었다 녹으면서 바위가 부서집니다.

보기
㉠ 큰 덩어리를 작은 알갱이로 부숩니다.
㉡ 만들어지는 데 걸리는 시간이 짧습니다.
㉢ 작은 알갱이가 모여 큰 덩어리로 뭉쳐집니다.

( )

10 다음은 흙이 만들어지는 과정에 대한 설명입니다. ㉠, ㉡에 들어갈 알맞은 말을 바르게 짝지은 것은 어느 것입니까? ( )

오랜 시간에 걸쳐 물이나 나무뿌리 등에 의해서 ㉠ 이/가 부서집니다. 그리고 작게 부서진 알갱이와 ㉡ 이/가 썩어 생긴 물질들이 섞여서 흙이 됩니다.

	㉠	㉡		㉠	㉡
①	흙	바위	②	바위	생물
③	생물	바위	④	바위	각설탕
⑤	각설탕	바위			

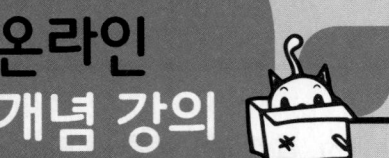
① 강 주변 지형의 특징

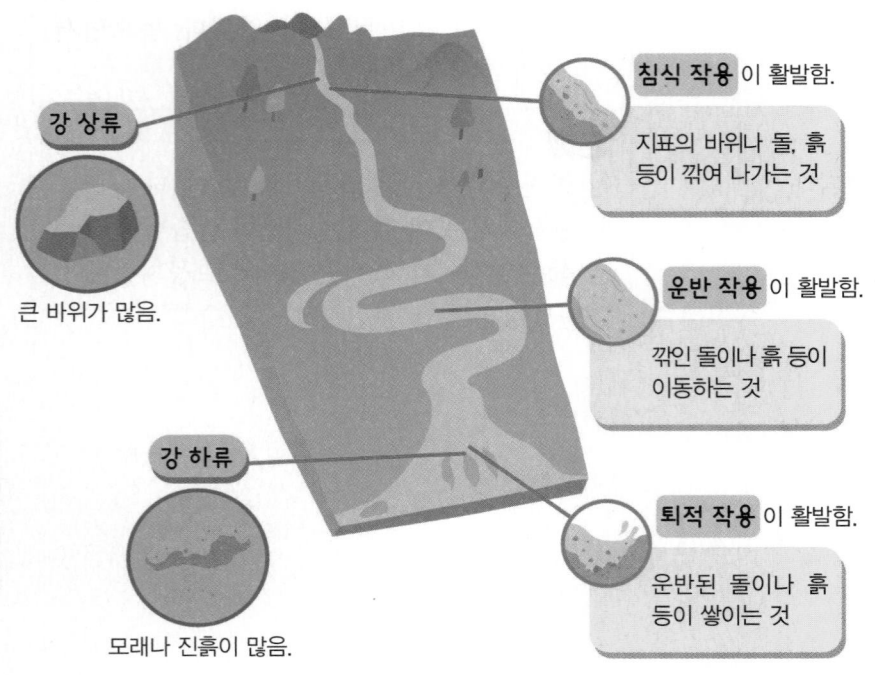

침식 작용이 활발함.

지표의 바위나 돌, 흙 등이 깎여 나가는 것

강 상류

큰 바위가 많음.

운반 작용이 활발함.

깎인 돌이나 흙 등이 이동하는 것

강 하류

모래나 진흙이 많음.

퇴적 작용이 활발함.

운반된 돌이나 흙 등이 쌓이는 것

✹ 중요한 내용을 정리해 보세요!

● 침식 작용이란?

● 운반 작용이란?

● 퇴적 작용이란?

개념 확인하기

정답 23쪽

🍃 다음 문제를 읽고 답을 찾아 ☐ 안에 ✔표를 하시오.

1 강 상류의 모습으로 옳은 것은 어느 것입니까?

　　㉠ 강폭이 좁고 강의 경사가 급하다. ☐

　　㉡ 강폭이 넓고 강의 경사가 완만하다. ☐

2 강 상류에서 주로 일어나는 흐르는 물의 작용은 어느 것입니까?

　　　　㉠ 침식 작용 ☐

　　　　㉡ 운반 작용 ☐

　　　　㉢ 퇴적 작용 ☐

3 흐르는 물에 의하여 깎인 돌이나 흙 등이 이동하는 것을 무엇이라고 합니까?

　　㉠ 운반 작용 ☐　　　　㉡ 퇴적 작용 ☐

4 모래나 진흙을 많이 볼 수 있는 곳은 어디입니까?

　　㉠ 강 상류 ☐　　　　㉡ 강 하류 ☐

5 흐르는 강물의 작용으로 옳은 것은 어느 것입니까?

　　㉠ 짧은 시간 동안 강 주변 모습을 급격히 변화시킨다. ☐

　　㉡ 오랜 시간에 걸쳐 강 주변 모습을 서서히 변화시킨다. ☐

❷ 바닷가 주변 지형의 특징

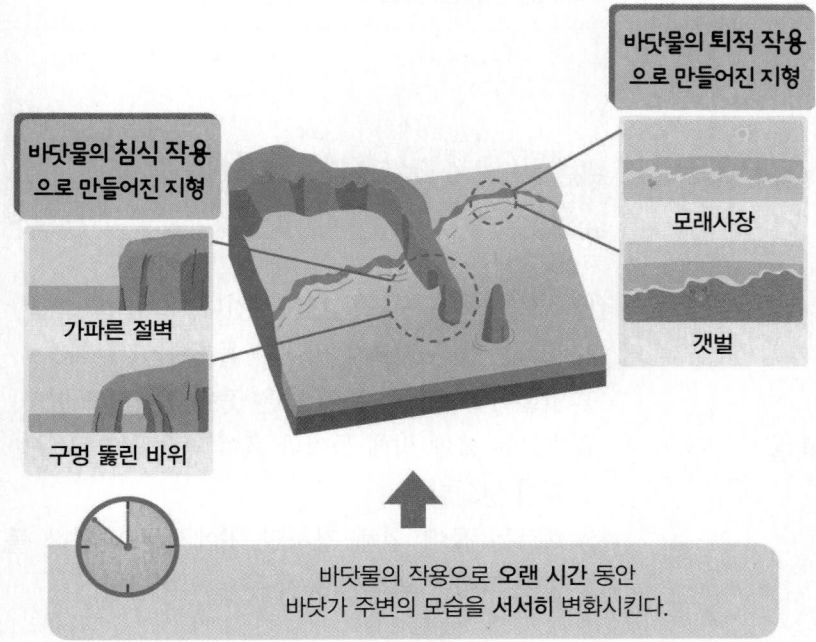

바닷물의 침식 작용으로 만들어진 지형
가파른 절벽
구멍 뚫린 바위

바닷물의 퇴적 작용으로 만들어진 지형
모래사장
갯벌

바닷물의 작용으로 오랜 시간 동안 바닷가 주변의 모습을 서서히 변화시킨다.

✳ 중요한 내용을 정리해 보세요!

● 바닷물의 침식 작용이 활발하게 일어나 만들어진 지형은?

● 바닷물의 퇴적 작용이 활발하게 일어나 만들어진 지형은?

3 단원

개념 확인하기

정답 23쪽

✍ 다음 문제를 읽고 답을 찾아 ☐ 안에 ✔표를 하시오.

1 파도가 치면서 지표를 깎아 만들어진 지형은 어느 것입니까?

　　　⊙ 갯벌 ☐
　　　ⓛ 모래사장 ☐
　　　ⓒ 가파른 절벽 ☐

2 바닷가에서 구멍 뚫린 바위가 위치한 곳은 어디입니까?

　　　⊙ 바다 쪽으로 튀어나온 곳 ☐
　　　ⓛ 바다 안쪽으로 들어간 곳 ☐

3 고운 흙이 퇴적되어 만들어진 지형은 어느 것입니까?

　　⊙ 갯벌 ☐　　　　ⓛ 가파른 절벽 ☐

4 바닷가 지형은 어떻게 만들어졌습니까?

　　⊙ 바닷물의 침식 작용으로만 만들어졌다. ☐
　　ⓛ 바닷물의 침식 작용, 운반 작용, 퇴적 작용으로 만들어졌다. ☐

5 바닷물의 작용으로 옳은 것은 어느 것입니까?

　　⊙ 짧은 시간 동안 바닷가 주변의 모습을 급격히 변화시킨다. ☐
　　ⓛ 오랜 시간 동안 바닷가 주변의 모습을 서서히 변화시킨다. ☐

천재

1 다음과 같이 흙 언덕을 만들고, 흙 언덕 위쪽에서 물을 흘려 보낼 때 색 모래의 이동 방향으로 옳은 것을 보기에서 골라 기호를 쓰시오.

바닥에 구멍 뚫린 종이컵

물

색 모래와 색 자갈

보기

㉠ 색 모래는 이동하지 않습니다.

㉡ 색 모래는 흙 안쪽으로 스며듭니다.

㉢ 색 모래는 흙 언덕의 위쪽에서 아래쪽으로 내려옵니다.

(   )

2 위 **1**번 실험에 대한 설명으로 옳지 <u>않은</u> 것은 어느 것입니까? (   )

① 흙 언덕의 위쪽은 경사가 급하다.

② 흙 언덕의 아래쪽은 경사가 완만하다.

③ 물을 흘려 보냈을 때 흙이 깎이는 곳도 있고, 흙이 쌓이는 곳도 있다.

④ 흙 언덕의 위쪽은 침식 작용보다 퇴적 작용이 활발하게 일어난다.

⑤ 흙 언덕의 아래쪽은 침식 작용보다 퇴적 작용이 활발하게 일어난다.

천재, 김영사, 지학사

3 다음은 위 **1**번 실험에서 흙 언덕 위쪽의 흙을 아래쪽에 더 많이 쌓이게 하는 방법입니다. (   ) 안의 알맞은 말에 ○표를 하시오.

흘려 보내는 물의 양이 (적을 / 많을)수록 흙 언덕 위쪽의 흙이 많이 깎이고, 깎인 흙이 흘러내려 와서 흙 언덕 아래쪽에 많이 쌓입니다.

4 다음은 비가 내리기 전과 비가 온 후 땅의 모습입니다. 이를 통해 알 수 있는 흐르는 물의 작용에 대한 설명으로 옳지 <u>않은</u> 것은 어느 것입니까? (   )

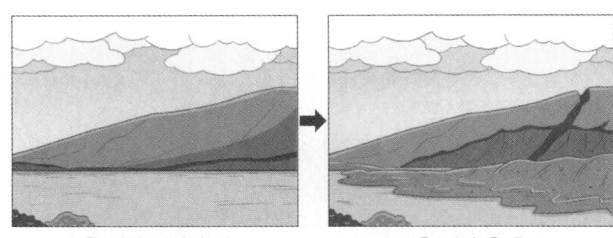

🔺 비가 내리기 전   🔺 비가 온 후

① 흐르는 물은 지표를 변화시킨다.

② 흐르는 물은 지표의 바위나 돌 등을 깎는다.

③ 빗물이 흐르면서 흙이 낮은 곳에 쌓이기도 한다.

④ 흐르는 물에 의해 돌이나 흙이 낮은 곳으로 운반되어 쌓인다.

⑤ 흐르는 물에 의해 경사진 곳에서는 바위나 돌 등이 깎이는 퇴적 작용이 주로 일어난다.

5 다음은 강 주변의 모습을 나타낸 것입니다. 이에 대한 설명으로 옳은 것은 어느 것입니까? (   )

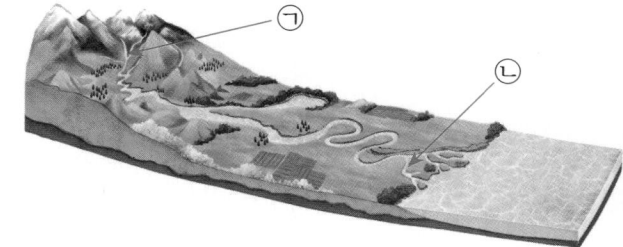

① ㉠은 ㉡보다 강폭이 넓다.

② ㉡은 ㉠보다 강의 경사가 급하다.

③ ㉠에서는 흐르는 물의 흐름이 느리다.

④ ㉡에서는 흐르는 물의 흐름이 느리다.

⑤ 흐르는 강물은 강 주변의 모습을 급격히 변화시킨다.

6 다음 강 주변 지형에 대한 설명으로 옳지 <u>않은</u> 것을 두 가지 고르시오. (　　,　　)

⬆ 강의 경사가 급함.

⬆ 강의 경사가 완만함.

① ㉠은 강 상류의 모습이다.
② ㉡은 강 하류의 모습이다.
③ ㉠은 침식 작용보다 퇴적 작용이 활발하게 일어난다.
④ ㉡은 퇴적 작용보다 침식 작용이 활발하게 일어난다.
⑤ ㉠과 ㉡은 흐르는 강물에 의해 오랜 시간에 걸쳐 그 모습이 변화한다.

7 다음의 강 주변의 모습과 그곳에서 많이 볼 수 있는 것을 줄로 바르게 이으시오.

(1)
강 상류

(2)
강 하류

·

·

㉠
모래

㉡
바위

8 다음은 바닷물의 침식 작용이나 퇴적 작용으로 만들어진 지형입니다. 바닷물의 작용이 나머지와 <u>다른</u> 하나를 골라 기호를 쓰시오.

⬆ 절벽

⬆ 모래사장

⬆ 동굴

(　　　　　)

9 다음 바닷가 지형에 대한 설명으로 옳은 것을 두 가지 고르시오. (　　,　　)

① 갯벌의 모습이다.
② 구멍 뚫린 바위의 모습이다.
③ 파도가 세지 않은 곳에서 만들어졌다.
④ 파도가 치면서 지표를 깎아 만들어졌다.
⑤ 바닷물에 의해 빠른 시간 안에 만들어졌다.

3 단원

진도 완료 체크

김영사, 지학사

10 다음은 파도에 의한 지형의 변화를 알아보는 실험 모습입니다. 이에 대한 설명으로 옳지 <u>않은</u> 것을 보기 에서 골라 기호를 쓰시오.

플라스틱 판
모래
물

보기
㉠ 물결을 일으키면 쌓여 있던 모래가 조금씩 깎입니다.
㉡ 물결을 일으키면 깎인 모래가 바닷가 모형의 아래쪽으로 밀려들어가 쌓입니다.
㉢ 물결을 일으키면 침식 작용만 활발하게 일어남을 알 수 있습니다.
㉣ 플라스틱 판으로 만든 물결은 실제 바다에서 치는 파도와 같습니다.

(　　　　　)

연습 😺 도움말을 참고하여 내 생각을 차근차근 써 보세요.

1 다음은 흙이 만들어지는 과정을 알아보는 실험 방법과 결과입니다. [총 10점]

- 실험 방법: 얼음 설탕을 플라스틱 통에 넣고 가루가 보일 때까지 흔듭니다.
- 실험 결과

플라스틱 통을 흔들기 전	플라스틱 통을 흔든 뒤
• ㉠ 이/가 거의 없음. • 알갱이의 크기가 크고, 뾰족한 부분이 있음.	• 가루가 생김. • 알갱이의 크기가 작아지고, ㉡ 이/가 달라짐.

(1) 위 실험 결과의 ㉠, ㉡에 들어갈 알맞은 말을 각각 쓰시오. [4점]

㉠ (   )

㉡ (   )

(2) 위의 실험에서 플라스틱 통을 흔드는 것과 오른쪽 나무뿌리가 하는 일의 공통점을 쓰시오. [6점]

⌃ 나무뿌리가 자라면서 바위가 부서짐.

😺 자연에서 바위가 부서지는 과정을 생각해 보세요.

꼭 들어가야 할 말 덩어리 / 알갱이

_____

_____

2 다음은 강 상류와 강 하류의 모습입니다. [총 16점]

⌃ 강 상류   ⌃ 강 하류

(1) 위의 강 상류의 특징을 다음 내용과 관련지어 쓰시오. [6점]

강폭 / 강의 경사

_____

_____

(2) 위의 강 하류에서 많이 볼 수 있는 것을 한 가지 쓰시오. [2점]

(   )

(3) 위의 강 상류와 강 하류에서 주로 일어나는 흐르는 물의 작용은 무엇인지 각각 쓰시오. [8점]

㉠ 강 상류: _____

_____

㉡ 강 하류: _____

_____

3 오른쪽의 바닷가 지형이 만들어진 과정을 바닷물의 작용과 관련지어 쓰시오. [8점]

⌃ 갯벌

_____

_____

7종 공통

1 다음 중 여러 곳의 흙을 관찰하는 방법으로 옳지 <u>않은</u> 것은 어느 것입니까? (   )

① 맛을 본다.

② 손으로 만져 본다.

③ 알갱이의 크기를 관찰한다.

④ 어떤 색깔을 띠는지 살펴본다.

⑤ 어떤 알갱이로 이루어졌는지 관찰한다.

7종 공통

2 다음 중 운동장 흙에 대한 설명으로 옳은 것은 어느 것입니까? (   )

① 잘 뭉쳐진다.

② 어두운색이다.

③ 주로 모래나 흙 알갱이만 보인다.

④ 손으로 만졌을 때 부드럽다.

⑤ 대체로 알갱이의 크기가 매우 작고 고르다.

[3~4] 오른쪽의 장치로 운동장 흙과 화단 흙의 물 빠짐을 비교하기 위한 실험을 하였습니다. 물음에 답하시오.

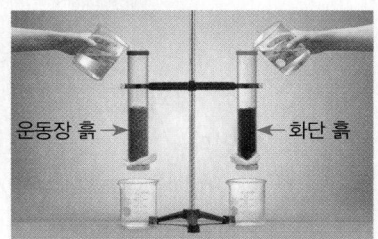

김영사, 동아, 비상, 지학사

3 위 실험에 필요한 준비물이 <u>아닌</u> 것은 어느 것입니까? (   )

① 거즈   ② 초시계   ③ 고무줄

④ 알코올램프   ⑤ 플라스틱 통

김영사, 동아, 비상, 지학사

4 위 실험에 대한 설명으로 옳지 <u>않은</u> 것은 어느 것입니까? (   )

① 실험 결과 화단 흙은 물 빠짐이 느리다.

② 실험 결과 운동장 흙은 물 빠짐이 빠르다.

③ 같은 시간 동안 화단 흙에서 물이 더 적게 빠진다.

④ 같은 시간 동안 운동장 흙에서 물이 더 많이 빠진다.

⑤ 화단 흙이 운동장 흙보다 알갱이의 크기가 크기 때문에 물이 더 느리게 빠진다.

[5~6] 다음은 흙이 든 두 개의 비커에 물을 넣고 유리 막대로 저은 후 그대로 놓아두었을 때의 모습입니다. 물음에 답하시오.

(가) ⚠ 화단 흙   (나) ⚠ 운동장 흙

7종 공통

5 위의 실험에서 다르게 해야 할 조건은 어느 것입니까? (   )

① 물의 양   ② 흙의 양

③ 비커의 크기   ④ 흙을 가져온 장소

⑤ 흙에 물을 넣고 젓는 시간

7종 공통

6 위 (가)와 (나)에서 물에 뜬 물질을 관찰한 결과로 옳지 <u>않은</u> 것은 어느 것입니까? (   )

① (가)는 뜬 물질의 양이 많다.

② (나)는 뜬 물질의 양이 적다.

③ (나)의 뜬 물질에는 작은 먼지 등이 있다.

④ (나)의 뜬 물질에는 나뭇잎과 같은 부식물이 많다.

⑤ (가)의 뜬 물질에는 식물의 뿌리나 줄기, 죽은 곤충 등이 있다.

7종 공통

7 다음 보기 에서 부식물에 대한 설명이 옳은 것을 모두 고른 것은 어느 것입니까? (   )

보기

㉠ 부식물은 나뭇잎이나 죽은 곤충 등이 썩은 것입니다.

㉡ 흙에 부식물이 많으면 식물이 잘 자랄 수 없습니다.

㉢ 흙에 물을 부었을 때 물에 뜨는 물질은 대부분 부식물입니다.

① ㉠   ② ㉡   ③ ㉢

④ ㉠, ㉡   ⑤ ㉠, ㉢

3
단원

천재

8 다음은 플라스틱 통에 각설탕을 넣고 플라스틱 통을 흔든 후 각설탕의 모습 변화에 대한 설명입니다. ㉠, ㉡에 들어갈 말을 바르게 짝지은 것은 어느 것입니까?

( )

- 플라스틱 통에 각설탕을 넣고 흔들었더니 각설탕의 크기가 ㉠ 졌습니다.
- 플라스틱 통에서 각설탕의 모서리 부분이 ㉡ 변했습니다.

뚜껑
각설탕

	㉠	㉡
①	커	뾰족하게
②	커	뭉툭하게
③	작아	뾰족하게
④	작아	뭉툭하게
⑤	작아	매우 날카롭게

7종 공통

9 위 **8**번 실험을 통해 알 수 있는 자연 현상으로 옳은 것은 어느 것입니까? ( )

① 식물이 자라는 과정
② 흙이 만들어지는 과정
③ 바위가 만들어지는 과정
④ 부식물이 만들어지는 과정
⑤ 흐르는 물에 의한 지표의 변화

7종 공통

10 오른쪽과 같이 바위틈으로 스며든 물이 얼었다 녹는 과정을 반복하면 바위가 어떻게 됩니까? ( )

① 바위가 부서진다.
② 바위가 투명해진다.
③ 바위 크기가 커진다.
④ 바위가 더 단단해진다.
⑤ 바위틈이 점점 좁혀진다.

7종 공통

11 다음은 자연에서 흙이 만들어지는 과정입니다. ☐ 안에 들어갈 알맞은 말은 어느 것입니까? ( )

바위나 돌이 부서지면 작은 알갱이가 되고, 이 작은 알갱이와 ☐이/가 섞여서 흙이 됩니다.

① 자갈 ② 공기 ③ 쓰레기
④ 각설탕 ⑤ 부식물

천재

12 다음은 흙 언덕 위쪽에 물을 흘려 보낸 후 변화된 모습을 관찰하는 실험입니다. 이에 대한 설명으로 옳지 않은 것은 어느 것입니까? ( )

바닥에 구멍 뚫린 종이컵
물
색 모래와 색 자갈

① 실험 결과 흙 언덕의 위쪽에서는 흙이 많이 깎인다.
② 실험 결과 흙 언덕의 아래쪽에서는 흙이 많이 쌓인다.
③ 흙 언덕의 위쪽은 경사가 급하고, 아래쪽은 경사가 완만하다.
④ 물을 흘려 보내면 흙 언덕의 위쪽에서는 침식 작용이 활발하게 일어난다.
⑤ 물을 흘려 보내면 흙 언덕의 아래쪽에서는 운반 작용이 활발하게 일어난다.

천재

13 위 **12**번 실험에서 흐르는 물의 역할은 어느 것입니까? ( )

① 색 모래를 녹인다.
② 흙을 위쪽에 쌓는다.
③ 색 자갈의 색깔을 변화시킨다.
④ 색 모래를 흙 안쪽으로 스며들게 한다.
⑤ 흙 언덕 위쪽의 흙을 깎아 아래쪽으로 이동시킨다.

천재, 김영사, 지학사

14 다음 중 흙 언덕에 물을 흘려 보냈을 때 흙 언덕의 모양이 가장 많이 변하는 경우로 바르게 짝지어진 것은 어느 것입니까? (   )

	흙 언덕의 기울기	흘려 보내는 물의 양
㉠	편평함.	많음.
㉡	완만함.	적음.
㉢	완만함.	많음.
㉣	급함.	적음.
㉤	급함.	많음.

① ㉠   ② ㉡   ③ ㉢
④ ㉣   ⑤ ㉤

7종 공통

15 다음 중 퇴적 작용에 대한 설명으로 옳은 것은 어느 것입니까? (   )
① 땅의 표면을 말한다.
② 주로 경사가 급한 곳에서 일어난다.
③ 깎인 돌이나 흙 등이 이동하는 것이다.
④ 운반된 돌이나 흙 등이 쌓이는 것이다.
⑤ 지표의 바위나 돌, 흙 등이 깎여 나가는 것이다.

7종 공통

16 다음 중 강 상류와 강 하류에 대한 설명으로 옳지 않은 것은 어느 것입니까? (   )
① 강 상류 – 강폭이 좁다.
② 강 상류 – 큰 강이 있다.
③ 강 상류 – 강의 경사가 급하다.
④ 강 하류 – 강폭이 넓다.
⑤ 강 하류 – 강의 경사가 완만하다.

7종 공통

17 다음 중 강의 상류에서 주로 활발하게 일어나는 강물의 작용은 어느 것입니까? (   )
① 침식 작용   ② 운반 작용   ③ 퇴적 작용
④ 풍화 작용   ⑤ 단층 작용

7종 공통

18 다음 중 강의 하류 주변에서 주로 볼 수 있는 돌은 어느 것입니까? (   )

①    ②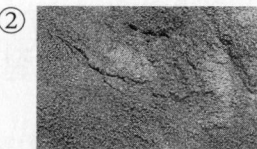

③    ④

천재, 김영사, 동아, 비상, 아이스크림, 지학사

19 오른쪽의 바닷가 모습은 바닷물의 작용으로 만들어진 지형입니다. 이 바닷물의 작용은 어느 것입니까? (   )

△ 구멍 뚫린 바위

① 침식 작용   ② 운반 작용
③ 퇴적 작용   ④ 풍화 작용
⑤ 물빠짐 작용

3 단원

진도 완료 체크

7종 공통

20 다음 보기 에서 바닷물의 퇴적 작용으로 만들어진 지형에 대한 설명이 옳은 것을 모두 고른 것은 어느 것입니까? (   )

보기
㉠ 바닷물에 의해 바위가 깎이면서 구멍이 뚫렸습니다.
㉡ 바닷물이 모래를 쌓아서 모래사장이 만들어졌습니다.
㉢ 바닷물이 바위와 만나는 부분을 계속 깎아서 가파른 절벽이 만들어졌습니다.

① ㉠   ② ㉡   ③ ㉢
④ ㉠, ㉡   ⑤ ㉠, ㉢

· 답안 입력하기   · 온라인 피드백 받기

4. 물질의 상태(1)

❶ 고체와 액체의 성질

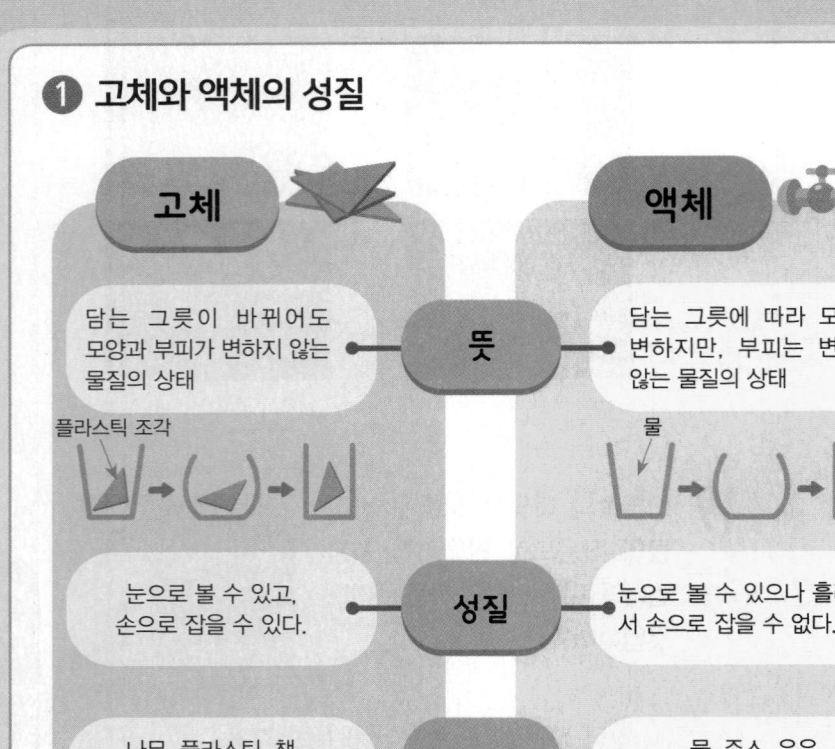

고체	뜻	액체
담는 그릇이 바뀌어도 모양과 부피가 변하지 않는 물질의 상태	뜻	담는 그릇에 따라 모양이 변하지만, 부피는 변하지 않는 물질의 상태
눈으로 볼 수 있고, 손으로 잡을 수 있다.	성질	눈으로 볼 수 있으나 흘러내려서 손으로 잡을 수 없다.
나무, 플라스틱, 책, 컵, 의자 등	예	물, 주스, 우유, 간장, 바닷물 등

플라스틱 조각

물

✷ 중요한 내용을 정리해 보세요!

● 플라스틱 조각을 여러 가지 그릇에 넣었을 때 모양과 부피 변화는?

● 물을 여러 가지 그릇에 옮겨 담았을 때 모양과 부피 변화는?

개념 확인하기

정답 26쪽

🖊 다음 문제를 읽고 답을 찾아 ☐ 안에 ✔표를 하시오.

1 일정한 모양과 부피를 가지고 있는 물질의 상태는 어느 것입니까?

㉠ 고체 ☐ ㉡ 액체 ☐ ㉢ 기체 ☐

2 눈으로 볼 수 있지만, 손으로 잡을 수 없는 것은 어느 것입니까?

㉠ 책 ☐ ㉡ 나무 ☐
㉢ 의자 ☐ ㉣ 간장 ☐

3 주스를 여러 가지 모양의 그릇에 옮겨 담았을 때 변하지 않는 것은 어느 것입니까?

㉠ 주스의 모양 ☐ ㉡ 주스의 부피 ☐

4 액체의 성질로 옳은 것은 어느 것입니까?

㉠ 눈으로 볼 수 없다. ☐
㉡ 손으로 잡을 수 있다. ☐
㉢ 손으로 잡으면 흘러내린다. ☐

5 물질의 상태가 나머지와 다른 하나는 어느 것입니까?

㉠ 컵 ☐ ㉡ 바닷물 ☐
㉢ 지우개 ☐ ㉣ 플라스틱 ☐

❷ 우리 주변에 있는 공기

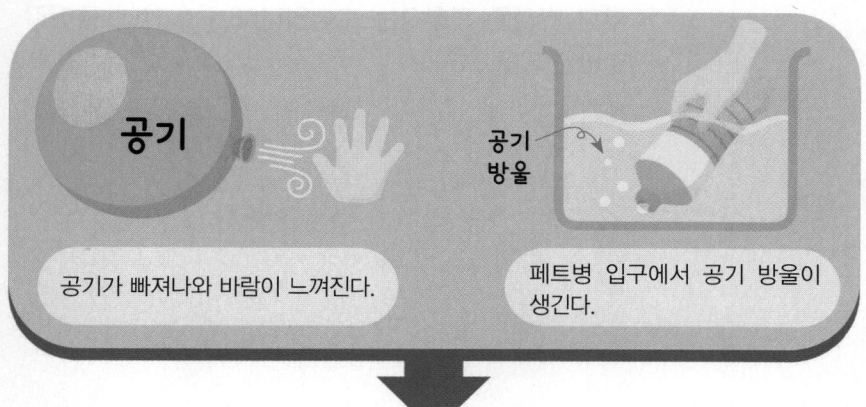

공기

공기가 빠져나와 바람이 느껴진다.

공기 방울

페트병 입구에서 공기 방울이 생긴다.

특징

공기는 눈에 보이지 않지만 우리 주변에 있다.

공기가 있음을 알 수 있는 예

날고 있는 연   공기가 든 튜브   바람에 흔들리는 나뭇가지

✴ 중요한 내용을 정리해 보세요!

● 공기의 특징은?

● 공기가 있음을 알 수 있는 예는?

4
단원

개념 확인하기

정답 26쪽

✍ 다음 문제를 읽고 답을 찾아 ☐ 안에 ✔표를 하시오.

1 부풀린 풍선의 입구를 한 손으로 꼭 쥔 채 손등에 가까이 가져가 쥐었던 손을 살짝 놓으면 어떻게 됩니까?

ㄱ 아무런 변화가 없다. ☐

ㄴ 풍선 입구에서 공기가 빠져나온다. ☐

ㄷ 풍선 속으로 공기가 빨려 들어간다. ☐

2 위 **1**번 실험 결과 손등에 무엇이 느껴집니까?

 ㄱ 열 ☐    ㄴ 부피 ☐    ㄷ 바람 ☐

3 물속에서 부풀린 풍선의 입구를 쥐었던 손을 살짝 놓으면 풍선 입구에서 무엇이 생겨 위로 올라옵니까?

ㄱ 물방울 ☐   ㄴ 공기 방울 ☐

4 눈에 보이지 않지만 우리 주변에 있는 것은 어느 것입니까?

ㄱ 물 ☐   ㄴ 공기 ☐   ㄷ 유리 ☐

5 공기가 있음을 알 수 있는 예가 <u>아닌</u> 것은 어느 것입니까?

ㄱ 날고 있는 연 ☐

ㄴ 책상 위에 있는 공 ☐

ㄷ 바람에 흔들리는 나뭇가지 ☐

1 다음과 같이 나뭇조각을 여러 가지 모양의 그릇에 넣는 실험을 통해 알아보고자 하는 것을 두 가지 고르시오.
(,)

나뭇조각 →

⬆ 나뭇조각을 여러 가지 모양의 그릇에 넣어 보기

① 고체의 모양　　② 고체의 부피
③ 액체의 모양　　④ 액체의 부피
⑤ 기체의 모양

2 다음 중 나뭇조각과 플라스틱 조각의 공통점에 대한 설명으로 옳은 것은 어느 것입니까? ( )

⬆ 나뭇조각을 쌓은 모습　　⬆ 플라스틱 조각을 쌓은 모습

① 단단하지 않다.
② 색깔이 다양하다.
③ 일정한 모양을 가지지 않는다.
④ 담는 그릇이 바뀌면 모양이 변한다.
⑤ 담는 그릇이 바뀌어도 크기가 변하지 않는다.

지학사

3 위 **2**번의 물체를 이루고 있는 물질과 상태가 <u>다른</u> 것을 두 가지 고르시오. (,)
① 쇠구슬　　　② 지우개
③ 바닷물　　　④ 액체 세제
⑤ 플라스틱 주사위

4 다음은 주스를 그릇에 넣은 다음, 다른 그릇에 옮겨 담았다가 처음 사용한 그릇에 다시 옮겨 담으면서 모양과 부피 변화를 관찰하는 모습입니다. ☐ 안에 들어갈 알맞은 말을 쓰시오.

처음 주스의 높이　　처음 주스의 높이

> 처음에 사용한 그릇으로 다시 옮겨 담았을 때 주스의 높이가 처음과 같음을 통해 주스의 ☐이/가 변하지 않는다는 것을 알 수 있습니다.

( )

5 다음과 같은 성질을 띠는 물체나 물질끼리 바르게 짝지은 것은 어느 것입니까? ( )

> • 일정한 모양이 없습니다.
> • 눈으로 볼 수 있지만 손으로 잡을 수 없습니다.
> • 담는 그릇이 바뀌어도 물질이 차지하는 공간의 크기는 변하지 않습니다.

① 책, 가방
② 가방, 식초
③ 간장, 설탕물
④ 소금, 식용유
⑤ 고무풍선, 공기

6 다음 보기에서 여러 가지 물질을 고체와 액체로 분류하는 기준에 대한 설명으로 옳지 <u>않은</u> 것을 골라 기호를 쓰시오.

> **보기**
> ㉠ 담는 그릇에 따른 모양 변화로 분류합니다.
> ㉡ 담는 그릇에 따른 부피 변화로 분류합니다.
> ㉢ 흐르는 성질이 있는지 없는지에 따라 분류합니다.

( )

7 다음 물질의 상태는 무엇인지 ㉠, ㉡에 들어갈 알맞은 말을 각각 쓰시오.

△ 유리컵에 담긴 우유

㉠ 유리컵: ( )
㉡ 우유: ( )

천재

8 다음과 같이 부풀린 풍선의 입구를 한 손으로 꼭 쥔 채 손등에 가까이 가져가 쥐었던 손을 살짝 놓았을 때 나타나는 현상으로 옳은 것에 ○표를 하시오.

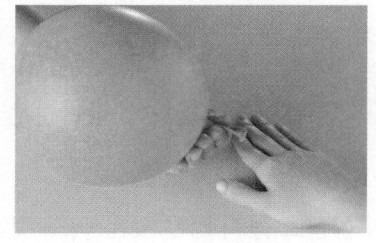

(1) 아무런 느낌이 없습니다. ( )
(2) 풍선의 크기가 점점 커집니다. ( )
(3) 공기가 빠져나와 바람이 느껴집니다. ( )

9 다음의 실험을 할 때 공통으로 나타나는 변화로 옳은 것을 두 가지 고르시오. (,)

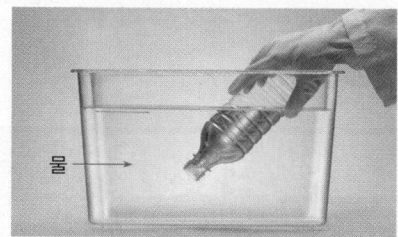

△ 물속에서 빈 페트병 누르기

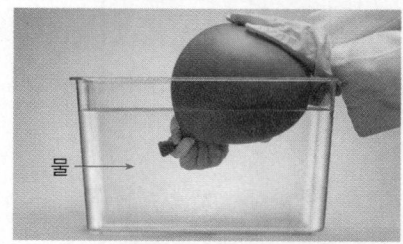

△ 물속에서 부풀린 풍선의 입구를 살짝 놓기

① 아무런 변화가 없다.
② 페트병과 풍선 속으로 물이 들어간다.
③ 페트병과 풍선 입구에서 물방울이 생긴다.
④ 페트병과 풍선 입구에서 공기 방울이 생긴다.
⑤ 페트병과 풍선 입구에서 보글보글 소리가 난다.

천재, 김영사

10 다음과 같은 방법으로 확인할 수 있는 사실로 옳은 것은 어느 것입니까? ( )

> • 날고 있는 연의 모습을 봅니다.
> • 바람에 흔들리는 나뭇가지를 봅니다.
> • 빈 페트병의 입구를 손등에 가까이 가져가 누릅니다.

① 공기는 느낄 수 없다.
② 공기는 그릇에 담을 수 있다.
③ 공기는 고체와 같은 물질의 상태이다.
④ 공기는 액체와 같은 물질의 상태이다.
⑤ 공기는 눈에 보이지 않지만 우리 주변에 있다.

4
단원

❶ 기체의 성질

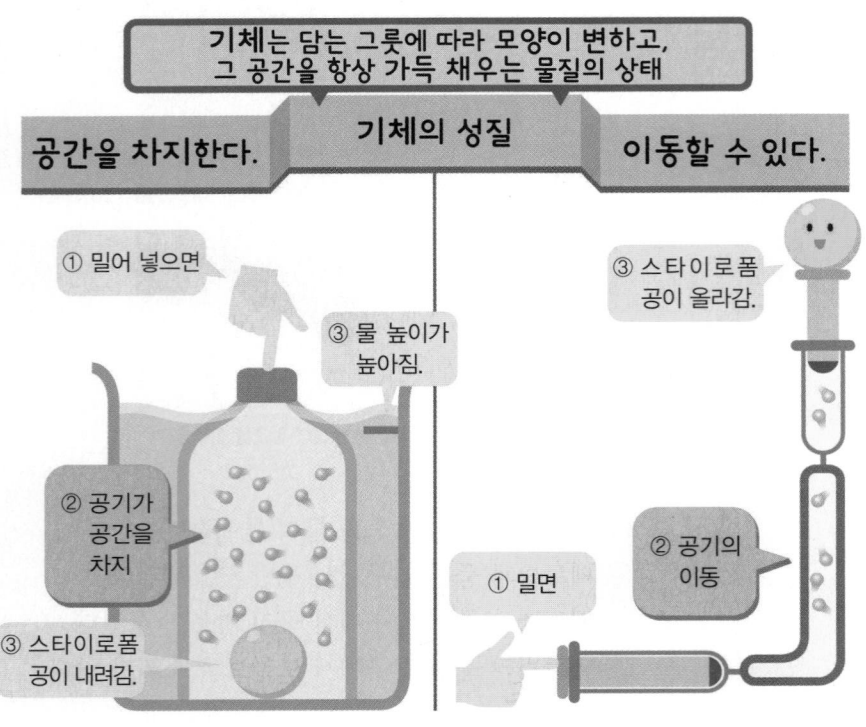

기체는 담는 그릇에 따라 모양이 변하고, 그 공간을 항상 가득 채우는 물질의 상태

공간을 차지한다.   **기체의 성질**   이동할 수 있다.

① 밀어 넣으면

③ 물 높이가 높아짐.

② 공기가 공간을 차지

③ 스타이로폼 공이 내려감.

③ 스타이로폼 공이 올라감.

① 밀면

② 공기의 이동

✳ 중요한 내용을 정리해 보세요!

● 물 위에 스타이로폼 공을 띄운 후, 뚜껑을 닫은 페트병으로 덮어 밀어 넣는 실험을 통해 알 수 있는 공기의 성질은?

● 비닐관으로 연결된 주사기의 피스톤을 밀거나 당기는 실험을 통해 알 수 있는 공기의 성질은?

개념 확인하기

정답 26쪽

🖋 다음 문제를 읽고 답을 찾아 ☐ 안에 ✔표를 하시오.

1 담는 그릇에 따라 모양이 변하고, 그 공간을 항상 가득 채우는 물질의 상태를 무엇이라고 합니까?

㉠ 고체 ☐   ㉡ 액체 ☐   ㉢ 기체 ☐

2 아랫부분이 잘린 페트병의 뚜껑을 닫고 물 위에 띄운 스타이로폼 공을 덮은 뒤, 페트병을 물이 든 수조 바닥까지 밀어 넣으면 어떻게 됩니까?

㉠ 스타이로폼 공의 위치가 변하지 않는다. ☐

㉡ 스타이로폼 공이 수조 바닥까지 내려간다. ☐

3 앞의 **2**번 실험 결과 페트병 안에는 무엇이 들어 있음을 알 수 있습니까?

㉠ 물 ☐   ㉡ 공기 ☐   ㉢ 물과 공기 ☐

4 두 개의 주사기를 비닐관으로 연결한 뒤, 당겨 놓은 주사기의 피스톤을 밀면 어떻게 됩니까?

㉠ 반대쪽 주사기가 움직인다. ☐

㉡ 반대쪽 주사기가 움직이지 않는다. ☐

5 기체의 성질로 옳지 <u>않은</u> 것은 어느 것입니까?

㉠ 기체는 공간을 차지한다. ☐

㉡ 기체는 다른 곳으로 이동할 수 없다. ☐

❷ 기체의 무게

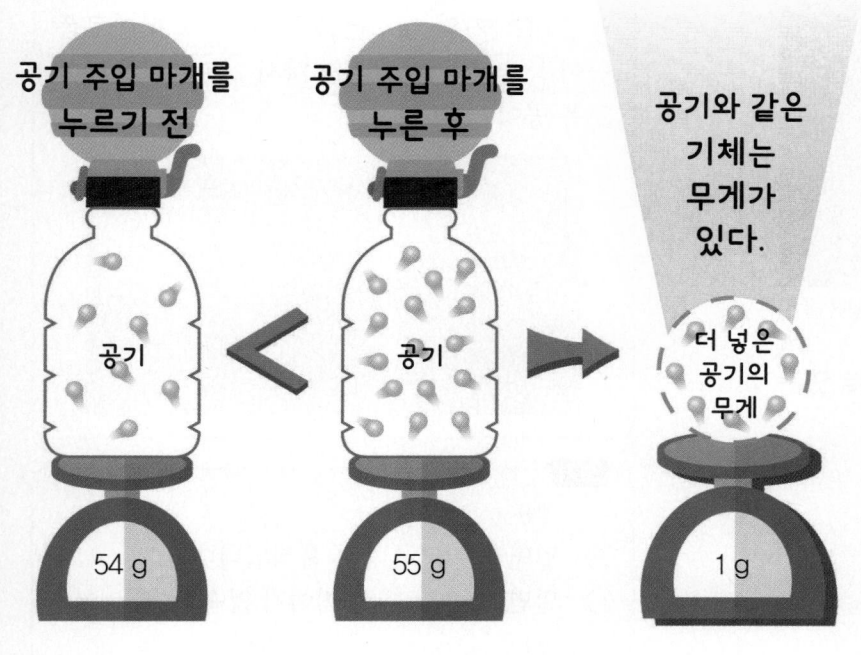

공기 주입 마개를
누르기 전

공기 주입 마개를
누른 후

공기

공기

54 g

55 g

공기와 같은
기체는
무게가
있다.

더 넓은
공기의
무게

1 g

✳ 중요한 내용을 정리해 보세요!

● 페트병 입구에 끼운 공기 주입 마개를 눌렀을 때 누르기 전과 비교하여 누른 후의 무게 변화는?

● 고체, 액체, 기체의 공통점은?

4 단원

개념 확인하기

정답 26쪽

✿ 다음 문제를 읽고 답을 찾아 ☐ 안에 ✔표를 하시오.

1 공기 주입 마개를 끼운 페트병에 대한 설명으로 옳은 것은 어느 것입니까?

㉠ 페트병 안에는 아무것도 없다. ☐

㉡ 페트병 안에는 공기가 들어 있다. ☐

2 공기 주입 마개를 끼운 페트병의 무게를 측정하였을 때 더 가벼운 것은 어느 것입니까?

㉠ 공기 주입 마개를 누르기 전 페트병 ☐

㉡ 공기 주입 마개를 누른 후 페트병 ☐

3 공기 주입 마개를 끼운 페트병의 무게를 측정했을 때 가장 무거운 경우는 어느 것입니까?

㉠ 공기 주입 마개를 한 번 눌렀을 때 ☐

㉡ 공기 주입 마개를 다섯 번 눌렀을 때 ☐

㉢ 공기 주입 마개를 스무 번 눌렀을 때 ☐

4 공기 주입 마개를 끼운 페트병 실험을 통해 알 수 있는 기체의 성질로 옳은 것은 어느 것입니까?

㉠ 기체는 무게가 있다. ☐

㉡ 기체는 다른 곳으로 이동할 수 없다. ☐

5 담는 그릇에 따라 모양이 변하고, 무게가 있는 것끼리 짝지은 것은 어느 것입니까?

㉠ 고체, 액체 ☐   ㉡ 액체, 기체 ☐   ㉢ 기체, 고체 ☐

천재, 비상, 아이스크림, 지학사

[1~3] 다음과 같이 물 위에 스타이로폼 공을 띄운 후, 아랫 부분이 잘린 페트병의 뚜껑을 닫거나 열고 스타이로폼 공을 덮어 수조 바닥까지 밀어 넣으려고 합니다.

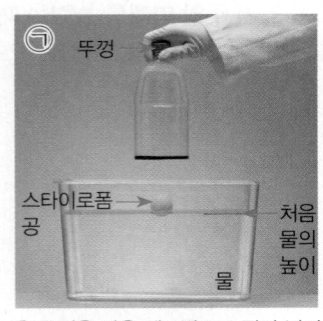

△ 뚜껑을 닫은 페트병으로 밀어 넣기

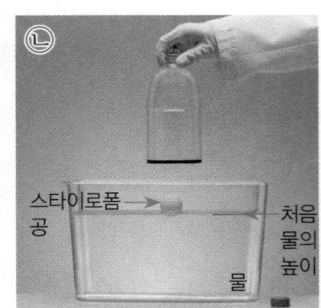

△ 뚜껑을 연 페트병으로 밀어 넣기

천재

1 위 실험 결과 스타이로폼 공이 물 위에 그대로 있는 경우는 어느 것인지 골라 기호를 쓰시오.

( )

천재

2 위 **1**번의 답과 같은 결과가 나타나는 까닭으로 옳은 것은 어느 것입니까? ( )

① 페트병 안에 물이 들어가기 때문이다.
② 페트병이 물에 완전히 잠기기 때문이다.
③ 페트병 안의 공기가 물을 밀어내기 때문이다.
④ 페트병 안에 공기가 가득 들어 있기 때문이다.
⑤ 페트병 안의 공기가 빠져나가지 못하기 때문이다.

천재

3 다음은 위 실험 결과 수조 안 물 높이의 변화에 대한 설명입니다. ☐ 안에 들어갈 알맞은 말을 쓰시오.

> • ㉠ 실험: 물의 높이는 조금 ☐ .
> • ㉡ 실험: 물의 높이는 변화가 없습니다.

( )

천재, 비상, 아이스크림, 지학사

4 다음의 ㈎ ~ ㈐에 각각 들어갈 알맞은 말을 바르게 짝지은 것을 **보기**에서 두 가지 골라 기호를 쓰시오.

> 두 개의 주사기를 비닐관으로 연결한 뒤에 당겨 놓은 주사기의 피스톤을 ㈎ 스타이로폼 공이 ㈏ . 피스톤을 다시 ㈐ 스타이로폼 공이 ㈑ .

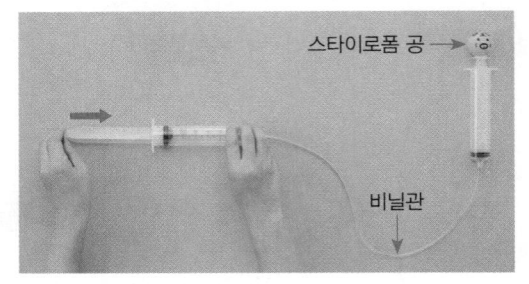

보기

	㈎	㈏
㉠	밀면	움직입니다
㉡	밀면	움직이지 않습니다

	㈐	㈑
㉢	당기면	움직입니다
㉣	당기면	움직이지 않습니다

(,)

천재, 비상, 아이스크림, 지학사

5 위 **4**번의 실험에서 스타이로폼 공이 움직이는 데 이용한 공기의 성질로 옳은 것은 어느 것입니까?

( )

① 공기는 색과 냄새가 없다.
② 공기는 눈에 보이지 않는다.
③ 공기는 모양이 변하지 않는다.
④ 공기는 부피가 변하지 않는다.
⑤ 공기는 다른 곳으로 이동한다.

6 다음 보기는 자전거 타이어에 공기를 넣을 때 공기의 이동 방향을 순서에 관계없이 나타낸 것입니다. 순서대로 기호를 쓰시오.

보기
㉠ 고무관   ㉡ 공기 주입기
㉢ 바깥의 공기   ㉣ 자전거 타이어

㉢ → (   ) → (   ) → (   )

[7~8] 오른쪽의 공기 주입 마개를 끼운 페트병의 무게를 측정하였더니 54.0 g입니다. 물음에 답하시오.

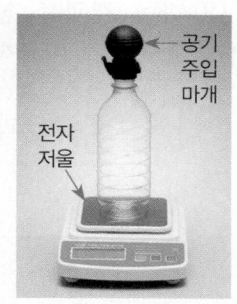

천재, 금성, 김영사, 동아, 비상, 아이스크림

7 다음은 위 페트병의 공기 주입 마개를 누른 후의 결과를 예상한 것입니다. 결과에 맞게 ☐ 안에 들어갈 알맞은 말을 쓰시오.

공기 주입 마개를 눌러 공기를 가득 채운 후 측정한 페트병의 무게는 54.0 g보다 ☐ 것입니다.

(   )

천재, 금성, 김영사, 동아, 비상, 아이스크림

8 위 실험으로 알 수 있는 공기의 성질로 옳은 것은 어느 것입니까? (   )

① 공기는 무게가 있다.
② 공기는 공간을 차지하지 않는다.
③ 공기는 위로 떠오르는 성질이 있다.
④ 공기는 담는 그릇에 따라 모양이 변한다.
⑤ 공기가 가벼운 것은 무게가 없기 때문이다.

9 다음의 튜브와 공 속에 공통으로 들어 있는 물질의 성질에 대한 설명으로 옳은 것은 어느 것입니까?

(   )

⬆ 튜브   ⬆ 공

① 공간을 차지하지 않는다.
② 담긴 그릇을 가득 채운다.
③ 일정한 모양을 가지고 있다.
④ 담는 그릇에 따라 부피가 변하지 않는다.
⑤ 무게가 없고, 다른 곳으로 이동할 수 있다.

10 다음 여러 가지 물체나 물질을 상태에 따라 바르게 분류한 것을 보기에서 골라 기호를 쓰시오.

진도 완료 체크

| (가) | (나) | (다) |

⬆ 운동화   ⬆ 음료수   ⬆ 비눗방울 안의 공기

⬆ 책   ⬆ 분수대의 물   ⬆ 바람개비를 돌리는 공기

보기

	고체	액체	기체
㉠	(가), (나)	(다), (라)	(마), (바)
㉡	(가), (라)	(나), (마)	(다), (바)
㉢	(가), (라)	(나), (바)	(다), (마)
㉣	(나), (다)	(라), (마)	(가), (바)

(   )

연습 🦉 도움말을 참고하여 내 생각을 차근차근 써 보세요.

동아

1 다음은 여러 가지 물질의 특징을 알아보는 실험입니다. [총 10점]

구분	나무 막대		공기
관찰한 내용	네모 모양이고 연한 갈색이며 딱딱함.	흐르고 투명하며 흔들면 출렁거림.	눈에 보이지 않음.
전달 하기	그대로 전달할 수 있음.	전달할 수 있지만 흘러내림.	전달한 것인지 알 수 없음.

(1) 위의 ☐ 안에 들어갈 알맞은 물질을 쓰시오. [2점]

(   )

(2) 위 밑줄 친 부분과 같이 공기를 친구에게 손으로 전달해 줄 때 전달한 것인지 알 수 없었던 까닭을 쓰시오. [8점]

> 🦉 나무 막대는 손으로 잡아 전달할 수 있는데, 공기는 어떻게 전달할 수 있는지 생각해 보세요.
> **꼭 들어가야 할 말** 보이지 않는다 / 잡히지 않는다

2 다음은 주스를 여러 가지 모양의 그릇에 옮겨 담은 뒤 처음에 사용한 그릇에 다시 옮겨 담은 모습입니다. [총 12점]

(1) 위 실험에서 주스 대신 실험해도 같은 결과가 나오는 물질을 두 가지 쓰시오. [2점]

(   )

(2) 다음 결과를 참고하여 위 ㉡과 ㉢ 주스의 부피는 어떠할지 비교하여 쓰시오. [4점]

> 위 ㉠과 ㉣ 주스의 부피는 같습니다.

(3) 위의 (2)번 답을 참고하여 액체란 무엇인지 쓰시오. [6점]

천재, 금성, 김영사, 동아, 비상, 아이스크림

3 오른쪽과 같이 페트병 입구에 공기 주입 마개를 끼워 공기 주입 마개를 열 번 누른 후의 페트병 무게가 54.1 g 입니다. 페트병의 무게를 더 무겁게 하려면 어떻게 해야 하는지와 그렇게 생각한 까닭을 쓰시오. [8점]

공기 주입 마개

전자 저울

동아

1 다음 중 나무 막대, 물, 공기를 비교한 것으로 옳지 <u>않은</u> 것은 어느 것입니까? (   )

① 나무 막대, 물, 공기는 상태가 서로 다르다.

② 물은 눈에 보이지만, 공기는 눈에 보이지 않는다.

③ 물은 손으로 잡을 수 있지만, 공기는 손으로 잡을 수 없다.

④ 나무 막대는 눈에 보이지만, 공기는 눈에 보이지 않는다.

⑤ 나무 막대는 손으로 잡을 수 있지만, 물은 흘러서 손으로 잡을 수 없다.

[2~3] 다음과 같이 나무 막대를 여러 가지 모양의 투명한 그릇에 넣어 보았습니다. 물음에 답하시오.

7종 공통

2 다음 중 위의 실험에서 나무 막대의 모양과 크기 변화를 관찰한 결과로 옳은 것은 어느 것입니까? (   )

	나무 막대의 모양	나무 막대의 크기
①	변함.	늘어남.
②	변함.	변하지 않음.
③	변하지 않음.	줄어듦.
④	변하지 않음.	늘어남.
⑤	변하지 않음.	변하지 않음.

7종 공통

3 위 **2**번과 같은 방법으로 실험하였을 때 같은 결과가 나타나는 물질이 <u>아닌</u> 것은 어느 것입니까? (   )

① 철   ② 종이

③ 소금   ④ 간장

⑤ 플라스틱

7종 공통

4 다음 중 아래의 나무 막대와 플라스틱 막대로 각각 기둥을 쌓아 올리면서 막대를 관찰하고 알 수 있는 공통점으로 옳지 <u>않은</u> 것은 어느 것입니까? (   )

나무 막대   플라스틱 막대

① 비교적 단단하다.

② 눈으로 볼 수 있다.

③ 손으로 잡을 수 있다.

④ 모양을 바꿀 수 있다.

⑤ 크기가 변하지 않는다.

금성

5 다음 중 모래와 같은 가루 물질에 대한 설명으로 옳지 <u>않은</u> 것은 어느 것입니까? (   )

① 가루 물질은 고체 상태이다.

② 작은 알갱이들이 모여 있는 것이다.

③ 다른 그릇에 옮겨도 크기는 변하지 않는다.

④ 가루 전체의 모양은 담는 그릇에 따라 변한다.

⑤ 다른 그릇에 옮기면 알갱이 하나하나의 모양이 변한다.

7종 공통

6 주스를 여러 가지 모양의 그릇에 차례대로 옮겨 담으면서 주스의 모양과 부피를 관찰하는 실험으로 알 수 있는 점이 <u>아닌</u> 것은 어느 것입니까? (   )

① 주스는 모양이 일정하지 않다.

② 주스의 모양은 그릇의 모양과 같다.

③ 주스의 부피는 그릇에 따라 변한다.

④ 그릇의 모양이 바뀌면 주스의 모양도 변한다.

⑤ 주스는 다른 그릇에 옮겨 담아도 부피가 변하지 않는다.

7종 공통

7 다음 중 액체가 <u>아닌</u> 것은 어느 것입니까? (   )

① 우유   ② 식초   ③ 간장

④ 바닷물   ⑤ 유리구슬

4 단원

7종 공통

8 다음 물질들의 공통점으로 옳은 것은 어느 것입니까?
( )

⊙ 비닐 안의 공기　　⊙ 식초　　⊙ 우유

① 색깔이 있다.
② 눈으로 볼 수 있다.
③ 손으로 잡을 수 있다.
④ 모양이 일정하지 않다.
⑤ 담는 그릇에 따라 부피가 변한다.

7종 공통

9 다음 중 우리 주위에 공기가 있음을 알 수 있는 방법으로 옳지 않은 것은 어느 것입니까? ( )

① 부채질을 한다.
② 고무장갑을 껴 본다.
③ 깃발이 날리는 것을 본다.
④ 나뭇가지가 날리는 것을 본다.
⑤ 부풀린 풍선 입구를 손으로 쥐고 있다가 놓아 본다.

[10~11] 다음과 같은 실험을 하면서 나타나는 변화를 관찰하였습니다. 물음에 답하시오.

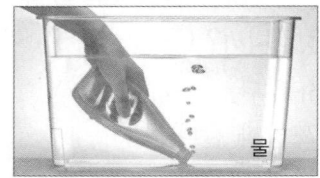 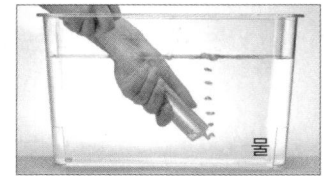

⊙ 물속에서 플라스틱병 누르기　　⊙ 물속에서 주사기 피스톤 밀기

천재, 김영사

10 위 실험 결과에 대한 설명으로 옳은 것은 어느 것입니까? ( )

① 아무런 변화가 없다.
② 공기 방울의 모양이 모두 똑같다.
③ 병과 주사기 속으로 물이 들어간다.
④ 병 입구와 주사기 끝에서 물방울이 생긴다.
⑤ 병 입구와 주사기 끝에서 공기 방울이 생긴다.

천재, 김영사

11 다음 중 앞의 두 실험을 통하여 알 수 있는 사실로 옳은 것은 어느 것입니까? ( )

① 공기는 눈으로 볼 수 있다.
② 공기는 손으로 잡을 수 있다.
③ 공기는 담는 그릇에 따라 모양이 변한다.
④ 공기는 담는 그릇에 따라 부피가 변한다.
⑤ 공기는 눈에 보이지 않지만 우리 주변에 있다.

7종 공통

12 다음 중 공기가 들어 있는 물체가 <u>아닌</u> 것은 어느 것입니까? ( )

① 　　②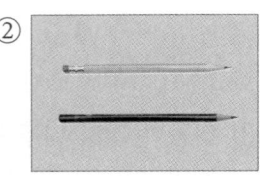

⊙ 축구공　　⊙ 연필

③ 　　④

⊙ 튜브　　⊙ 부푼 풍선

금성, 동아, 아이스크림

13 다음과 같이 바닥에 구멍이 뚫리지 않은 플라스틱 컵으로 물 위에 띄운 페트병 뚜껑을 덮은 뒤 수조 바닥까지 밀어 넣었을 때의 결과로 옳은 것은 어느 것입니까?
( )

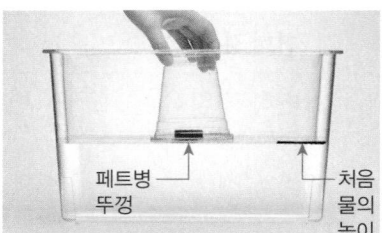

페트병 뚜껑　　처음 물의 높이

① 페트병 뚜껑이 물 위에 그대로 있다.
② 페트병 뚜껑이 컵의 중간에 있다.
③ 수조 안의 물의 높이가 낮아진다.
④ 수조 안의 물의 높이가 높아진다.
⑤ 수조 안의 물의 높이는 변하지 않는다.

14 앞의 **13**번 답과 같은 결과가 나타나는 까닭으로 옳은 것은 어느 것입니까? (   )

① 컵 안으로 물이 들어가기 때문이다.
② 컵 안에 공기가 들어 있기 때문이다.
③ 컵 안의 공기와 물이 섞이기 때문이다.
④ 컵이 수조의 바닥에 닿았기 때문이다.
⑤ 수조 안에 물이 많이 들어 있기 때문이다.

천재, 비상, 아이스크림, 지학사

15 다음과 같이 코끼리 나팔과 주사기를 비닐관으로 연결한 뒤, 당겨 놓은 주사기의 피스톤을 밀었을 때의 결과로 옳은 것은 어느 것입니까? (   )

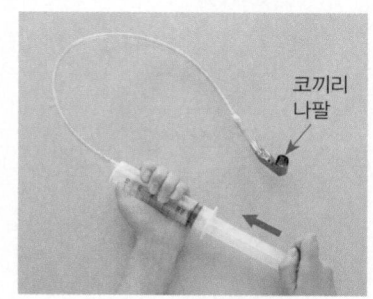

① 코끼리 나팔이 펼쳐진다.
② 코끼리 나팔의 색깔이 변한다.
③ 주사기와 비닐관 속에 들어 있는 공기의 부피가 줄어든다.
④ 주사기와 비닐관 속에 들어 있는 공기의 부피가 늘어난다.
⑤ 주사기 밖에 있는 공기가 코끼리 나팔 안으로 들어간다.

7종 공통

16 다음 중 위 **15**번 실험에서 이용한 공기의 성질은 어느 것입니까? (   )

① 색과 냄새가 없다.
② 눈에 보이지 않는다.
③ 손으로 잡을 수 없다.
④ 다른 곳으로 이동할 수 있다.
⑤ 담는 그릇에 따라 모양과 부피가 변하지 않는다.

7종 공통

17 다음 중 물체가 이용하는 공기의 성질이 나머지와 다른 하나는 어느 것입니까? (   )

① 선풍기
② 탱탱볼
③ 공기베개
④ 자동차 타이어
⑤ 풍선 놀이 틀

천재, 금성, 김영사, 동아, 비상, 아이스크림

18 오른쪽의 공기 주입 마개를 끼운 페트병의 무게는 54.0 g입니다. 공기 주입 마개를 여러 번 누른 후의 페트병의 무게를 측정하였을 때의 결과로 옳지 <u>않은</u> 것은 어느 것입니까? (   )

공기 주입 마개

전자 저울

① 53.0 g
② 54.1 g
③ 54.2 g
④ 54.3 g
⑤ 54.4 g

7종 공통

19 다음 중 공기의 성질에 대한 설명으로 옳지 <u>않은</u> 것은 어느 것입니까? (   )

① 무게가 없다.
② 눈에 보이지 않는다.
③ 다른 곳으로 이동할 수 있다.
④ 담긴 그릇을 항상 가득 채운다.
⑤ 담는 그릇에 따라 모양과 부피가 변한다.

4
단원

진도 완료
체크

7종 공통

20 다음 중 물질의 상태가 같은 것끼리 바르게 짝지은 것은 어느 것입니까? (   )

① 공기, 물, 우유
② 얼음, 나무, 공기
③ 간장, 종이, 고무
④ 꿀, 공기, 플라스틱
⑤ 물, 식용유, 요구르트

· 답안 입력하기   · 온라인 피드백 받기

5. 소리의 성질(1)

① 소리가 나는 물체의 공통점

소리가 나는 트라이앵글

떨림을 멈추게 하면 소리가 나지 않아.

공통점

물체가 떨린다.

소리가 나는 북

소리가 나는 소리굽쇠

물이 튀어.

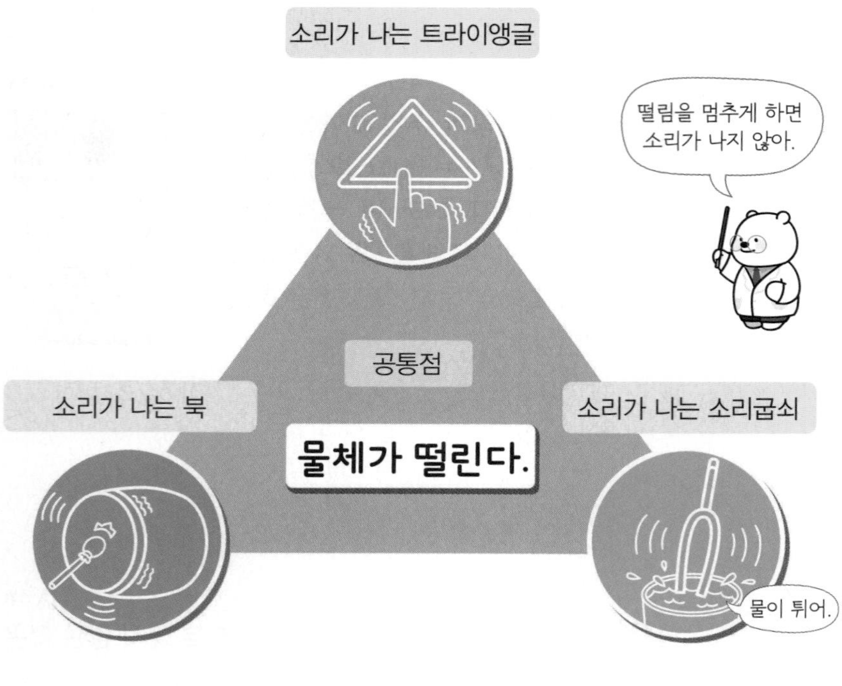

＊중요한 내용을 정리해 보세요!

● 소리가 나는 물체에 손을 댄 느낌은?

● 물체에서 소리가 날 때의 공통점은?

개념 확인하기

정답 29쪽

◑ 다음 문제를 읽고 답을 찾아 ☐ 안에 ✔표를 하시오.

1 손을 대 보면 떨림이 느껴지는 것은 어느 것입니까?

　　㉠ 소리가 나는 트라이앵글 ☐

　　㉡ 소리가 나지 않는 트라이앵글 ☐

2 소리가 나는 소리굽쇠를 물에 대 보면 어떻게 됩니까?

　　㉠ 물이 튄다. ☐

　　㉡ 아무 일도 일어나지 않는다. ☐

3 소리가 나고 있는 소리굽쇠를 손으로 잡으면 어떻게 됩니까?

　　㉠ 소리가 멈춘다. ☐　　㉡ 소리가 커진다. ☐

4 물체에서 소리가 날 때의 공통점은 어느 것입니까?

　　㉠ 손이 떨린다. ☐　　㉡ 물체가 떨린다. ☐

5 소리가 나는 물체의 공통점은 어느 것입니까?

　　㉠ 떨림이 없다. ☐　　㉡ 떨림이 있다. ☐

❷ 소리의 세기와 높낮이

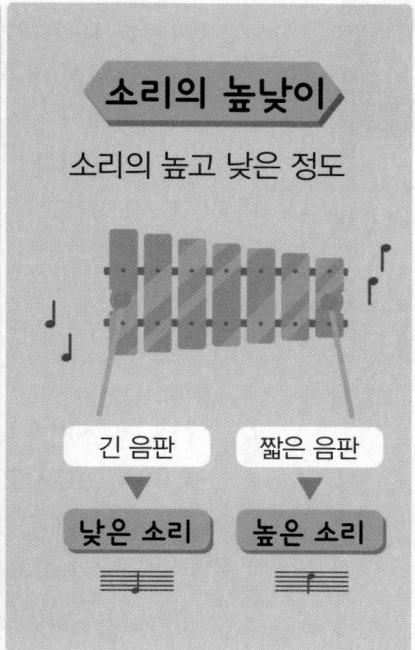

✳ 중요한 내용을 정리해 보세요!

● 소리의 세기란?

● 소리의 높낮이란?

개념 확인하기

정답 29쪽

✿ 다음 문제를 읽고 답을 찾아 ☐ 안에 ✔표를 하시오.

1 북채로 북을 약하게 치면 어떤 소리가 납니까?

　　　　㉠ 큰 소리가 난다. ☐

　　　　㉡ 작은 소리가 난다. ☐

2 북채로 북을 세게 치면 북이 떨리는 정도는 어떠합니까?

　　　　㉠ 북이 작게 떨린다. ☐

　　　　㉡ 북이 크게 떨린다. ☐

　　　　㉢ 북의 떨림이 멈춘다. ☐

3 실로폰 채로 실로폰의 긴 음판을 치면 어떤 소리가 납니까?

　　　　㉠ 낮은 소리가 난다. ☐

　　　　㉡ 높은 소리가 난다. ☐

4 길이가 다른 빨대를 불 때 높은 소리가 나는 것은 어느 것입니까?

　㉠ 긴 빨대 ☐　　　　㉡ 짧은 빨대 ☐

5 소리의 높고 낮은 정도를 무엇이라고 합니까?

　㉠ 소리의 세기 ☐　　　㉡ 소리의 높낮이 ☐

천재 , 금성, 김영사, 비상

1 다음의 물체에 손을 대 보았을 때의 공통적인 결과를 보기 에서 골라 기호를 쓰시오.

⚠ 소리가 나는 트라이앵글에 손을 대 보기

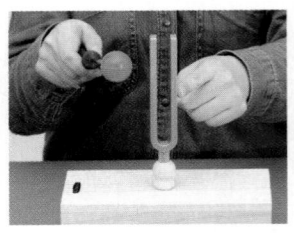
⚠ 소리가 나는 소리굽쇠에 손을 대 보기

⚠ 소리가 나는 스피커에 손을 대 보기

⚠ 소리가 나는 목에 손을 대 보기

보기
㉠ 떨림이 느껴집니다.
㉡ 소리가 더 커집니다.
㉢ 아무 느낌이나 변화가 없습니다.

(   )

2 다음 중 떨림이 <u>없는</u> 물체는 어느 것입니까?
(   )

① 말을 하고 있는 목
② 소리가 나는 심벌즈
③ 북채로 치기 전의 작은북
④ 빠른 날개짓으로 날고 있는 벌
⑤ 줄을 퉁겨서 소리가 나는 가야금

3 다음 보기 에서 소리가 나는 소리굽쇠를 손으로 잡으면 나타나는 현상으로 옳은 것을 골라 기호를 쓰시오.

보기
㉠ 더 큰 소리가 납니다.
㉡ 떨림이 멈추고 소리가 나지 않습니다.
㉢ 떨림이 줄어들었다가 소리굽쇠가 다시 크게 떨립니다.

(   )

4 다음 중 소리가 나는 물체에 대한 설명으로 옳은 것을 두 가지 고르시오. (,   )
① 소리마다 물체의 떨리는 정도는 같다.
② 종을 치면 종이 깨지면서 소리가 난다.
③ 소리가 나는 소리굽쇠를 물에 대 보면 물이 튄다.
④ 소리가 나는 물체를 떨리지 않게 하면 소리가 멈춘다.
⑤ 벌이 날기 위해 날개를 빠르게 움직일 때 소리가 나지 않는다.

천재

5 다음은 작은북을 북채로 약하게 칠 때와 세게 칠 때의 소리를 비교하는 활동입니다. 이 활동에 대한 설명으로 옳지 않은 것은 어느 것입니까? (   )

스타이로폼 공 →

⚠ 작은북을 북채로 약하게 치기

⚠ 작은북을 북채로 세게 치기

① ㉠은 낮은 소리가 난다.
② ㉡은 큰 소리가 난다.
③ 소리의 세기를 비교하는 활동이다.
④ ㉠은 스타이로폼 공이 낮게 튀어 오른다.
⑤ ㉡은 스타이로폼 공이 높게 튀어 오른다.

6 다음 중 소리의 세기와 관련된 이야기를 하는 친구는 누구인지 쓰시오.

> 현아: 선생님의 목소리는 낮은 편이야.
> 민수: 현아는 말이 너무 빠른 것 같아.
> 윤아: 도서관에서는 귓속말로 작게 말해야 돼.
> 수정: 피아노는 높은 소리와 낮은 소리를 낼 수
>   있어.

(   )

7 오른쪽의 다양한 길이의 플라스틱 빨대를 불 때 나는 소리에 대한 설명으로 옳은 것을 보기 에서 골라 기호를 쓰시오.

천재

> 보기
> ㉠ 긴 빨대를 불 때 높은 소리가 납니다.
> ㉡ 짧은 빨대를 불 때 낮은 소리가 납니다.
> ㉢ 빨대의 길이에 따라 다양한 크기의 소리를
>   낼 수 있습니다.
> ㉣ 빨대의 길이에 따라 다양한 높낮이의 소리를
>   낼 수 있습니다.

(   )

8 다음 중 실로폰의 음판을 치면서 소리를 낼 때, 높은 소리를 내는 방법으로 옳은 것은 어느 것입니까?

(   )

① 긴 음판을 친다.
② 짧은 음판을 친다.
③ 음판을 세게 친다.
④ 음판을 약하게 친다.
⑤ 같은 음판을 여러 번 친다.

9 다음과 같이 팬 플루트의 짧은 관과 긴 관을 불면서 소리를 비교하였습니다. 옳게 설명한 것은 어느 것입니까? (   )

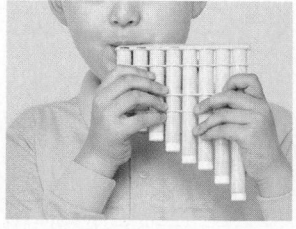 

△ 짧은 관을 불 때   △ 긴 관을 불 때

① 짧은 관을 불면 높은 소리가 나고, 긴 관을 불면 낮은 소리가 난다.
② 짧은 관을 불면 낮은 소리가 나고, 긴 관을 불면 높은 소리가 난다.
③ 짧은 관을 불면 큰 소리가 나고, 긴 관을 불면 작은 소리가 난다.
④ 짧은 관을 불면 작은 소리가 나고, 긴 관을 불면 큰 소리가 난다.
⑤ 관의 길이에 따라 소리의 높낮이는 달라지지 않는다.

10 다음 중 우리 생활에서 높은 소리를 이용하는 경우가 아닌 것은 어느 것입니까? (   )

① 뱃고동으로 신호를 보낸다.
② 실로폰의 짧은 음판을 쳐서 연주한다.
③ 화재 비상벨 소리로 불이 난 것을 알린다.
④ 해수욕장 안전 요원이 호루라기를 불어 위험을 알린다.
⑤ 구급차의 경보음으로 위급한 환자가 타고 있는 것을 주변에 알린다.

5
단원

❶ 소리의 전달

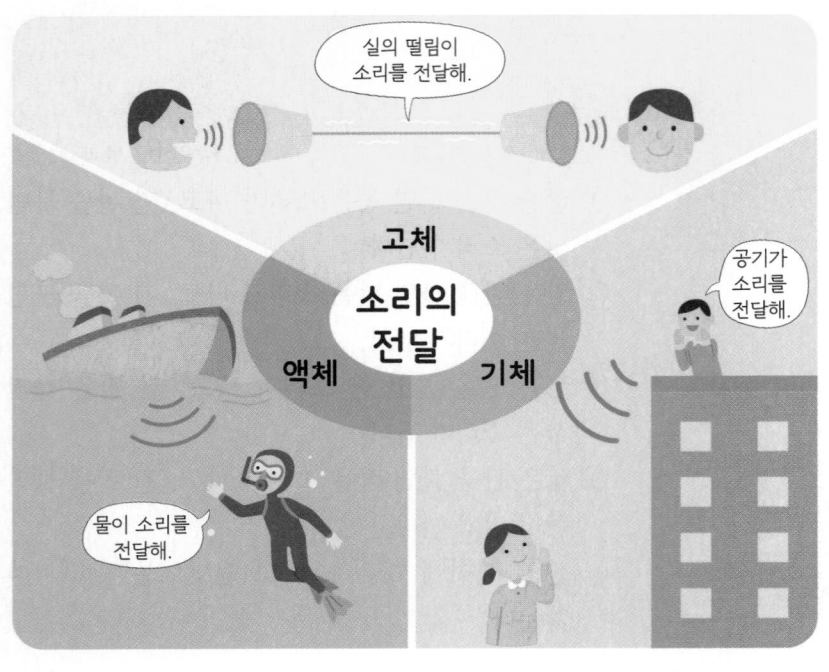

✳ 중요한 내용을 정리해 보세요!

● 소리의 전달 방법은?

● 실 전화기에서 소리를 전달하는 것은?

개념 확인하기

정답 29쪽

🍃 다음 문제를 읽고 답을 찾아 ☐ 안에 ✔표를 하시오.

1 배에서 나는 소리는 무엇을 통해 잠수부에게 전달됩니까?

㉠ 배 ☐	㉡ 물 ☐
㉢ 공기 ☐	㉣ 없다. ☐

2 운동장에서 친구를 부르는 소리는 무엇을 통해 전달됩니까?

㉠ 땅 ☐	㉡ 공기 ☐

3 소리는 어떤 상태의 물질을 통해 전달되는지 모두 고르시오.

㉠ 고체 ☐	㉡ 액체 ☐	㉢ 기체 ☐

4 실 전화기에서 소리는 어떻게 전달됩니까?

㉠ 실이 떨리면서 ☐
㉡ 실의 떨림이 멈추면서 ☐

5 실 전화기에서 소리를 전달하는 것은 어떤 상태의 물질입니까?

㉠ 기체 ☐	㉡ 액체 ☐	㉢ 고체 ☐

② 소리의 반사

소리가 나아가다 물체에 부딪쳐 되돌아오는 성질

소리가 잘 반사됨.

딱딱한 물체 → 나무판자

소리가 나는 스피커

크게 들려.

소리가 잘 반사되지 않음.

부드러운 물체 → 스펀지

소리가 나는 스피커

작게 들려.

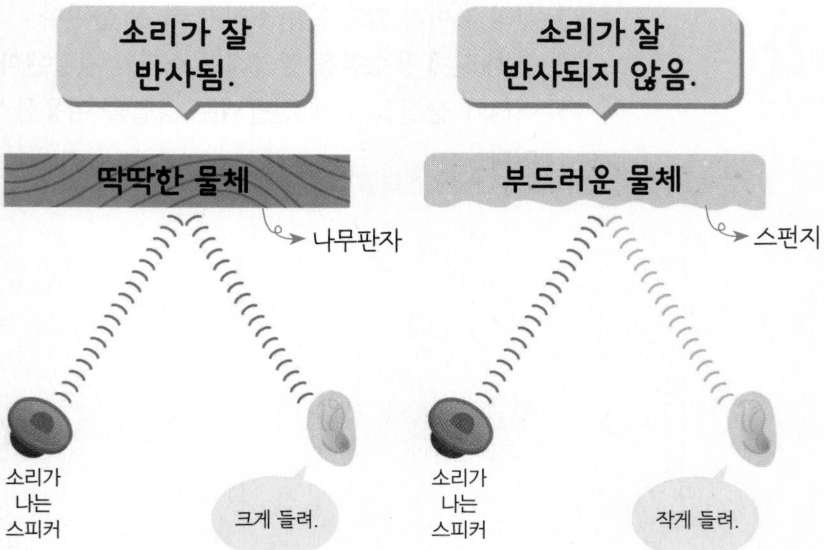

✲ 중요한 내용을 정리해 보세요!

● 소리의 반사란?

● 물질에 따라 소리가 반사되는 정도는?

개념 확인하기

정답 29쪽

✍ 다음 문제를 읽고 답을 찾아 ☐ 안에 ✔표를 하시오.

1 소리가 나아가다가 물체에 부딪쳐 되돌아오는 성질을 무엇이라고 합니까?

　㉠ 소리의 반사 ☐　　㉡ 소리의 전달 ☐

　㉢ 소리의 세기 ☐　　㉣ 소리의 높낮이 ☐

2 소리가 가장 잘 반사되는 것은 어느 것입니까?

　㉠ 스펀지 ☐

　㉡ 나무판자 ☐

　㉢ 스타이로폼 ☐

3 소리가 더 크게 들리는 경우는 어느 것입니까?

　㉠ 소리가 스펀지에 반사될 때 ☐

　㉡ 소리가 나무판자에 반사될 때 ☐

5
단원

4 소리가 잘 반사되는 물체는 어느 것입니까?

　㉠ 딱딱한 물체 ☐　　㉡ 부드러운 물체 ☐

5 산에서 울리는 메아리와 관련 있는 소리의 성질은 어느 것입니까?

　㉠ 소리의 반사 ☐

　㉡ 소리의 높낮이 ☐

천재, 금성, 김영사, 동아, 지학사

1 다음과 같이 책상에 귀를 대고 책상 두드리는 소리를 들어 보았습니다. 책상 두드리는 소리를 전달하는 물질의 상태를 쓰시오.

△ 책상에 귀를 대고 책상 두드리는 소리를 들을 때

(   )

2 다음의 경우에서 소리를 전달하는 물질의 상태를 각각 쓰시오.

△ 멀리서 부르는 소리 듣기   △ 바닷속에서 배의 소리 듣기

(   )   (   )

3 다음은 소리의 전달에 대한 설명입니다. ☐ 안에 공통으로 들어갈 알맞은 말을 쓰시오.

> • 생활에서 우리가 듣는 소리는 대부분 ☐ 을/를 통해 전달됩니다.
> • 우주나 달에는 소리를 전달해 주는 ☐ 이/가 없기 때문에 소리가 들리지 않습니다.

(   )

4 다음 중 실 전화기에 대한 설명으로 옳지 <u>않은</u> 것은 어느 것입니까? (   )

① 실의 떨림이 소리를 전달한다.
② 실을 느슨하게 하면 소리가 더 잘 들린다.
③ 실의 길이가 짧을수록 소리가 더 잘 들린다.
④ 실 대신에 용수철을 연결해도 소리가 전달된다.
⑤ 소리가 물질을 통해 전달되는 성질을 이용한 것이다.

비상, 지학사

5 다음과 같이 숟가락에 연결한 실을 귀에 걸고 젓가락으로 숟가락을 두드리는 소리를 들어 보았습니다. 이 활동에 대한 설명으로 옳은 것을 두 가지 고르시오.

(,   )

① 숟가락을 두드리는 소리가 크게 들린다.
② 실을 손으로 잡고 있으면 소리가 더 잘 들린다.
③ 숟가락을 두드리는 소리가 실을 통해 전달된다.
④ 숟가락을 두드리는 소리가 공기를 통해 전달된다.
⑤ 아무 소리도 들리지 않는다.

김영사, 아이스크림

[6~7] 다음은 여러 가지 물체를 이용하여 소리의 성질을 알아보는 활동입니다. 물음에 답하시오.

소리가 나는 이어폰

△ 아무것도 세우지 않고 소리 듣기

스펀지

△ 스펀지를 세우고 소리 듣기

나무판자

△ 나무판자를 세우고 소리 듣기

천재

6 다음 중 위의 활동에 대한 설명으로 옳은 것은 어느 것입니까? (   )

① ㉠의 소리가 가장 크다.
② ㉡의 소리가 가장 작다.
③ ㉢의 소리가 가장 크다.
④ ㉠과 ㉡의 경우 소리가 들리지 않는다.
⑤ ㉠, ㉡, ㉢의 소리의 크기는 모두 같다.

7 다음 중 위 **6**번의 답과 같이 생각한 까닭으로 옳은 것은 어느 것입니까? (   )

① 부드러운 물체는 소리가 잘 전달된다.
② 소리는 딱딱한 물체에는 반사가 잘 된다.
③ 소리는 부드러운 물체에는 반사가 잘 된다.
④ 소리는 물체에 부딪치면 되돌아오지 않는다.
⑤ 소리가 반사되는 정도는 물질에 따라 다르지 않다.

8 다음 중 소리의 반사와 관련 없는 것은 어느 것입니까? (   )

① △ 음악실 방음벽

② △ 도로 방음벽

반사판

③ △ 공연장 천장에 설치된 반사판

④

나무판

소리가 나는 스피커

△ 나무판 들고 소리 듣기

9 다음은 공통적으로 소리의 어떤 성질 때문에 나타나는 현상인지 쓰시오.

• 산에서 울리는 메아리
• 동굴에서 울리는 소리
• 텅 빈 체육관에서 손뼉을 쳤을 때 잠시 뒤에 다시 들리는 박수 소리

(   )

진도 완료 체크

10 다음 중 소음을 줄이는 방법으로 옳지 않은 것은 어느 것입니까? (   )

① 도로에 방음벽을 설치한다.
② 공사장 주변에 방음벽을 설치한다.
③ 소리가 큰 스피커의 소리를 줄인다.
④ 아이들이 뛰는 바닥에 이중창을 설치한다.
⑤ 음악실의 벽에 소리가 잘 전달되지 않는 물질을 붙인다.

천재, 금성, 비상, 지학사

연습 🐱 도움말을 참고하여 내 생각을 차근차근 써 보세요.

1 다음과 같이 소리가 나는 목에 손을 대 보고, 소리가 나는 소리굽쇠를 물에 대 보았습니다. [총 10점]

ⓒ 소리를 내면서 목에 손을 대 보기

ⓒ 소리가 나는 소리굽쇠를 물에 대 보기

(1) 다음은 위 실험 ㉠의 결과입니다. ☐ 안에 들어갈 알맞은 말을 쓰시오. [2점]

손에서 ☐ 이/가 느껴집니다.

( )

(2) 위 실험 ㉡에서 나타나는 현상을 쓰시오. [4점]

_____

_____

(3) 위 두 실험을 참고로, 물체에서 소리가 날 때의 공통점을 쓰시오. [4점]

🐱 소리가 나는 목이나 소리굽쇠에서 공통적으로 나타나는 현상을 생각해 보세요.

꼭 들어가야 할 말 떨린다

_____

_____

2 다음과 같이 팬 플루트와 실로폰을 이용해 소리의 높낮이를 비교해 보았습니다. [총 10점]

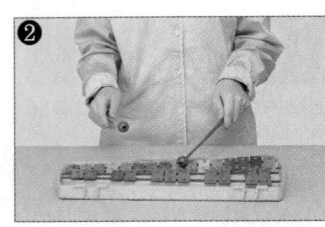

팬 플루트의 관을 불면서 높은 소리가 날 때와 낮은 소리가 날 때의 관의 길이 비교하기

실로폰의 음판을 치면서 높은 소리가 날 때와 낮은 소리가 날 때의 음판의 길이 비교하기

(1) 위의 팬 플루트와 실로폰은 무엇에 따라 소리의 높낮이가 달라지는지 ☐ 안에 공통으로 들어갈 알맞은 말을 쓰시오. [2점]

팬 플루트는 관의 ☐ 에 따라 소리의 높낮이가 달라지고, 실로폰은 음판의 ☐ 에 따라 소리의 높낮이가 달라집니다.

( )

(2) 위 과정 ❶에서 높은 소리가 날 때 팬 플루트의 관의 길이는 어떠한지 쓰시오. [4점]

_____

_____

(3) 위 과정 ❷에서 높은 소리가 날 때 실로폰의 음판의 길이는 어떠한지 쓰시오. [4점]

_____

_____

3 소음을 줄이는 방법 한 가지를 소리의 성질과 관련하여 쓰시오. [8점]

_____

_____

7종 공통

1 다음 중 물체에서 소리가 날 때의 공통점으로 옳은 것은 어느 것입니까? ( )

① 물체가 떨린다.
② 물체가 차가워진다.
③ 물체에서 열이 난다.
④ 물체에 손을 댈 때만 떨린다.
⑤ 아무 일도 일어나지 않는다.

천재, 금성, 김영사, 지학사

2 다음과 같이 소리가 나는 소리굽쇠를 물에 대 보았을 때 나타나는 현상으로 옳은 것은 어느 것입니까?
( )

① 소리가 커진다.
② 물이 튀어 오른다.
③ 물의 양이 늘어난다.
④ 물의 색깔이 변한다.
⑤ 소리굽쇠의 모양이 변한다.

천재, 금성, 김영사, 비상

3 다음 중 소리가 나는 소리굽쇠를 손으로 세게 움켜잡을 때 나타나는 현상으로 옳은 것은 어느 것입니까?
( )

① 소리가 멈춘다.
② 소리가 맑아진다.
③ 소리가 점점 커진다.
④ 소리가 작아졌다가 커진다.
⑤ 소리가 커졌다가 작아진다.

7종 공통

4 다음 중 우리 생활에서 소리의 세기를 조절하여 소리를 내는 경우가 <u>아닌</u> 것은 어느 것입니까? ( )

① 멀리 있는 친구를 부를 때
② 아기에게 자장가를 불러줄 때
③ 피아노로 조용한 곡을 연주할 때
④ 수업 시간에 친구들 앞에서 발표할 때
⑤ 실로폰 채로 실로폰의 긴 음판과 짧은 음판을 같은 힘으로 칠 때

7종 공통

5 다음에서 설명하는 소리의 성질은 어느 것입니까?
( )

> 물체가 떨리는 정도에 따라 달라지며, 소리의 크고 작은 정도를 말합니다.

① 소리의 세기   ② 소리의 전달
③ 소리의 떨림   ④ 소리의 반사
⑤ 소리의 높낮이

7종 공통

6 위 **5**번에서 설명하는 소리의 성질과 물체가 떨리는 정도의 관계를 바르게 설명한 것은 어느 것입니까?
( )

① 물체가 크게 떨리면 높은 소리가 난다.
② 물체가 작게 떨리면 낮은 소리가 난다.
③ 큰 소리가 날 때 물체는 작게 떨린다.
④ 작은 소리가 날 때 물체는 크게 떨린다.
⑤ 물체의 떨림이 클 때 소리가 크게 나고, 물체의 떨림이 작을 때 소리가 작게 난다.

금성, 비상

7 오른쪽 팬 플루트의 관을 불 때 가장 높은 소리가 나는 것은 어느 것입니까? ( )

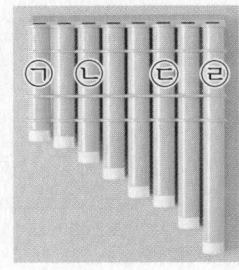

① ㉠   ② ㉡
③ ㉢   ④ ㉣
⑤ 소리의 높낮이는 모두 같다.

5
단원

7종 공통

8 다음 중 소리의 높낮이를 이용하여 연주하는 악기는 어느 것입니까? ( )

① 징   ② 북   ③ 작은북

④ 실로폰   ⑤ 트라이앵글

천재, 금성, 김영사, 동아, 지학사

9 다음 중 구급차 소리, 화재 비상벨처럼 긴급한 상황을 알릴 때 이용하는 소리는 어느 것입니까? ( )

① 메아리   ② 높은 소리

③ 낮은 소리   ④ 작은 소리

⑤ 큰 소리와 작은 소리

7종 공통

10 다음 중 고체를 통해 소리가 전달되는 경우는 어느 것입니까? ( )

① 철봉에 귀를 대고 철봉을 두드리는 소리를 들음.

② 바닷속에서 잠수부들은 먼 곳에서 오는 배의 소리를 들음.

③ 멀리서 친구가 부르는 소리를 들음.

④ 수중 발레 선수는 수중 스피커로 음악을 들음.

⑤ 스피커에서 나오는 음악을 들음.

천재

11 다음 중 공기를 통해서 소리가 전달되는 경우는 어느 것입니까? ( )

△ 책상에 귀를 대고 책상을 두드리는 소리 듣기

△ 배에서 나는 소리 듣기

△ 스피커에서 나는 소리 듣기

△ 실에 연결된 숟가락을 치고 소리 듣기

천재

12 다음 중 오른쪽과 같이 물속에 있는 스피커에서 나는 소리를 들을 때, 스피커에서 나는 소리를 전달하는 물질의 상태를 모두 고른 것은 어느 것입니까? ( )

물   소리가 나는 스피커

① 고체   ② 액체   ③ 기체

④ 고체, 액체   ⑤ 액체, 기체

비상

13 다음과 같이 공기를 뺄 수 있는 장치에 소리가 나는 스피커를 넣고 공기를 빼면 나타나는 현상으로 옳은 것은 어느 것입니까? ( )

공기를 뺄 수 있는 장치 →

소리가 나는 스피커

① 소리가 커진다.   ② 소리가 작아진다.

③ 소리가 낮아진다.   ④ 소리가 높아진다.

⑤ 아무 변화 없다.

비상

14 위 **13**번의 답을 고른 까닭으로 옳은 것은 어느 것입니까? ( )

① 공기가 늘어나서 소리가 잘 전달되기 때문이다.

② 공기가 줄어들어서 소리가 잘 전달되기 때문이다.

③ 공기가 늘어나서 소리가 잘 전달되지 않기 때문이다.

④ 공기가 줄어들어서 소리가 잘 전달되지 않기 때문이다.

⑤ 공기가 늘어나거나 줄어드는 것과 소리는 아무 관계없다.

천재, 금성, 김영사, 동아, 지학사

15 다음 중 실 전화기를 만드는 방법을 순서대로 바르게 나열한 것은 어느 것입니까? (   )

> **1** 구멍에 실을 넣기
> **2** 실의 한쪽 끝에 클립을 묶기
> **3** 다른 종이컵도 같은 방법으로 만들기
> **4** 종이컵 바닥에 누름 못으로 구멍 뚫기

① **1**, **2**, **3**, **4**
② **1**, **3**, **2**, **4**
③ **4**, **1**, **2**, **3**
④ **4**, **2**, **3**, **1**
⑤ **4**, **3**, **2**, **1**

천재, 금성, 김영사, 동아, 지학사

16 다음 중 실 전화기로 소리를 전달할 때에 대한 설명으로 옳은 것은 어느 것입니까? (   )

① 소리가 잘 전달되지 않는다.
② 실을 손으로 잡고 소리를 전달한다.
③ 실의 떨림으로 소리가 전달된다.
④ 실이 길수록 소리가 잘 전달된다.
⑤ 종이컵에 입을 대고 소리를 내면 실에서 소리를 들을 수 있다.

김영사, 아이스크림

17 오른쪽과 같이 소리가 나는 스피커를 통 속에 넣은 뒤, 통의 위쪽에서 나무판을 들고 소리를 들었습니다. 이에 대한 설명으로 옳은 것은 어느 것입니까? (   )

나무판
스피커

① 소리의 반사를 알아보는 실험이다.
② 소리가 나무판에서 잘 반사되지 않는다.
③ 소리는 고체를 통해 전달됨을 알 수 있다.
④ 나무판이 소리의 전달을 막아 소리가 잘 들리지 않는다.
⑤ 아무것도 들지 않고 소리를 들을 때보다 소리가 작게 들린다.

7종 공통

18 다음 중 우리 생활에서 소리가 반사되는 성질과 관련이 가장 적은 것은 어느 것입니까? (   )

① 산에서 메아리가 들린다.
② 체육관에서 박수 소리가 울린다.
③ 실 전화기로 친구와 대화를 나눈다.
④ 목욕탕에서 소리를 내면 소리가 울린다.
⑤ 공연장 천장에 반사판을 설치하여 소리를 골고루 전달한다.

7종 공통

19 다음은 소음을 줄이는 방법을 소리의 성질과 관련지어 설명한 것입니다. ㉠, ㉡에 들어갈 말을 바르게 짝지은 것은 어느 것입니까? (   )

> • 음악실 방음벽: 소리의 ㉠ 을/를 줄입니다.
> • 도로 방음벽: 소리를 ㉡ 시킵니다.

	㉠	㉡
①	세기	전달
②	전달	반사
③	반사	흡수
④	떨림	전달
⑤	세기	반사

7종 공통

20 다음 중 보기에서 공동 주택에서 생기는 소음을 줄이는 방법으로 옳은 것을 모두 고른 것은 어느 것입니까? (   )

> **보기**
> ㉠ 바닥에 소음 방지 매트를 깝니다.
> ㉡ 밤늦게 청소기를 사용하지 않습니다.
> ㉢ 층간 소음을 줄이기 위해 빨리 뛰어다닙니다.

① ㉠
② ㉡
③ ㉢
④ ㉠, ㉡
⑤ ㉡, ㉢

5
단원

진도 완료 체크

• 답안 입력하기   • 온라인 피드백 받기

천재, 금성, 비상, 아이스크림, 지학사

1 다음 중 주변에서 볼 수 있는 공벌레의 특징으로 옳은 것은 어느 것입니까? (   )

① 다리가 여섯 개이다.
② 몸이 비늘로 덮여 있다.
③ 물웅덩이에서 볼 수 있다.
④ 몸이 머리, 가슴, 배 부분으로 구분된다.
⑤ 위험을 느끼면 몸을 공처럼 둥글게 만든다.

7종 공통

2 동물을 다음과 같이 두 무리로 나눈 기준은 어느 것입니까? (   )

| 붕어, 개구리, 뱀 | 박쥐, 잠자리, 참새 |

① 독이 있는 동물과 독이 없는 동물
② 털이 있는 동물과 털이 없는 동물
③ 날 수 있는 동물과 날 수 없는 동물
④ 땅에 사는 동물과 바다에 사는 동물
⑤ 다리가 있는 동물과 다리가 없는 동물

김영사, 동아, 아이스크림, 지학사

3 다음 중 상어 피부의 특징을 생활 속에서 활용한 예는 어느 것입니까? (   )

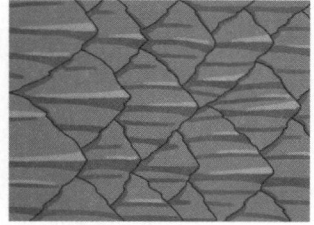

⬆ 매우 작은 돌기가 있는 상어 피부

① 로봇   ② 흡착판   ③ 물갈퀴
④ 집게 차   ⑤ 전신 수영복

천재, 금성, 비상, 아이스크림, 지학사

4 다음 중 붕어와 고등어의 공통점이 <u>아닌</u> 것은 어느 것입니까? (   )

⬆ 붕어   ⬆ 고등어

① 바닷속에서 산다.
② 지느러미가 있다.
③ 아가미로 숨을 쉰다.
④ 물속에서 헤엄치며 이동한다.
⑤ 몸이 부드럽게 굽은 형태이다.

천재, 아이스크림

5 다음 보기에서 사막이나 극지방에서 사는 동물에 대한 설명으로 옳은 것끼리 모두 고른 것은 어느 것입니까? (   )

보기
㉠ 북극에서 사는 북극여우는 귀가 작습니다.
㉡ 북극에서 사는 펭귄은 귀와 꼬리가 작고 뭉툭합니다.
㉢ 사막에서 사는 낙타는 등에 있는 혹에 지방을 저장합니다.
㉣ 사막에서 사는 도마뱀은 몸에 비해 큰 귀로 체온 조절을 합니다.

① ㉠, ㉡   ② ㉠, ㉢   ③ ㉠, ㉣
④ ㉡, ㉢   ⑤ ㉢, ㉣

6 다음 두 흙을 관찰할 때 살펴보아야 할 점으로 적당하지 **않은** 것은 어느 것입니까? (   )

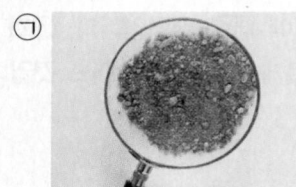  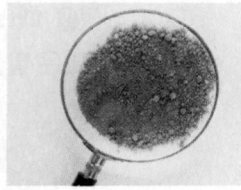

① 무게
② 색깔
③ 만져 본 느낌
④ 알갱이의 크기
⑤ 알갱이의 종류

7 오른쪽은 자연에서 바위가 부서지는 경우를 나타낸 것입니다. 이에 대한 설명으로 옳은 것은 어느 것입니까?

(   )

① 빗물이 바위를 녹인다.
② 흐르는 물에 의해 바위가 부서진다.
③ 바람에 날린 모래 등에 의해 바위가 부서진다.
④ 바위틈에서 나무뿌리가 자라면서 바위를 부순다.
⑤ 바위틈으로 스며든 물이 얼면서 바위를 부순다.

8 다음은 흙 언덕을 만들고, 위쪽에서 물을 흘려 보낸 후 변화된 모습을 관찰하는 실험입니다. 이에 대한 설명으로 옳지 **않은** 것은 어느 것입니까? (   )

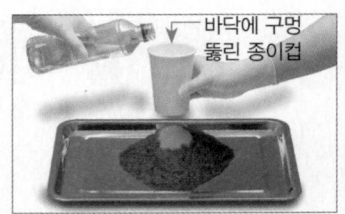
바닥에 구멍 뚫린 종이컵

① 흙 언덕의 위쪽은 경사가 급하다.
② 흙 언덕의 아래쪽은 경사가 완만하다.
③ 흐르는 물은 흙 언덕의 모습을 변화시킨다.
④ 실험 결과 흙이 깎이는 곳도 있고, 흙이 쌓이는 곳도 있다.
⑤ 실험 결과 흙 언덕의 위쪽은 퇴적 작용이 활발하게 일어난다.

9 다음은 강 주변의 모습에 대한 설명입니다. ☐ 안에 들어갈 알맞은 말은 어느 것입니까? (   )

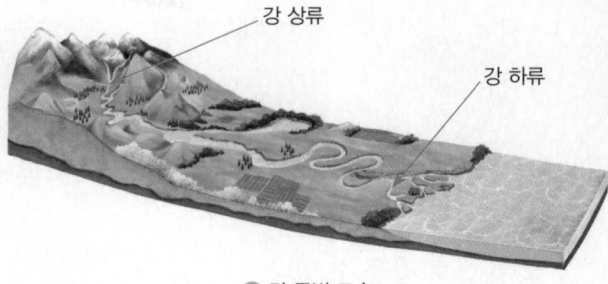
강 상류
강 하류

⌃ 강 주변 모습

강 상류는 강 하류에 비해 강폭이 좁고 강의 경사가 급합니다. 강 상류에서는 큰 바위를 많이 볼 수 있고, 강 하류에서는 모래나 진흙을 많이 볼 수 있습니다. 오랜 시간 동안 흐르는 강물에 의해 강 주변의 모습은 ☐☐☐☐.

① 서서히 변화한다
② 급격히 변화한다
③ 침식 작용에 의해서만 변화한다
④ 운반 작용에 의해서만 변화한다
⑤ 퇴적 작용에 의해서만 변화한다

10 다음 중 바닷가의 모래사장에 대한 설명으로 옳은 것은 어느 것입니까? (   )

① 파도가 센 곳에서 만들어졌다.
② 물살이 빠른 곳에서 만들어졌다.
③ 고운 흙이나 모래가 많이 쌓여 있다.
④ 바다 쪽으로 튀어나온 바닷가 육지에서 볼 수 있다.
⑤ 파도에 의한 침식 작용이 활발한 곳에서 만들어졌다.

11 다음 물체들의 공통적인 성질로 옳지 <u>않은</u> 것은 어느 것입니까? ( )

 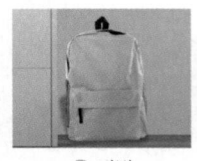 

ⓐ 책 　　　ⓐ 가방 　　　ⓐ 나뭇조각

① 눈으로 볼 수 있다.
② 손으로 잡을 수 있다.
③ 손으로 전달할 수 있다.
④ 담는 그릇에 따라 부피가 변한다.
⑤ 담는 그릇에 따라 모양이 변하지 않는다.

12 다음 중 물과 주스를 관찰한 결과로 옳지 <u>않은</u> 것은 어느 것입니까? ( )

① 물과 주스는 흐른다.
② 물과 주스는 색깔이 있다.
③ 물과 주스는 눈으로 볼 수 있다.
④ 물과 주스는 흔들면 출렁거린다.
⑤ 물과 주스는 손으로 잡을 수 없다.

13 다음 중 공기가 들어 있는 물체가 <u>아닌</u> 것은 어느 것입니까? ( )

① 튜브 　　　② 부채 　　　③ 축구공
④ 뽁뽁이 　　⑤ 풍선 미끄럼틀

14 다음은 바닥에 구멍이 뚫리지 않은 플라스틱 컵을 뒤집어 물 위에 띄운 페트병 뚜껑을 덮은 뒤 수조 바닥까지 밀어 넣었을 때의 결과에 대한 설명입니다. ㉠과 ㉡에 들어갈 알맞은 말을 바르게 짝지은 것은 어느 것입니까? ( )

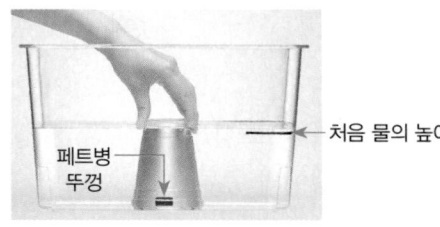

페트병 뚜껑 ←── 처음 물의 높이

컵 안의 공기의 부피만큼 물이 밀려나오므로 페트병 뚜껑이 [㉠], 수조의 물 높이는 [㉡].

	㉠	㉡
①	내려가고	낮아집니다
②	내려가고	높아집니다
③	그대로 있고	낮아집니다
④	그대로 있고	높아집니다
⑤	찌그러지고	변화가 없습니다

15 다음과 같이 페트병 입구에 끼운 공기 주입 마개를 누르는 횟수를 다르게 하여 페트병의 무게를 쟀습니다. 페트병의 무게가 가장 무거운 경우는 어느 것입니까? ( )

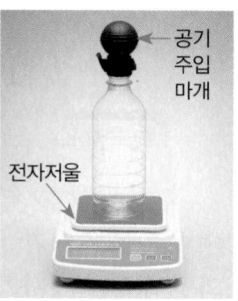

공기 주입 마개

전자저울

① 공기 주입 마개를 한 번 눌렀을 때
② 공기 주입 마개를 두 번 눌렀을 때
③ 공기 주입 마개를 열 번 눌렀을 때
④ 공기 주입 마개를 누르지 않았을 때
⑤ 공기 주입 마개를 스무 번 눌렀을 때

16 다음 중 소리가 나는 물체의 공통점으로 옳은 것은 어느 것입니까? (   )

① 물체가 떨린다.
② 물체가 휘어진다.
③ 물체가 딱딱해진다.
④ 물체의 떨림이 멈춘다.
⑤ 물체는 아무 변화 없다.

7종 공통

17 다음 중 소리의 성질에 대한 설명으로 옳지 않은 것은 어느 것입니까? (   )

① 소리의 크고 작은 정도를 소리의 크기라고 한다.
② 소리의 높고 낮은 정도를 소리의 높낮이라고 한다.
③ 소리는 나아가다가 물체에 부딪치면 되돌아온다.
④ 물체가 떨리는 정도에 따라 소리의 크고 작은 정도가 달라진다.
⑤ 소리는 딱딱한 물체에는 잘 반사되지만 부드러운 물체에는 잘 반사되지 않는다.

7종 공통

18 다음 중 소리의 전달에 대한 설명으로 옳은 것은 어느 것입니까? (   )

① 물속에서는 소리가 전달되지 않는다.
② 소리는 물질을 통하지 않고 전달된다.
③ 실 전화기는 종이컵을 통해 소리가 전달된다.
④ 우리 생활에서 들리는 대부분의 소리는 땅을 통해 전달된다.
⑤ 소리는 고체, 액체, 기체 상태의 여러 가지 물질을 통해 전달된다.

천재

19 다음과 같이 두 개의 종이관을 직각으로 놓고 세 가지 상황에서 이어폰을 넣지 않은 다른 쪽 종이관 끝에 귀를 대고 소리를 들을 때, 소리가 가장 크게 들리는 경우는 어느 것입니까? (   )

진도 완료 체크

소리가 나는 이어폰
△ 아무것도 세우지 않고 소리 듣기

ㄴ 나무판자
△ 나무판자를 세우고 소리 듣기

ㄷ 스펀지
△ 스펀지를 세우고 소리 듣기

① ㄱ
② ㄴ
③ ㄷ
④ ㄴ과 ㄷ
⑤ 모두 소리가 들리지 않는다.

7종 공통

20 다음 중 소음을 줄이는 방법으로 옳지 않은 것은 어느 것입니까? (   )

① 공연장 천장에 반사판을 설치한다.
② 소음을 내는 행동 등을 하지 않는다.
③ 도로 방음벽을 설치해 소리를 반사시킨다.
④ 스피커의 볼륨을 줄여 소리의 세기를 줄인다.
⑤ 음악실 벽은 소리가 잘 전달되지 않는 물질로 만든다.

· 답안 입력하기   · 온라인 피드백 받기

⌃ 확대경

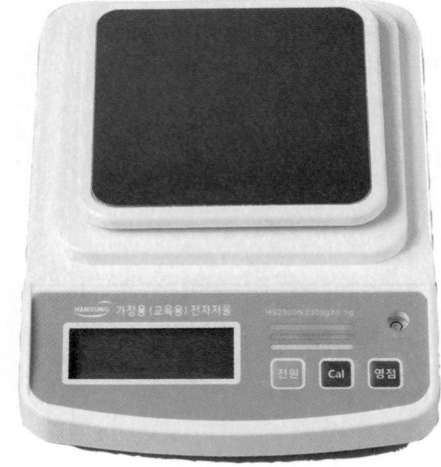

⌃ 전자저울

⌃ 공기 주입 마개

⌃ 거름종이

⌃ 돋보기

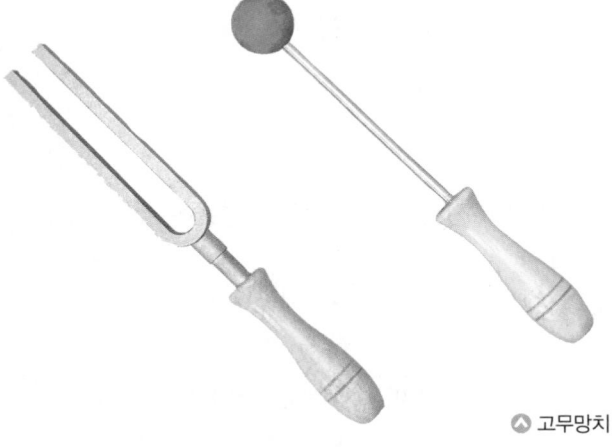

⌃ 핀셋

⌃ 소리굽쇠

⌃ 고무망치

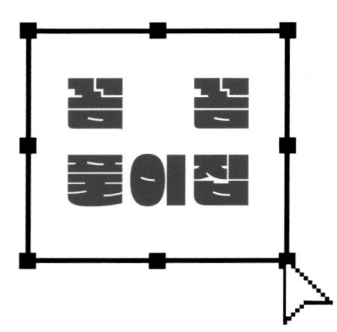

꼼꼼 풀이집

정답과 풀이

3-2

교과서 진도북

온라인 학습북

1. 재미있는 과학 탐구

개념 다지기   6~7쪽

1 ㉡   **2** 해결   **3** ㉢, ㉠, ㉡   **4** ㉠
5 ⑤   **6** (1) ○

1 관찰하면서 궁금한 점은 잊지 않도록 기록합니다.

2 궁금한 점 중에서 우리가 스스로 해결할 수 있는 것을 선택합니다.

3 탐구 문제를 해결할 수 있는 방법을 정하고, 탐구 계획을 세운 후 탐구 계획이 적절한지 확인합니다.

> **더 알아보기**
> **탐구 계획이 적절한지 확인할 내용 ⓔ**
> • 탐구 계획이 탐구 문제를 해결하기에 적절한가요?
> • 탐구 순서, 예상되는 결과, 준비물, 역할 나누기 등을 자세히 적었나요?

4 탐구 실행 중에 결과가 나오면 즉시 결과를 기록할 수 있도록 합니다.

5 자료를 이용하면 탐구 결과를 더 이해하기 쉽게 전달할 수 있습니다.

6 탐구 결과는 사실대로 기록해야 합니다.

대단원 평가   8~9쪽

1 현서   **2** ②, ④   **3** ⓔ 실험   **4** ⓔ 다르게 한 것에 따라 바뀌는 것을 생각해야 한다. 등   **5** ⑤   **6** ㉠
7 ⑤   **8** ②   **9** 세현   **10** ④   **11** ⑤
12 ④   **13** ①   **14** ㉠ 문제 ㉡ 계획 ㉢ 실행 ㉣ 결과
15 ③

1 관찰하면서 궁금한 점은 잊지 않도록 글과 그림 등의 다양한 방법으로 기록합니다.

2 이미 답을 알고 있고, 간단한 조사로 쉽게 답을 찾을 수 있거나 준비물을 쉽게 구할 수 없는 문제는 탐구 문제로 적절하지 않습니다.

3 탐구 계획을 세울 때에는 탐구 문제를 해결할 수 있는 실험 방법을 생각해야 합니다.

4 탐구 문제를 해결할 수 있는 실험 방법을 생각할 때에는 실험에서 다르게 해야 할 것, 같게 해야 할 것, 다르게 한 것에 따라 바뀌는 것을 생각해야 합니다.

> **채점 기준**
>
> | **정답 키워드** 다르게 한 것 \| 바뀌는 것 등 | |
> |---|---|
> | '다르게 한 것에 따라 바뀌는 것을 생각해야 한다.' 등의 내용을 정확히 씀. | 12점 |
> | 바뀌는 것을 생각해야 한다는 내용을 썼지만, 무엇에 따라 바뀌는지 정확히 쓰지 못함. | 8점 |

5 회전판의 개수를 다르게 하여 팽이를 만들고, 팽이가 도는 시간을 측정해야 탐구 문제를 해결할 수 있습니다.

6 내가 맡은 역할이 중요한 역할인지, 탐구 계획을 세우는 데 시간이 오래 걸렸는지는 탐구 계획을 점검할 내용으로 알맞지 않습니다.

7 예상한 결과는 실제 탐구 결과와 같을 수도, 다를 수도 있으므로 실제 탐구 결과와 비교합니다.

8 반복해서 측정하면 더 정확한 결과를 얻을 수 있습니다.

9 표나 그래프, 사진, 그림 등을 이용하면 다른 사람이 발표 내용을 더 쉽게 이해할 수 있습니다.

10 발표를 들을 사람은 발표 자료에 들어갈 내용으로 알맞지 않습니다.

> **더 알아보기**
> **탐구 결과 발표 자료에 들어갈 내용 ⓔ**
> 탐구 문제, 모둠 이름, 시간과 장소, 탐구 방법, 준비물, 탐구 순서, 역할 나누기, 탐구 결과, 탐구를 하여 알게 된 것, 더 알아보고 싶은 것 등이 탐구 결과 발표 자료에 들어갈 내용입니다.

11 다른 모둠의 발표도 주의 깊게 듣고 궁금한 점을 질문합니다.

12 발표가 끝나면 친구들의 질문에 대답하고, 친구들의 발표 내용을 듣고 궁금한 점을 질문합니다.

13 발표자가 공부를 잘하는지는 탐구 결과 발표의 평가 내용으로 적절하지 않습니다.

14 '궁금한 점 생각하기 → 탐구 문제 정하기 → 탐구 계획 세우기 → 탐구 실행하기 → 탐구 결과를 발표할 자료 만들기 → 탐구 결과 발표하기'의 과정으로 탐구 문제를 해결할 수 있습니다.

15 생활에서 관찰한 것, 학교에서 배운 내용, 인터넷이나 책에서 본 것, 탐구하면서 더 궁금했던 점 중에 가장 알아보고 싶은 것으로부터 탐구 문제를 정합니다.

2. 동물의 생활

개념 다지기   15쪽

1 (1) ㉠ (2) ㉢ (3) ㉡   **2** ③   **3** 개구리   **4** (3) ○
5 ❶ 닭, 잠자리 ❷ 지렁이, 개구리, 뱀, 토끼   **6** ㉠

1 물웅덩이에서는 소금쟁이, 개구리 등을, 나무 위에서는 참새, 까치 등을, 화단에서는 개미, 공벌레 등을 볼 수 있습니다.

2 고양이, 개 등은 집 주변에서 볼 수 있습니다.

3 올챙이는 물속에서 살지만, 개구리는 물과 땅을 오가며 삽니다.

4 빠른 정도나 아름다운 정도는 사람에 따라 기준이 달라지므로 동물을 분류하는 기준으로 알맞지 않습니다.

5 닭, 잠자리는 날개가 있고 지렁이, 개구리, 뱀, 토끼는 날개가 없습니다.

6 개미, 잠자리, 달팽이는 더듬이가 있지만 토끼, 닭, 개구리는 더듬이가 없습니다. 새끼를 낳는 동물은 토끼이고, 나머지는 알을 낳는 동물입니다.

단원 실력 쌓기   16~19쪽

Step ①

1 돋보기, 확대경 등   **2** 개미   **3** 깃털   **4** ⑩ 날개가 있다. 등   **5** 다리가 있는가?   **6** ①   **7** ①
8 ④   **9** ①   **10** ⑩ 까치   **11** ⑩ 특징   **12** ④
13 ①   **14** ⑤   **15** ④   **16** (1) ⑩ 다리가 있는가?
(2) ❶ 직박구리, 다람쥐 ❷ 지렁이, 달팽이

Step ②

17 ❶ 깃털 ❷ 거미
    ❸ ⑩ 공처럼 둥글게 만든다
18 (1) 몸이 깃털로 덮여 있다.
  (2) 더듬이가 있다.
  (3) ⑩ '몸이 깃털로 덮여 있나요?', '더듬이가 있나요?', '부리가 있나요?' 등의 기준으로 분류할 수 있다.

> **17** • 참새
>   • 네(4)
>   • 공벌레
> **18** (1) 새
>   (2) 더듬이
>   (3) 없, 있

Step ③

19 ⑩ 다리가 있나요?   **20** ❶ ⑩ 곤충인가요? ❷ 소금쟁이, 개미, 나비 ❸ 참새, 거미, 달팽이, 뱀, 금붕어, 공벌레

---

1 작은 동물의 경우 돋보기나 확대경으로 확대하여 관찰할 수 있습니다.

△ 돋보기   △ 확대경

2 거미는 몸이 머리가슴과 배로 구분됩니다. 개미는 머리, 가슴, 배의 세 부분으로 구분됩니다.

3 참새, 까치는 몸이 깃털로 덮여 있습니다.

4 닭, 벌, 참새는 날개와 다리가 있습니다.

5 분류 기준은 누가 분류하더라도 같은 분류 결과가 나올 수 있도록 객관적이어야 분류 기준으로 알맞습니다.

6 개구리는 연못, 물웅덩이 등에서 볼 수 있습니다.

7 개미는 다리가 세 쌍이고, 걸어 다닙니다.

> **왜 틀렸을까?**
> ② 긴 대롱 모양의 입이 있는 것은 나비입니다.
> ③ 개미는 다리가 있어 걸어 다닙니다.
> ④ 건드리면 몸을 공처럼 둥글게 만드는 것은 공벌레입니다.
> ⑤ 개미는 몸이 전체적으로 검은색입니다.

8 달팽이는 화단에서 볼 수 있고, 등에 딱딱한 껍데기로 된 집이 있으며, 미끄러지듯이 움직입니다.

9 붕어는 지느러미가 있고, 물속에서 헤엄쳐 이동합니다.

10 까치는 주변에서 쉽게 볼 수 있는 텃새입니다. 머리, 가슴, 등은 검은색 깃털로, 배는 하얀색 깃털로 덮여 있습니다.

11 동물 분류는 다양한 동물을 공통점을 가진 것끼리 모아, 특징을 토대로 무리를 나누어 분류하는 것입니다.

12 동물을 관찰할 때 전체적인 생김새에서 특징적인 부분 위주로 살펴봅니다.

> **왜 틀렸을까?**
> ① 거미, 개구리, 고양이는 모두 날개가 없습니다.
> ② 거미, 개구리는 알을 낳고, 고양이는 새끼를 낳습니다.
> ③ 거미, 개구리, 고양이는 모두 더듬이가 없습니다.
> ⑤ 고양이만 몸이 털로 덮여 있습니다.

13 사람에 따라 분류 결과가 달라질 수 있는 기준은 분류 기준으로 적합하지 않습니다. '크다', '작다'는 사람마다 기준이 다를 수 있으므로 무엇보다 크고 작은 것인지 기준을 명확하게 정해야 합니다.

14 개, 토끼는 새끼를 낳는 동물이고, 붕어, 참새, 개구리는 알은 낳는 동물입니다.

15 뱀, 금붕어는 다리가 없고, 벌, 게, 공벌레는 다리가 있습니다.

> **왜 틀렸을까?**
> ① 알을 낳는 동물: 뱀, 금붕어, 벌, 게, 공벌레
> ② 날개가 있는 동물: 벌
>   날개가 없는 동물: 뱀, 금붕어, 게, 공벌레
> ③ 물에서 사는 동물: 금붕어, 게
>   물에서 살지 않는 동물: 뱀, 벌, 공벌레
> ⑤ 부리가 있는 동물: 없음.
>   부리가 없는 동물: 뱀, 금붕어, 벌, 게, 공벌레

16 직박구리와 다람쥐는 다리가 있고 지렁이와 달팽이는 다리가 없습니다.

> **더 알아보기**
> **동물의 특징**
> • 지렁이: 다리가 없고, 여러 개의 마디로 되어 있으며, 기어 다닙니다.
> • 직박구리: 다리가 2개이고, 날개가 있어 날아다닙니다.
> • 다람쥐: 다리가 4개이고, 몸이 털로 덮여 있습니다.
> • 달팽이: 다리가 없고, 미끄러지듯이 움직입니다.

17 주변에서 사는 동물의 생김새, 이동 방법, 사는 곳 등을 관찰하고 그 특징을 정리합니다.

> **채점 기준**
>
> | ❶ | '깃털'을 정확히 씀. | |
> |---|---|---|
> | ❷ | '거미'를 정확히 씀. | |
> | ❸ | **정답 키워드** 공
 '공처럼 둥글게 만든다.'와 같이 공벌레를 건드릴 때의 움직임을 정확히 씀. | 상 |
> | | '구부린다.'와 같이 공벌레를 건드릴 때의 움직임을 단순히 씀. | 중 |

18 ㈎ 동물 무리는 새, ㈏ 동물 무리는 곤충으로, 두 무리 모두 날개가 있고 다리가 있습니다.

> **채점 기준**
>
> | (1) | '몸이 깃털로 덮여 있다.'를 고름. | |
> |---|---|---|
> | (2) | '더듬이가 있다.'를 고름. | |
> | (3) | **정답 키워드** 부리 │ 깃털 등
 ㈎와 ㈏ 무리로 분류할 수 있는 기준 두 가지를 정확히 씀. | 상 |
> | | ㈎와 ㈏ 무리로 분류할 수 있는 기준을 한 가지만 정확히 씀. | 중 |

19 참새, 거미, 소금쟁이, 개미, 공벌레, 나비는 다리가 있고, 달팽이, 뱀, 금붕어는 다리가 없습니다. 그러므로 '다리가 있나요?'라는 기준으로 분류할 수 있습니다.

20 '다리가 있나요?' 외에 '날개가 있나요?', '더듬이가 있나요?' 등의 새로운 기준으로 분류할 수 있습니다.

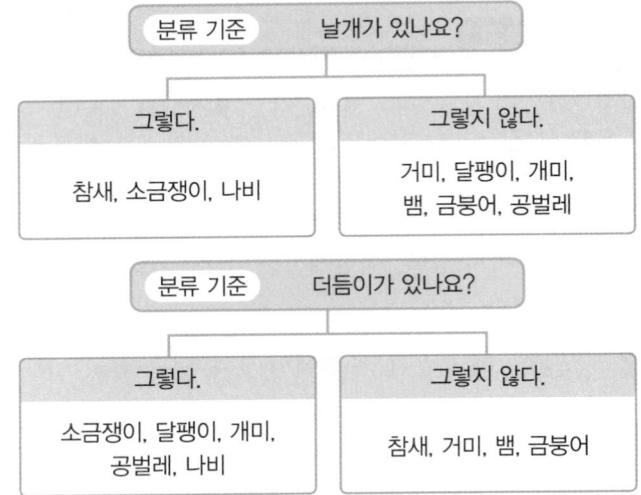

분류 기준	날개가 있나요?
그렇다.	그렇지 않다.
참새, 소금쟁이, 나비	거미, 달팽이, 개미, 뱀, 금붕어, 공벌레

분류 기준	더듬이가 있나요?
그렇다.	그렇지 않다.
소금쟁이, 달팽이, 개미, 공벌레, 나비	참새, 거미, 뱀, 금붕어

단원 실력 쌓기 `24~27쪽`

Step 1

1 개미
2 예 기어 다닌다.
3 예 부드럽게 굽은 형태
4 날개
5 사막: 낙타, 사막여우 등 / 극지방: 북극곰, 황제 펭귄 등
6 ❶ 노루, 공벌레 ❷ 땅강아지 ❸ 뱀
7 (1) ㉢ (2) ㉠ (3) ㉡
8 ④
9 ㉠, ㉢
10 ③
11 ③, ⑤
12 ③, ⑤
13 ⑤
14 (1) ㉡, ㉢ (2) ㉢, ㉣
15 (1) × (2) ○ (3) ○

Step 2

16 ❶ 앞발 ❷ 예 땅속
17 (1) 예 바다에 사는 동물인가요?
  (2) 예 전복과 다슬기는 물속 바위에 붙어서 기어 다니고, 붕어와 상어는 지느러미로 헤엄쳐 이동한다.
18 예 날개를 이용하여 날아서 이동한다.

> | **16** 삽, 굴 |
> |---|
> | **17** (1) 바다 |
> | (2) 기어 |
> | **18** (1) 참새 |
> | (2) 매미 |

Step 3

19 (1) 사막 (2) 예 낙타, 사막여우, 사막 도마뱀 등
20 예 귀가 작아 열을 잘 빼앗기지 않는다. 털이 두껍고 촘촘하게 나 있어 추위를 잘 견딜 수 있다. 등

1 뱀과 개미는 땅 위와 땅속을 오가며 살고 있습니다.

2 땅에서 사는 동물 중 다리가 없는 동물은 기어서 이동하고, 다리가 있는 동물은 걷거나 뛰어서 이동합니다.

3 붕어와 고등어는 몸이 부드럽게 굽은 형태로 물속에서 헤엄쳐 이동하기에 알맞습니다.

4 나비, 까치는 날개가 있어서 날아서 이동할 수 있습니다.

5 물이 부족한 사막이나 온도가 낮은 극지방에도 다양한 동물이 살고 있습니다.

6 노루와 공벌레는 땅 위에서 살고 있고, 땅강아지는 땅속에 살고 있으며, 뱀은 땅 위와 땅속을 오가며 사는 동물입니다.

7 지렁이와 두더지는 땅속에 살고, 개미는 땅 위와 땅속을 오가며 살고 있습니다. 동물이 사는 곳에 따라 생김새나 생활 방식이 다를 수 있습니다.

8 다리가 있는 동물은 걷거나 뛰어서 이동하고, 다리가 없는 동물은 기어서 이동합니다.

9 수달은 강가나 호숫가에서 살고, 물방개는 강이나 호수의 물속에서 삽니다.

10 붕어와 다슬기는 강이나 호수의 물속에서 사는 동물입니다. 둘 다 물속에서 아가미로 숨을 쉽니다.

11 붕어와 고등어는 아가미를 이용하여 물속에서 숨을 쉴 수 있고, 지느러미를 이용하여 헤엄칠 수 있으며, 몸이 부드럽게 굽은 형태(유선형)로 되어 있습니다. 붕어는 강이나 호수의 물속에서 살고, 고등어는 바닷속에서 삽니다.

12 나비, 잠자리, 벌, 매미 등의 곤충이나 제비, 까치, 황조롱이, 직박구리 등의 새는 날개가 있어서 날아서 이동합니다.

13 땅속에서 사는 동물 중에는 두더지나 땅강아지처럼 다리가 있는 동물이 있으며, 사막에서 사는 동물도 물이나 먹이를 먹어야 살 수 있습니다. 물에서 사는 동물은 대부분 아가미로 숨을 쉽니다. 극지방에서 사는 동물은 추위를 잘 견딜 수 있습니다.

14 북극에 사는 북극곰은 몸이 크고 흰색 털로 덮여 있어 추위를 잘 견딥니다. 남극에 사는 황제펭귄은 몸이 깃털로 덮여 있고, 서로 무리 지어 추위를 견딥니다.

15 거미와 같은 작은 동물부터 상어와 같이 큰 동물까지 특징을 활용하는 동물은 매우 다양합니다.

16 두더지는 삽처럼 생긴 앞발을 이용하여 땅을 파고 다리를 이용하여 땅속을 걸어서 이동합니다.

채점 기준

❶에 '앞발'을 쓰고, ❷에 '땅속'을 모두 정확히 씀.	상
❶, ❷ 중 한 가지만 정확히 씀.	중

17 모두 물속에서 사는 동물로 붕어와 상어는 지느러미로 헤엄치고, 전복과 다슬기는 배발로 기어 다닙니다.

채점 기준

(1)	'바다에 사는 동물인가요?', '바다에 사나요?', '사는 곳이 바다인가?' 등 알맞은 분류 기준을 정확히 씀.	상
	분류 기준을 썼지만 표현이 부족함.	중
(2)	**정답 키워드** 기어 다닌다 | 헤엄친다 '전복과 다슬기는 물속 바위에 붙어서 배발로 기어 다니고, 붕어와 상어는 지느러미로 헤엄쳐 이동한다.'와 같이 전복과 다슬기의 이동 방법과 붕어와 상어의 이동 방법을 정확히 씀.	상
	전복과 다슬기의 이동 방법과 붕어와 상어의 이동 방법을 썼지만 표현이 부족함.	중
	전복과 다슬기의 이동 방법과 붕어와 상어의 이동 방법 중 한 가지만 정확히 씀.	하

18 참새 등의 새나 매미 등의 곤충은 날개가 있어 날 수 있습니다.

채점 기준

정답 키워드 날개 '날개를 이용하여 날아서 이동한다.'와 같이 참새와 매미의 이동 방법을 정확히 씀.	상
날개를 언급하지 못하고 단순히 '날아다닌다.' 등과 같은 내용만 씀.	중

19 사막에는 낙타, 사막여우, 사막 도마뱀, 사막 전갈 등이 살고 있습니다.

20 북극에 사는 북극여우는 귀가 작아 몸 밖으로 방출되는 열이 적고, 몸이 두껍고 촘촘하게 나 있는 털로 덮여 있어 추위를 잘 견딥니다.

대단원 평가 28~31 쪽

1 ② **2** (1) ㉠ (2) ㉣ (3) ㉡ (4) ㉢ **3** ㉡

4 ②, ③ **5** ① **6** (1) ㈎ 예 뱀, 금붕어 등 ㈏ 예 나비, 메뚜기 등 (2) 예 동물을 더듬이가 없는 것(㈎)과 더듬이가 있는 것(㈏)으로 분류한 것이다. **7** ③ **8** ②

9 ① **10** ② **11** (1) 예 부드럽게 굽은 (2) 예 지느러미가 있다. 몸이 부드럽게 굽은 형태이다. 등

12 ① **13** ②, ⑤ **14** ⑤ **15** 예 날개가 있기 때문이다. **16** 사막 **17** ② **18** ① **19** ①

20 (1) 예 소금쟁이 (2) 예 뱀

1 거미는 화단 등에서 볼 수 있습니다.

2 까치는 몸이 검은색과 하얀색 깃털로 덮여 있고 날개가 있습니다. 거미는 다리가 네 쌍이 있고 걸어 다닙니다.

3 확대경을 이용하면 움직이는 작은 동물을 가둬 놓고 자세하게 관찰할 수 있습니다.

확대경
개미

4 동물에 대하여 자세하게 알아볼 때에는 스마트 기기나 동물도감 등을 활용하여 조사합니다.

5 어떤 동물이 빠른지 느린지 판단하는 기준이 명확하지 않기 때문에 분류하는 기준으로 적합하지 않습니다.

6 동물을 생김새와 특징에 따라 분류 기준을 정해 분류할 수 있습니다. 토끼, 개구리, 비둘기는 더듬이가 없고 개미, 달팽이, 벌은 더듬이가 있습니다.

채점 기준		
(1)	㈎에 뱀, 금붕어, 고양이 등을 쓰고, ㈏에 나비, 메뚜기, 잠자리, 공벌레 등을 모두 정확히 씀.	6점
	㈎와 ㈏ 중 한 가지만 정확히 씀.	3점
(2)	**정답 키워드** 더듬이 '더듬이가 없는 것(㈎)과 더듬이가 있는 것(㈏)으로 분류한 것이다.'와 같이 동물을 분류한 기준을 정확히 씀.	6점
	㈎와 ㈏로 분류한 기준을 썼지만 표현이 부족함.	3점

7 달팽이는 땅 위에서 살며 다리가 없습니다. 땅에서 사는 동물 중 다리가 있는 동물은 다리를 이용하여 걷거나 뛰어서 이동하고, 다리가 없는 동물은 기어서 이동합니다.

8 땅속에 사는 동물 중 지렁이는 다리가 없어서 기어서 다니고, 땅강아지는 다리가 있어 걸어서 이동합니다.

더 알아보기

땅에서 사는 동물의 특징

동물	사는 곳	특징
개미	땅 위와 땅속	다리가 3쌍이고, 걸어서 이동함.
거미	땅 위	다리가 4쌍이고, 걸어서 이동함.
공벌레	땅 위	다리가 7쌍이고, 걸어서 이동함.
땅강아지	땅속	다리가 3쌍이고, 앞다리로 땅을 파며, 걸어서 이동함.

9 강가나 호숫가에는 수달이나 개구리 등이 땅과 물을 오가며 살고 있습니다.

10 몸이 비늘로 덮여 있는 것은 붕어, 고등어, 상어, 피라미 등입니다.

11 붕어와 고등어는 몸이 부드럽게 굽은 형태(유선형)이고, 여러 개의 지느러미가 있어 헤엄쳐 이동하기에 알맞습니다.

채점 기준		
(1)	'부드럽게 굽은, 유선형' 등과 같은 내용을 정확히 씀.	4점
(2)	**정답 키워드** 지느러미	부드럽게 굽은(유선형) '지느러미가 있다. 몸이 부드럽게 굽은 형태이다.'와 같이 붕어와 고등어가 물속에서 헤엄치기 알맞은 생김새의 특징 두 가지를 모두 정확히 씀.	8점
	붕어와 고등어가 물속에서 헤엄치기 알맞은 생김새의 특징을 한 가지만 정확히 씀.	4점

12 물방개는 털이 달린 뒷다리를 이용하여 헤엄치고, 전복은 바닷속의 바위에 붙어서 배발로 기어 다닙니다.

13 까치와 직박구리는 날개가 있고 다리가 두 개이며 하늘을 날 수 있는 새입니다.

14 타조처럼 날개가 있어도 날지 못하는 새도 있으며, 나비, 잠자리와 같은 곤충은 몸이 깃털로 덮여 있지 않습니다.

15 잠자리, 매미와 같은 곤충과 직박구리, 제비와 같은 새는 날개가 있어 날아서 이동합니다.

채점 기준		
정답 키워드 날개 '날개가 있다.'와 같이 직박구리, 잠자리, 매미, 제비가 날아다닐 수 있는 까닭을 정확히 씀.		6점
직박구리, 잠자리, 매미, 제비가 날아다닐 수 있는 까닭을 썼지만 표현이 부족함.		3점

16 사막에서 사는 낙타는 사막에서 생활하기에 적합한 특징을 가지고 있습니다.

17 낙타는 콧구멍을 열고 닫을 수 있고, 등에 있는 혹에 지방을 저장합니다. 사막 도마뱀은 발바닥과 피부로 물을 흡수할 수 있습니다.

18 북극에 사는 북극곰은 몸이 크고 귀와 꼬리는 다른 곰에 비해 유난히 작아 몸 밖으로 나가는 열이 적으며, 털이 촘촘하게 나 있어 추위를 잘 견딜 수 있습니다.

19 등산화는 가파른 바위에서도 잘 다닐 수 있는 산양의 발바닥 특징을 활용한 예입니다.

20 소금쟁이는 물 위에서 미끄러지듯이 움직이고, 뱀은 좁은 곳을 기어서 이동할 수 있습니다.

3. 지표의 변화

교과서 진도북
37 ~ 41 쪽

개념 다지기 37쪽

1 ⓒ   **2** ②, ⑤   **3** 운동장 흙   **4** (1) ⓒ (2) ⓛ
5 ⑤   **6** 흙

1 만졌을 때 운동장 흙은 꺼끌꺼끌한 느낌이 들고, 화단 흙은 부드러운 느낌이 듭니다.

2 화단 흙은 진한 황토색이고, 만졌을 때 부드러우며 축축한 느낌이 듭니다.

3 운동장 흙은 화단 흙보다 물이 더 빠르게 빠집니다.

4 화단 흙에는 물에 뜨는 물질인 부식물이 많고, 운동장 흙에는 부식물이 적습니다.

5 각설탕을 플라스틱 통에 넣고 세게 흔들면 크기가 작아지고 모서리 부분이 부서져 둥근 모양으로 변하며, 가루가 많이 생깁니다.

6 물, 나무뿌리 등에 의하여 바위나 돌이 부서지면 작은 알갱이가 되고, 이 작은 알갱이와 부식물이 섞여서 흙이 됩니다.

단원 실력 쌓기 38~41쪽

Step 1

1 화단 흙   **2** 운동장 흙   **3** 부식물   **4** 예 작아진다.
5 흙   **6** ⓒ   **7** 다름   **8** ④   **9** 화단 흙
10 ⓐ   **11** (2) ○   **12** 화단 흙   **13** ①   **14** ⓒ
15 ④

Step 2

16 ❶ 예 크 ❷ 예 꺼끌꺼끌
17 (1) 화단 흙
　(2) 예 나뭇잎이나 죽은 곤충 등 물에 뜨는 물질이 많다. 부식물이 많다. 등
18 (1) 예 바위나 돌
　(2) 예 알갱이의 크기가 작아지고, 모서리 부분이 둥근 모양으로 변했다.

> **16** 운동장,
> 　　꺼끌꺼끌한
> **17** (1) 화단
> 　　(2) 부식물
> **18** (1) 흙
> 　　(2) 작아

Step 3

19 ❶ 화단 ❷ 운동장 ❸ 예 큼 ❹ 예 축축
20 (1) 운동장 흙
　(2) 예 운동장 흙은 알갱이의 크기가 크기 때문이다.

---

1 화단 흙은 어두운색을 띠고, 운동장 흙은 밝은색을 띱니다.

2 운동장 흙이 화단 흙보다 물 빠짐이 빠릅니다.

3 부식물은 나뭇잎이나 죽은 곤충 등이 썩은 것으로, 식물이 잘 자라는 데 도움을 줍니다.

4 플라스틱 통에 각설탕을 넣고 세게 흔들면 각설탕이 부서져 크기가 작아지고 가루가 많이 생깁니다.

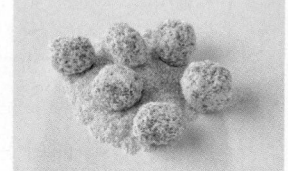

△ 흔들기 전: 각설탕의 모서리가 뾰족한 네모 모양이고, 크기가 큼.　　△ 흔든 후: 각설탕이 둥근 모양으로 변하면서 크기가 작아지고, 가루가 많이 생김.

5 바위나 돌이 부서지면 작은 알갱이가 되고, 이 작은 알갱이와 부식물이 섞여서 흙이 됩니다.

6 운동장 흙은 연한 노란색이고, 화단 흙보다 알갱이의 크기가 비교적 큽니다.

7 화단 흙과 운동장 흙은 색깔, 만졌을 때의 느낌, 알갱이의 크기, 물 빠짐 정도 등이 다릅니다.

8 물 빠짐 장치의 윗부분에 두 장소의 흙을 각각 $\frac{1}{3}$ 정도 넣고, 물이 넘치지 않도록 주의하며 두 장치의 흙에 각각 같은 양의 물을 동시에 붓습니다.

9 화단 흙이 운동장 흙보다 알갱이의 크기가 작기 때문에 같은 시간 동안 물이 더 적게 빠져 물 빠짐이 느립니다.

10 화단 흙에는 물에 뜬 물질이 많고, 운동장 흙에는 물에 뜬 물질이 거의 없습니다.

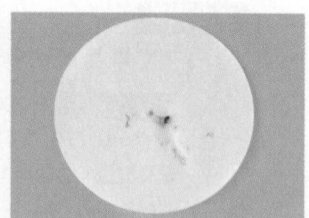

△ 화단 흙: 식물의 뿌리, 마른 나뭇가지, 죽은 곤충 등이 있음.　　△ 운동장 흙: 작은 먼지 등이 있음.

11 물에 뜬 물질을 건질 때에는 핀셋을 사용합니다.

12 화단 흙의 뜬 물질에는 식물의 뿌리나 줄기, 마른 나뭇가지, 죽은 곤충 등이 있습니다.

13 각설탕이 부서지면 가루가 생기는 것을 통해 실제 자연에서 흙이 만들어지는 과정을 알아보는 실험입니다.

14 플라스틱 통을 세게 여러 번 흔들면 각설탕이 서로 부딪혀 크기가 작아지고 가루가 많이 생깁니다.

15 자연 상태에서 바위나 돌이 부서져 흙이 되는 데에는 오랜 시간이 걸립니다.

> **더 알아보기**
>
> **흙이 만들어지는 과정**
> 바위틈에 스며든 물이 겨울에 얼었다 녹는 것을 반복하거나 바위틈에서 자라는 나무뿌리가 점점 커지면서 조금씩 바위틈을 벌립니다. 이러한 작용을 오랜 시간 동안 받아서 바위가 서서히 부서지고, 작게 부서진 알갱이와 부식물이 섞여서 흙이 됩니다.

16 운동장 흙은 연한 노란색으로 알갱이의 크기가 비교적 크고, 만졌을 때의 느낌이 꺼끌꺼끌합니다.

채점 기준	
❶에 '크', ❷에 '꺼끌꺼끌'을 모두 정확히 씀.	상
❶과 ❷ 중 한 가지만 정확히 씀.	중

17 화단 흙에는 운동장 흙보다 물에 뜨는 물질이 많습니다. 물에 뜨는 물질은 대부분 부식물인데, 부식물은 식물이 잘 자라는 데 도움을 줍니다.

채점 기준		
(1)	'화단 흙'을 정확히 씀.	
(2)	**정답 키워드** 물에 뜨는 물질 | 부식물 | 많다 등 '나뭇잎이나 죽은 곤충 등 물에 뜨는 물질이 많다.', '부식물이 많다.' 등의 내용 중 한 가지를 정확히 씀.	상
	'식물이 자라는 데 필요한 것들이 많다.' 등과 같이 식물이 잘 자라는 흙의 특징을 구체적으로 쓰지 못함.	중

18 플라스틱 통에 각설탕을 넣고 세게 흔들면 각설탕이 서로 부딪혀 모서리 부분이 둥근 모양으로 변하고, 크기가 작아지며 가루가 많이 생깁니다.

채점 기준		
(1)	'바위나 돌'을 정확히 씀.	
(2)	**정답 키워드** 작아지다 | 둥근 모양 등 '알갱이의 크기가 작아지고, 모서리 부분이 둥근 모양으로 변했다.' 등의 내용을 정확히 씀.	상
	'각설탕의 모양이 달라졌다.'와 같이 각설탕의 크기와 모양 변화를 구체적으로 쓰지 못함.	중

19 화단 흙은 진한 황토색이고 만지면 축축한 느낌이 듭니다. 운동장 흙은 알갱이의 크기가 비교적 커서 만졌을 때 꺼끌꺼끌한 느낌이 듭니다.

20 화단 흙보다 운동장 흙이 알갱이의 크기가 크기 때문에 화단 흙보다 운동장 흙에서 물이 더 많이 빠집니다.

개념 다지기 **45쪽**

1 ③ **2** (1) ⓒ (2) ㉠ (3) ⓛ **3** ㉠ 예 운반 ⓛ 예 쌓이게
4 ㉠ **5** ⓛ **6** ②, ④

1 흐르는 물이 흙 언덕의 위쪽을 깎고, 깎인 흙을 흙 언덕의 아래쪽으로 운반하여 쌓아 놓습니다.

2 지표의 바위나 돌, 흙 등이 깎여 나가는 것을 침식 작용이라고 하고, 깎인 돌이나 흙 등이 이동하는 것을 운반 작용이라고 하며, 운반된 돌이나 흙 등이 쌓이는 것을 퇴적 작용이라고 합니다.

3 흐르는 물에 의하여 경사진 곳의 지표는 깎이고, 깎인 흙이 운반되어 경사가 완만한 곳에 흘러내려 와서 쌓이게 됩니다.

4 ㉠은 계곡 등이 있는 강 상류이고, ⓛ은 큰 강 등이 있는 강 하류입니다.

5 강 상류(㉠)에는 큰 바위가 많고, 강 하류(ⓛ)에는 모래나 진흙이 많습니다.

6 바닷가의 절벽과 구멍 뚫린 바위는 바닷물의 침식 작용으로 만들어진 지형입니다.

단원 실력 쌓기 **46~49쪽**

Step ①
1 침식 작용 **2** 흐르는 **3** 강 하류 **4** 강 상류
5 퇴적 작용 **6** ⑤ **7** (1) ㉠ (2) ⓛ **8** ④
9 ⓛ **10** ㉠, ⓒ **11** ①, ③ **12** (1) ㉠ (2) ⓛ
13 (1) × (2) ○ (3) × **14** ㉠ **15** ③

Step ②
16 (1) ㉠ 퇴적 ⓛ 침식
(2) ❶ 예 깎이 ❷ 예 쌓이기
17 예 강 상류에서는 침식 작용이 활발하게 일어나고, 강 하류에서는 퇴적 작용이 활발하게 일어난다.
18 (1) 침식 작용
(2) 예 파도가 치면서 지표를 깎아 만들어졌다. 파도가 바위를 깎아 구멍이 뚫렸다. 등

> **16** (1) 침식, 퇴적
> (2) 깎아, 쌓아
> **17** 침식, 퇴적
> **18** (1) 침식
> (2) 예 깎여

Step ③
19 ❶ 물 ❷ 예 깎이 ❸ 예 쌓 ❹ 예 운반
20 예 운반된 돌이나 흙 등이 쌓이는 것

1 침식 작용은 지표의 바위나 돌, 흙 등이 깎여 나가는 것입니다.

2 흐르는 물은 오랜 시간에 걸쳐 지표를 서서히 변화시킵니다.

3 강 하류는 강폭이 넓고 강의 경사가 완만합니다.

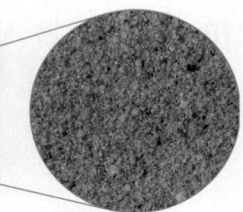
△ 강 하류

4 강 상류에는 큰 바위가 많고, 강 하류에는 모래나 진흙이 많습니다.

5 모래사장과 갯벌은 바닷물의 퇴적 작용으로 만들어진 지형입니다.

6 흙 언덕 위쪽에 색 모래와 색 자갈을 놓는 것은 물이 흐르면서 흙이 어떻게 이동하는지 쉽게 보기 위해서입니다.

7 흙 언덕 위쪽(㉠)은 경사가 급해 흙이 많이 깎이고, 흙 언덕 아래쪽(㉡)은 경사가 완만해 흙이 많이 쌓입니다.

> **더 알아보기**
>
> **흐르는 물의 작용**
> • ㉠: 흙 언덕의 위쪽으로, 침식 작용이 활발한 곳입니다.
> • ㉡: 흙 언덕의 아래쪽으로, 퇴적 작용이 활발한 곳입니다.

8 지표의 바위나 돌, 흙 등이 깎여 나가는 것을 침식 작용, 깎인 돌이나 흙 등이 이동하는 것을 운반 작용, 운반된 돌이나 흙 등이 쌓이는 것을 퇴적 작용이라고 합니다.

9 ㉠은 강 상류에서 주로 볼 수 있는 침식 작용이 활발한 지형이고, ㉡은 강 하류에서 주로 볼 수 있는 퇴적 작용이 활발한 지형입니다.

10 ㈎는 강 상류로, 강 상류는 강폭이 좁고 강의 경사가 급합니다.

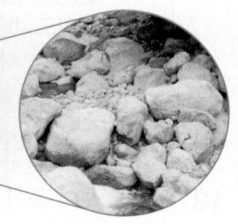
△ 강 상류

> **왜 틀렸을까?**
>
> ㉡ 강폭이 넓은 것은 강 하류의 특징입니다.
> ㉢ 강의 경사가 완만한 것은 강 하류의 특징입니다.

11 ㈏는 강 하류입니다. 강 하류는 강폭이 넓고, 모래나 진흙이 많습니다.

> **왜 틀렸을까?**
>
> ②, ④는 계곡으로 큰 바위나 모가 난 돌 등을 볼 수 있는 강 상류의 모습입니다.

12 강 상류에서는 침식 작용이 활발하게 일어나고, 강 하류에서는 퇴적 작용이 활발하게 일어납니다.

13 바닷가에서는 바닷물의 침식 작용과 퇴적 작용으로 다양한 지형이 만들어지고, 이러한 지형은 만들어지는 데 오랜 시간이 걸립니다.

14 ㉡ 지형은 바닷물이 바위와 만나는 부분을 계속 깎고 무너뜨려서 만들어진 절벽의 모습입니다.

15 흙을 보호하기 위해서는 일회용품의 사용을 줄여야 합니다.

16 흐르는 물이 경사진 곳의 지표를 깎고, 깎인 흙은 운반되어 경사가 완만한 곳에 쌓입니다.

채점 기준		
(1)	㉠에 '퇴적', ㉡에 '침식'을 모두 정확히 씀.	
(2)	❶에 '깎이', ❷에 '쌓이기'를 모두 정확히 씀.	상
	❶과 ❷ 중 한 가지만 정확히 씀.	중

17 강 상류에서는 퇴적 작용보다 침식 작용이, 강 하류에서는 침식 작용보다 퇴적 작용이 활발하게 일어납니다.

채점 기준	
정답 키워드 상류, 침식 작용 | 하류, 퇴적 작용 '강 상류에서는 침식 작용이 활발하게 일어나고, 강 하류에서는 퇴적 작용이 활발하게 일어난다.' 등의 내용을 정확히 씀.	상
강 상류에서 주로 일어나는 작용과 강 하류에서 주로 일어나는 작용 중 한 가지만 정확히 씀.	중

18 가파른 절벽이나 구멍 뚫린 바위와 같은 바닷가의 침식 지형은 파도가 치면서 지표를 깎아 만들어졌습니다.

채점 기준		
(1)	'침식 작용'을 정확히 씀.	
(2)	**정답 키워드** 파도 | 지표 | 깎다 | 뚫리다 등 '파도가 치면서 지표를 깎아 만들어졌다.', '파도가 바위를 깎아 구멍이 뚫렸다.' 등의 내용 중 한 가지를 정확히 씀.	상
	구멍 뚫린 바위가 만들어지는 과정을 썼지만, 침식 작용과 관련지어 쓰지 못함.	중

19 흙 언덕 위쪽에서는 침식 작용이 활발하여 흙이 많이 깎이고, 흙 언덕 아래쪽에서는 퇴적 작용이 활발하여 흙이 많이 쌓입니다.

20 흐르는 물의 퇴적 작용은 운반된 돌이나 흙 등이 쌓이는 것을 말합니다.

대단원 평가 　　　　　　　50~53쪽

1 ㉠　　2 ㉠ 예 작음 ㉡ 예 꺼끌꺼끌
3 **1**, **4**, **2**, **3**　　4 (1) ㉠ (2) 예 운동장 흙은 화단 흙
보다 알갱이의 크기가 크기 때문에 물 빠짐이 빠르다.
5 ②, ④　　6 ②　　7 ㉢　　8 ①　　9 ①, ⑤
10 예 작은 알갱이가 되고, 이 작은 알갱이와 부식물이 섞여서
흙이 된다. 11 ㉢　　12 ④　　13 ①, ⑤　　14 (1) ㉡
(2) ㉠　　15 ㉠ 강 상류 ㉡ 강 중류 ㉢ 강 하류
16 ㉠ 예 좁음 ㉡ 예 완만함 ㉢ 침식 ㉣ 퇴적　　17 (1) 정원
(2) 예 아마도 아주 오래 전에 만들어졌을 거야. 흐르는 물은
오랜 시간에 걸쳐 지표를 서서히 변화시키거든. 18 ㈏
19 ㉡, ㉣　　20 ④, ⑤

1 화단 흙은 진한 황토색이고, 나뭇잎이나 나뭇가지와 같은
물질이 섞여 있습니다. 운동장 흙은 연한 노란색이고,
흙먼지가 많이 날립니다.

2 화단 흙 알갱이의 크기는 비교적 작고, 운동장 흙은
만지면 꺼끌꺼끌한 느낌이 듭니다.

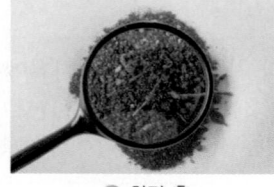
△ 화단 흙
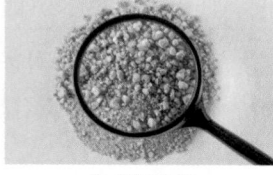
△ 운동장 흙

3 **1**, **4**, **2**, **3**의 순서로 물 빠짐 장치를 꾸며 실험합니다.

4 화단 흙은 알갱이의 크기가 비교적 작고, 운동장 흙은
알갱이의 크기가 비교적 크기 때문에 운동장 흙이 화단
흙보다 물 빠짐이 빠릅니다.

채점 기준		
(1)	'㉠'을 씀.	4점
(2)	**정답 키워드** 알갱이의 크기 | 크다 | 물 빠짐 | 빠르다 '운동장 흙은 화단 흙보다 알갱이의 크기가 크기 때문에 물 빠짐이 빠르다.' 등의 내용을 정확히 씀.	8점
	알갱이가 크다는 내용을 썼지만, 표현이 부족함.	4점

5 화단 흙과 운동장 흙에 같은 양의 물을 넣어야 하고,
물에 뜬 물질은 핀셋으로 건져서 거름종이에 놓고 관찰
합니다.

6 부식물은 나뭇잎이나 죽은 곤충 등이 썩은 것으로,
운동장 흙보다는 화단 흙에 많이 들어 있습니다.

7 별 모양 사탕을 통에 넣고 세게 흔들면 별 모양 사탕이
서로 부딪혀 가루가 많이 생기고, 크기가 작아집니다.

8 각설탕을 통에 넣고 흔들거나 바위틈으로 스며든 물이
얼었다 녹으면서 바위를 부수는 것은 큰 덩어리가 작은
알갱이로 부서지는 경우입니다.

9 바위틈에서 나무뿌리가 자라면서 바위틈을 벌리게 되고
결국 바위가 부서집니다.

10 나무뿌리, 물 등에 의해 바위나 돌이 부서지면 작은
알갱이가 되고, 이 작은 알갱이와 부식물이 섞여서 흙이
됩니다.

채점 기준		
정답 키워드 작은 알갱이 | 부식물 등		
'작은 알갱이가 되고, 이 작은 알갱이와 부식물이 섞여서 흙이 된다.' 등의 내용을 정확히 씀.		8점
흙이 만들어지는 과정에 대해 썼지만, 표현이 부족함.		4점

11 사각 쟁반에 흙 언덕을 만들고, 색 모래와 색 자갈을
흙 언덕 위쪽에 놓습니다.

12 흙 언덕의 위쪽은 흐르는 물에 의해 깎이고, 아래쪽은
깎인 흙이 운반되어 쌓입니다.

13 흙 언덕의 모습이 변한 까닭은 흐르는 물이 흙 언덕의
위쪽을 깎고, 깎인 흙을 아래쪽으로 운반해 쌓았기
때문입니다.

14 (1)은 침식 작용이 활발해 만들어진 지형이고, (2)는 퇴적
작용이 활발해 만들어진 지형입니다.

15 ㉠은 강 상류, ㉡은 강 중류, ㉢은 강 하류의 모습입니다.

16 강 상류는 강폭이 좁고 침식 작용이 활발하며, 강 하류는
강의 경사가 완만하고 퇴적 작용이 활발합니다.

17 강 주변 지형은 흐르는 물에 의해 서서히 모습이 달라
집니다.

채점 기준		
(1)	'정원'을 씀.	4점
(2)	**정답 키워드** 오랜 시간 | 서서히 등 '아마도 아주 오래 전에 만들어졌을 거야. 흐르는 물은 오랜 시간에 걸쳐 지표를 서서히 변화시키거든.' 등의 내용을 정확히 씀.	6점
	정원이 말한 두 문장 중 한 문장만 바르게 고쳐 씀.	3점

18 ㈏는 바닷물이 모래를 쌓아서 만들어진 모래사장의
모습입니다.

19 바닷물의 퇴적 작용으로 만들어진 모래사장은 오랜
시간에 걸쳐서 만들어졌습니다.

20 흙은 만들어지는 데 오랜 시간이 걸리고, 흙에서는
다양한 생물이 살아가고 있기 때문입니다.

4. 물질의 상태

개념 다지기
59쪽

1 ④　**2** 변하지 않습니다　**3** ⑤　**4** (1) ㉠
(2) ㉡　**5** ④　**6** ②, ⑤

1 돌과 쌓기나무는 눈으로 볼 수 있고 손으로 잡을 수 있습니다. 물과 주스는 눈으로 볼 수 있지만 손으로 잡으면 흘러내립니다.

2 그릇의 모양과 크기에 상관없이 조각의 모양과 크기는 변하지 않습니다.

3 담는 그릇이 바뀌어도 모양과 부피가 변하지 않는 물질의 상태를 고체라고 합니다.

4 물은 여러 가지 그릇에 옮겨 담았을 때 담는 그릇에 따라 물의 모양이 변하지만, 물의 부피는 변하지 않습니다.

5 물과 같은 액체인 주스는 담는 그릇에 따라 모양이 변하지만 부피는 변하지 않습니다.

6 페트병 입구에서 공기 방울이 생겨 위로 올라오고, 보글보글 소리가 남을 관찰할 수 있습니다.

단원 실력 쌓기
60~63쪽

Step ①
1 고체　**2** 컵　**3** 부피　**4** 있, 없
5 보이지 않지만　**6** ⑤　**7** 고체　**8** ③
9 ⑤　**10** ㉠ 예 모양 ㉡ 예 높이　**11** 물, 우유
12 ㉣　**13** ①, ③　**14** ③

Step ②
15 (1) 고체
　　(2) ❶ 예 그릇 ❷ 예 일정
16 (1) 꿀, 주스
　　(2) 예 꿀과 주스는 담는 그릇에 따라 모양이 변하지만 부피는 변하지 않기 때문이다.
17 ❶ 예 공기 방울 ❷ 예 눈에 보이지 않지만 우리 주변에 있다.

> **15** (1) 부피
> 　　(2) 모양
> **16** (1) 일정하지 않습니다
> 　　(2) 액체
> **17** (1) 공기
> 　　(2) 돌아갈 때

Step ③
18 예 변한다
19 예 같다
20 예 액체는 담는 그릇에 따라 모양이 변하지만, 부피는 변하지 않는 물질의 상태이다.

---

1 고체는 담는 그릇이 바뀌어도 모양과 부피가 변하지 않는 물질의 상태를 말합니다.

2 컵은 고체, 바닷물과 식초는 액체입니다.

3 액체인 물은 담는 그릇에 따라 모양이 변하지만, 부피는 변하지 않습니다.

4 액체인 주스는 눈으로 볼 수 있지만, 손으로 잡을 수 없습니다.

5 공기는 눈에 보이지 않지만 우리 주변에 있습니다.

6 나뭇조각은 담는 그릇이 바뀌어도 모양과 부피가 변하지 않습니다.

7 나뭇조각과 같이 담는 그릇이 바뀌어도 모양과 부피가 변하지 않는 물질의 상태를 고체라고 합니다.

8 식용유는 담는 그릇에 따라 모양이 변하므로 고체가 아닙니다. 모래는 담는 그릇이 바뀌어도 가루 알갱이 하나하나의 모양과 부피는 변하지 않으므로 고체입니다.

9 물은 무색투명하지만, 주스는 노란색입니다. 물과 주스는 흘러내려서 담긴 그릇을 기울이면 모양이 변합니다.

10 주스는 담는 그릇의 모양에 따라 주스의 모양이 변하지만 부피는 변하지 않습니다.

11 물과 우유는 주스와 같이 담는 그릇의 모양에 따라 모양이 변하지만 부피는 변하지 않는 액체입니다.

12 고체와 액체는 둘 다 담는 그릇이 바뀌어도 부피가 변하지 않습니다.

> **왜 틀렸을까?**
> ㉠ 액체의 성질입니다.
> ㉡ 기체의 성질입니다.
> ㉢ 고체의 성질입니다.

13 공기는 눈에 보이지 않지만 부풀린 풍선을 이용한 실험을 통해 우리 주변에 공기가 있음을 알 수 있습니다.

14 바람에 흔들리는 나뭇가지, 날고 있는 연이나 공기가 들어 있는 튜브 등을 통해 우리 주변에 눈에 보이지 않는 공기가 있음을 알 수 있습니다.

15 플라스틱 조각과 같이 담는 그릇이 바뀌어도 모양과 부피가 일정한 물질의 상태를 고체라고 합니다.

채점 기준

(1)	'고체'를 정확히 씀.	
(2)	❶에 '그릇', ❷에 '일정'을 모두 정확히 씀.	상
	❶과 ❷ 중 한 가지만 정확히 씀.	중

16 담는 그릇이 바뀌어도 모양과 부피가 일정한 가래떡과 젓가락은 고체입니다. 담는 그릇에 따라 모양은 변하지만, 부피가 변하지 않는 꿀과 주스는 액체입니다.

채점 기준		
(1)	'꿀, 주스'를 정확히 씀.	
(2)	**정답 키워드** 그릇 │ 모양 │ 변하다 │ 부피 │ 변하지 않는다 등 '꿀과 주스는 담는 그릇에 따라 모양이 변하지만 부피는 변하지 않기 때문이다.' 등의 내용을 정확히 씀.	상
	꿀과 주스가 액체인 까닭을 썼지만, 모양과 부피 변화와 관련지어 쓰지 못함.	중

17 물속에 빈 페트병이나 빈 플라스틱병을 넣고 누르면 공기 방울이 위로 올라오는 것을 볼 수 있습니다. 이를 통해 우리 주변에 공기가 있음을 알 수 있습니다.

채점 기준		
❶에 '공기 방울'을 쓰고, ❷에 '눈에 보이지 않지만 우리 주변에 있다.' 등의 내용을 정확히 씀.		상
❶과 ❷ 중 한 가지만 정확히 씀.		중

18 물의 모양은 담는 그릇의 모양과 같아 이전과 달라졌습니다.

19 처음에 사용한 그릇에 다시 물을 붓고, 표시했던 물의 높이와 비교하면 처음에 표시했던 물의 높이와 같습니다.

20 물처럼 담는 그릇의 모양에 따라 모양이 변하지만, 부피는 변하지 않는 물질의 상태를 액체라고 합니다.

개념 다지기   67 쪽

1 (1) 내려간다. (2) 높아진다. (3) 공기   **2** 예 공간
3 (1) ㉠ (2) ㉡   **4** ③   **5** <   **6** ㉢

1 실험 결과 스타이로폼 공이 수조 바닥까지 내려가고, 물의 높이가 처음 표시했던 것보다 조금 높아집니다.

2 페트병 안에 있는 공기가 공간을 차지하고 있기 때문에 페트병 안의 공기가 물을 밀어내어 페트병 안으로 물이 들어가지 못합니다.

3 주사기의 피스톤을 밀면 스타이로폼 공이 움직여 위로 올라가고, 주사기의 피스톤을 당기면 스타이로폼 공이 제자리로 돌아와 아래로 내려옵니다.

4 공기는 담는 그릇에 따라 모양이 변하므로 일정한 모양을 가지고 있지 않습니다.

---

5 공기 주입 마개를 눌러 페트병에 공기를 넣으면 페트병의 무게가 늘어납니다.

> **더 알아보기**
>
> **평상시 우리는 공기의 무게를 느끼지 못하는 까닭**
> • 공기가 우리 몸을 누르고 있는 만큼 우리 몸속에서도 똑같은 크기의 누르는 힘으로 밖으로 밀어내고 있기 때문입니다.
> • 사람들은 공기 중에서 생활하기 때문에 공기의 무게나 공기가 누르는 힘을 별로 느끼지 못하면서 생활하며, 이는 물속에서 생활하는 물고기가 물의 무게나 물이 누르는 힘을 잘 느끼지 못하는 것과 비슷합니다.

6 비눗방울 안의 공기는 기체, 비눗물은 액체 물질입니다.

단원 실력 쌓기   68~71 쪽

Step 1

1 공기   **2** 있습니다   **3** 기체   **4** 예 늘어난다.
5 비눗방울 안의 공기   **6** ㉠   **7** ⑤   **8** ④
9 →   **10** ⑤   **11** ㉡   **12** ②, ⑤
13 (1) ㉡ (2) ㉢ (3) ㉠   **14** 예 작아진다.

Step 2

15 (1) 예 움직인다.
   (2) ❶ 예 공기 ❷ 예 이동
16 (1) 기체
   (2) 예 풍선 안의 공기가 공간을 차지하고, 그 공간을 가득 채우고 있기 때문이다.
17 (1) ㉡
   (2) 예 공기는 무게가 있다.

> **15** (1) 밀면
>   (2) 있습
> **16** (1) 공기
>   (2) 같습
> **17** (1) ㉡
>   (2) 기체, 눈

Step 3

18 ❶ 예 내려감. ❷ 예 올라옴. ❸ 예 조금 높아짐. ❹ 예 처음 높이와 같아짐.
19 ❶ 예 공간 ❷ 물
20 예 공기는 공간을 차지한다.

1 공기는 눈에 보이지 않고 손으로도 잡을 수 없지만, 공간을 차지합니다. 물은 눈에 보이지만 손으로 잡을 수 없고 공간을 차지합니다.

2 공기는 다른 곳으로 이동할 수 있습니다.

3 기체는 담는 그릇에 따라 모양이 변하고, 그 공간을 항상 가득 채웁니다.

4 공기도 무게가 있어서 공기 주입 마개를 눌러 페트병에 공기를 더 넣으면 페트병의 무게가 늘어납니다.

5 비눗방울 안의 공기는 기체이고, 분수대의 물과 음료수는 액체입니다.

6 ㉠처럼 뚜껑을 닫은 페트병을 밀어 넣으면 스타이로폼 공이 수조 바닥까지 내려갑니다.

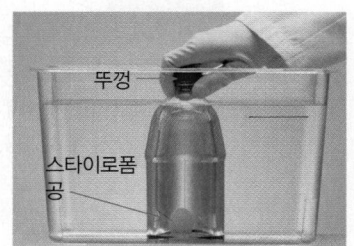
🔺 뚜껑을 닫은 페트병을 밀어 넣기

7 페트병의 뚜껑을 닫았을 때는 페트병 안에 있는 공기가 공간을 차지하기 때문에 페트병 안으로 물이 들어가지 못해 스타이로폼 공은 수조 바닥까지 내려갑니다.

8 ㉠은 페트병 안의 공기의 부피만큼 물이 밀려 나오므로 수조 안의 물의 높이가 조금 높아지고, ㉡은 물이 페트병 안으로 들어가기 때문에 물의 높이에 변화가 없습니다.

9 당겨 놓은 주사기의 피스톤을 밀면 주사기와 비닐관 안에 들어 있는 공기가 스타이로폼 공을 붙인 주사기로 이동 하게 되어 스타이로폼 공이 움직입니다.

10 주사기의 피스톤을 밀거나 당기면 한쪽 주사기에 들어 있는 공기가 비닐관을 통해 다른 쪽 주사기로 이동하기 때문에 스타이로폼 공이 움직입니다.

11 담는 그릇에 따라 모양과 부피가 변하고 그 공간을 항상 가득 채우는 물질의 상태를 기체라고 합니다.

12 ㈎는 공기 주입 마개를 누르기 전, ㈏는 공기 주입 마개를 누른 후의 페트병 무게를 측정한 것입니다. 공기는 무게가 있어서 페트병에 공기를 많이 넣을수록 무거워집니다.

> **더 알아보기**
>
> **공기의 무게**
> • 학교 교실 안에 있는 공기의 무게: 약 200 kg 정도이고, 3학년 여섯 명의 무게와 비슷합니다.
> • 학교 체육관 안에 있는 공기의 무게: 약 500 kg 정도이고, 다 자란 코끼리 한 마리의 무게와 비슷합니다.

13 우리 주변에 있는 물체나 물질은 고체, 액체, 기체의 다양한 상태로 있습니다.

14 풍선 속을 가득 채운 공기가 풍선 밖으로 이동하면서 풍선의 크기가 작아지고 장난감이 움직입니다.

15 피스톤을 밀면 ㉠ 주사기 안에 들어 있던 공기가 비닐관을 통해 ㉡ 주사기로 이동하여 스타이로폼 공이 움직입니다.

	채점 기준	
(1)	'움직인다.'를 정확히 씀.	
(2)	❶에 '공기', ❷에 '이동'을 모두 정확히 씀.	상
	❶과 ❷ 중 한 가지만 정확히 씀.	중

16 기체인 공기가 공간을 차지하고, 그 공간을 가득 채우기 때문에 풍선에 공기를 넣으면 풍선이 부풀게 됩니다.

	채점 기준	
(1)	'기체'를 정확히 씀.	
(2)	**정답 키워드** 공기 | 공간 | 차지하다 | 채우다 등 '풍선 안의 공기가 공간을 차지하고, 그 공간을 가득 채우고 있기 때문이다.' 등의 내용을 정확히 씀.	상
	풍선에 공기를 넣으면 부푸는 까닭을 썼지만, 기체의 성질과 관련지어 쓰지 못함.	중

17 페트병 입구에 끼운 공기 주입 마개를 눌러 페트병에 공기를 더 넣고 무게를 측정하면 공기 주입 마개를 누르기 전보다 누른 후의 무게가 늘어나는 것으로 보아 공기는 무게가 있음을 알 수 있습니다.

	채점 기준	
(1)	'㉡'을 정확히 씀.	
(2)	**정답 키워드** 공기 | 무게 '공기는 무게가 있다.' 등의 내용을 정확히 씀.	상
	실험으로 알 수 있는 공기의 성질을 썼지만, 표현이 부족함.	중

18 뚜껑을 닫은 페트병을 수조의 바닥까지 밀어 넣으면 스타이로폼 공이 내려가고, 수조 안 물의 높이는 조금 높아집니다. 페트병을 다시 천천히 위로 올리면 가라앉았던 스타이로폼 공이 위로 올라오고, 수조 안의 물의 높이는 다시 처음과 똑같은 높이가 됩니다.

19 뚜껑을 닫은 페트병에는 공기가 들어 있고, 공간을 차지하고 있어서 물을 밀어내기 때문에 스타이로폼 공의 위치와 수조 안의 물의 높이가 달라집니다. 반면 뚜껑을 연 페트병에는 공기가 구멍을 통해 빠져나가므로 스타이로폼 공의 위치나 수조 안의 물의 높이에 변화가 없습니다.

20 실험을 통해 공기는 공간을 차지한다는 것을 알 수 있습니다.

대단원 평가

1 ⓒ   **2** ③, ④   **3** ②   **4** ①, ⑤
5 ⑤ 예 모양 ⓒ 예 부피   **6** 예 담는 그릇에 따라
물의 모양이 변하지만, 부피는 변하지 않는다.   **7** ③, ⑤
8 ⓒ   **9** 예 공기   **10** ④   **11** (1) 예 내려간다.
(2) 공기, 예 플라스틱 컵 안에 들어 있는 공기는 공간을 차지한다.
12 ①, ③   **13** ③   **14** ①, ④   **15** ⓒ   **16** ⓒ
17 (1) 누른 후   (2) 예 페트병에 무게가 있는 공기를 더 넣었기
때문이다.   **18** ⓒ   **19** (1) 돌멩이, 필통 (2) 음료수, 비
눗물 (3) 연을 날리는 공기   **20** 공기, 기체

1 물은 투명하지만 눈에 보이고, 흘러내려서 손으로 잡을
수 없습니다.

2 플라스틱 조각은 담는 그릇이 바뀌어도 모양과 크기가
변하지 않습니다.

3 책, 동전, 지우개, 나뭇조각과 같은 고체는 담는 그릇이
바뀌어도 모양과 부피가 일정합니다.

4 담는 그릇이 바뀌어도 가루 알갱이 하나하나는 일정한
모양과 부피를 가지고 있으므로 모래와 같은 가루 물질은
고체입니다.

5 ❷의 과정으로 물의 모양 변화를, ❸의 과정으로 물의
부피 변화를 알 수 있습니다.

6 담는 그릇에 따라 물의 모양이 변하고, 물을 처음 사용한
그릇에 다시 담았을 때 높이가 유지되는 것을 통해 물의
부피가 변하지 않음을 알 수 있습니다.

채점 기준

정답 키워드 모양 | 변하다 | 부피 | 변하지 않는다		
'담는 그릇에 따라 물의 모양이 변하지만, 부피는 변하지 않는다.' 등의 내용을 정확히 씀.		8점
담는 그릇에 따른 물의 모양과 부피 변화 중 한 가지만 정확히 씀.		4점

7 우유와 바닷물은 담는 그릇에 따라 모양이 달라지지만,
부피는 변하지 않는 액체입니다.

8 모양이 서로 다른 그릇에 담긴 음료수의 부피를 비교하
려면 모양과 크기가 같은 그릇에 각각 담은 후 높이를
비교합니다.

9 빈 페트병을 손등에 가까이 가져가 누르거나 물속에서
누르면 빈 페트병 속에 있던 공기가 나오면서 공기를
느낄 수 있습니다.

10 ①, ②, ③을 통해 공기는 눈에 보이지 않지만 우리
주변에 있음을 알 수 있습니다.

11 플라스틱 컵 안에는 공기가 들어 있어 물이 들어가지
못하므로 페트병 뚜껑은 수조의 바닥까지 내려갑니다.

채점 기준

(1)	'내려간다.'를 정확히 씀.	4점
(2)	**정답 키워드** 공기 | 공간 | 차지하다 등 '공기'라고 쓰고, '플라스틱 컵 안에 들어 있는 공기는 공간을 차지한다.' 등의 내용을 정확히 씀.	8점
	'공기'라고 쓰고, 공기의 성질을 썼지만 실험 결과와 관련지어 쓰지 못하였음.	4점
	'공기'만 정확히 씀.	2점

12 페트병 안에 들어 있는 공기가 페트병의 입구로 빠져나가
물이 페트병 안으로 들어가고, 수조 안의 물의 높이는
처음 표시했던 높이와 같습니다.

13 축구공, 공기베개, 풍선 놀이 틀은 공기가 공간을 차지
하는 성질을 이용한 물건입니다.

14 당겨 놓은 주사기의 피스톤을 밀면 주사기와 비닐관
안에 들어 있는 공기가 반대쪽 주사기로 이동하여 스타이
로폼 공이 움직입니다.

15 주사기의 피스톤을 밀거나 당기면 스타이로폼 공이 움직
이는 것을 통해 공기가 다른 곳으로 이동할 수 있음을
알 수 있습니다.

16 공기 주입기로 풍선을 부풀리거나 자전거 타이어에
공기를 넣는 것은 공기가 공간을 차지하고 이동하는
성질을 이용한 것입니다.

17 공기 주입 마개를 눌러 페트병에 공기를 더 넣은 뒤
페트병의 무게를 측정하면 처음보다 늘어난 것으로 보아
공기는 무게가 있음을 알 수 있습니다.

채점 기준

(1)	'누른 후'를 정확히 씀.	4점
(2)	**정답 키워드** 공기 | 넣다 등 '페트병에 무게가 있는 공기를 더 넣었기 때문이다.' 등의 내용을 정확히 씀.	8점
	공기 주입 마개를 누른 후의 페트병의 무게가 더 무거운 까닭을 썼지만, 표현이 부족함.	4점

18 기체인 공기는 담긴 그릇을 항상 가득 채웁니다.

19 고체는 모양과 부피가 일정하고, 액체는 모양이 변하지
만 부피는 일정합니다. 기체는 모양과 부피가 변하며
담긴 그릇을 항상 가득 채웁니다.

20 풍선 속을 가득 채운 기체 상태의 공기가 풍선 밖으로
이동하면서 움직이는 장난감입니다.

5. 소리의 성질

개념 다지기　　　　　　　81 쪽

1 예 떨리　　**2** (1) ㉡ (2) ㉠　　　**3** 큰, 작은
4 ③　　　**5** (1) ㉡ (2) ㉠

1 물체에서 소리가 날 때에는 물체가 떨린다는 공통점이 있습니다.

2 작은북을 북채로 약하게 치면 북이 작게 떨리면서 작은 소리가 나고, 세게 치면 북이 크게 떨리면서 큰 소리가 납니다.

3 물체의 떨림이 클수록 큰 소리가 나고, 떨림이 작을수록 작은 소리가 납니다.

4 뱃고동은 배가 지나가고 있다는 신호를 먼 곳까지 보내기 위해 낮은 소리를 사용합니다.

5 실로폰의 긴 음판은 낮은 소리, 짧은 음판은 높은 소리가 납니다.

단원 실력 쌓기　　　　　　82~85 쪽

Step ①

1 예 떨린다　　　　**2** 큰 소리　　　**3** 세기
4 높낮이　**5** 높은 소리　　**6** ①, ⑤　**7** ①
8 ⑤　　　**9** 예 떨림　**10** ㉠　　**11** ⑤　　**12** ㉠, ㉣
13 ①, ④　**14** ①

Step ②

15 ❶ 예 떨림 ❷ 예 튀어 오른다
16 예 길이가 가장 긴 10 cm 플라스틱 빨대를 불 때 가장 낮은 소리가 난다.
17 (1) 소리의 높낮이
　　(2) 예 실로폰 음판의 길이가 짧을수록 높은 소리가 나고, 실로폰 음판의 길이가 길수록 낮은 소리가 난다.

> **15** 나는
> **16** 높은, 낮은
> **17** (1) 높낮이
> 　　(2) 높은, 낮은

Step ③

18 ㉠ 예 작은 ㉡ 예 큰 ㉢ 예 낮게 ㉣ 예 높게
19 예 북이 작게 떨리면서 스타이로폼 공이 낮게 튀어 오르고, 작은북을 북채로 세게 치면 북이 크게 떨리면서 스타이로폼 공이 높게 튀어 오르기 때문이다.
20 예 스피커의 소리 조절 장치로 큰 소리와 작은 소리를 낸다. 캐스터네츠를 세게 부딪쳐서 큰 소리를 내고 약하게 부딪쳐서 작은 소리를 낸다. 금속 그릇을 고무망치로 세게 쳐서 큰 소리를 내고 약하게 쳐서 작은 소리를 낸다. 우쿨렐레의 같은 줄을 세게 퉁겨서 큰 소리를 내고 약하게 퉁겨서 작은 소리를 낸다. 등

1 물체에서 소리가 날 때에는 물체가 떨립니다.

2 작은북을 세게 칠 때 큰 소리가 나고, 약하게 칠 때 작은 소리가 납니다.

3 소리가 크고 작은 정도를 소리의 세기라고 합니다.

4 소리가 높고 낮은 정도를 소리의 높낮이라고 합니다.

5 실로폰 음판의 길이가 짧을수록 높은 소리가 납니다.

6 북은 북채로 치면 북의 가죽이 떨리면서 소리가 납니다. 벌이 날 때 빠른 날갯짓으로 인해 떨림이 발생하여 소리가 납니다.

7 소리굽쇠의 떨림으로 인해 수조의 물이 튀어 오릅니다.

8 소리가 나는 트라이앵글을 손으로 잡아 물체가 떨리지 않게 하면 소리가 멈춥니다.

9 소리가 나는 트라이앵글과 소리굽쇠에 손을 대 보면 떨림이 느껴집니다.

10 작은북을 북채로 세게 치면 떨림이 크게 생기면서 소리가 크게 나고, 스타이로폼 공이 더 높게 튀어 오릅니다.

11 작은북을 세게 치면 크게 떨리면서 큰 소리가 나고, 약하게 치면 작게 떨리면서 작은 소리가 납니다.

12 야구장의 응원 소리와 수업 시간에 발표할 때는 큰 소리를 이용하는 경우입니다.

13 실로폰 음판을 ㉠ 방향으로 칠 때는 음판의 길이가 점점 짧아지므로 점점 높은 소리가 나고, ㉡ 방향으로 칠 때는 음판의 길이가 점점 길어지므로 점점 낮은 소리가 납니다.

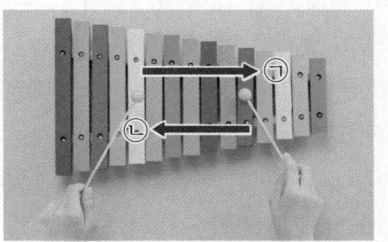

14 위급한 환자가 타고 있는 것을 알리는 구급차 소리와 불이 난 것을 알리는 화재 비상벨 소리는 높은 소리를 이용하는 예입니다. 뱃고동은 낮은 소리를 이용하고, 합창단 노랫소리는 높은 소리와 낮은 소리가 어우러진 경우입니다.

15 소리가 나지 않는 소리굽쇠를 물에 대 보면 아무 일도 일어나지 않지만 소리가 나는 소리굽쇠는 떨리기 때문에 물에 대 보면 물이 튀어 오릅니다.

채점 기준	
❶에 '떨림'을 쓰고, ❷에 '튀어 오른다'를 모두 정확히 씀.	상
❶, ❷ 중 한 가지만 정확히 씀.	중

16 빨대가 길수록 낮은 소리가 나고, 빨대가 짧을수록 높은 소리가 납니다.

채점 기준	
정답 키워드 10 cm │ 빨대 '길이가 가장 긴 10 cm 플라스틱 빨대를 불 때 가장 낮은 소리가 난다.'와 같이 플라스틱 빨대를 불 때 가장 낮은 소리가 나는 경우를 정확히 씀.	상
플라스틱 빨대를 불 때 가장 낮은 소리가 나는 경우를 썼지만 표현이 부족함.	중

17 실로폰 음판을 치면서 높은 소리가 날 때와 낮은 소리가 날 때의 음판 길이가 어떻게 다른지 비교합니다.

채점 기준		
(1)	'소리의 높낮이'를 정확히 씀.	
(2)	**정답 키워드** 짧은 음판−높은 소리 │ 긴 음판−낮은 소리 '실로폰 음판의 길이가 짧을수록 높은 소리가 나고, 실로폰 음판의 길이가 길수록 낮은 소리가 난다.' 와 같이 실로폰 음판의 길이에 따른 소리의 높낮이 관계를 정확히 씀.	상
	실로폰 음판의 길이에 따른 소리의 높낮이 관계를 썼지만 표현이 부족함.	중
	'실로폰 음판이 짧을수록 높은 소리가 난다.', '실로폰 음판이 길수록 낮은 소리가 난다.' 와 같이 실로폰 음판의 길이에 따른 소리의 높낮이 관계 중 한 가지만 씀.	하

18 작은북을 북채로 약하게 치면 작게 떨리면서 작은 소리가 나고 스타이로폼 공이 낮게 튀어 오릅니다. 작은북을 북채로 세게 치면 크게 떨리면서 큰 소리가 나고 스타이로폼 공이 높게 튀어 오릅니다.

19 작은북이 떨리는 정도에 따라 스타이로폼 공이 튀어 오르는 정도가 달라집니다.

20 세기가 다른 소리를 만들 때 물체를 세게 치면 큰 소리가 나고, 약하게 치면 작은 소리가 납니다.

1 공기　　**2** (1) ⓒ (2) ⓛ (3) ⑤　　**3** 팽팽
4 ⓛ　　**5** 나무판자　　**6** ④, ⑤

1 우리 주변의 대부분의 소리는 공기를 통해 전달됩니다.

2 소리의 전달은 고체, 액체, 기체의 여러 가지 물질을 통해 전달됩니다.

3 실 전화기의 실을 팽팽하게 하면 실을 더 잘 떨리게 하여 소리가 잘 들립니다.

4 소리는 나무판자와 같이 딱딱한 물체에 잘 반사되어 소리가 더 크게 들립니다.

5 소리는 스펀지와 같이 부드러운 물체에는 잘 반사되지 않습니다.

6 소리가 큰 스피커는 스피커의 볼륨을 조절하여 소리의 세기를 줄일 수 있습니다.

Step ①

1 물질　　**2** 실　　**3** 반사　　**4** 딱딱한 물체
5 소음　　**6** ⑤　　**7** ④, ⑤　　**8** ①　　**9** ④
10 ⓛ, ⑤, ⓒ, ② 　　**11** ③　　**12** 팽팽, 짧게, 굵게
13 ④　　**14** (1) × (2) ○ (3) ○　　**15** ④

Step ②

16 (1) 물, 공기
　　(2) ❶ 예 물 ❷ 예 공기
17 (1) 예 떨림　(2) 예 실의 길이를 짧게 하고 굵은 실을 사용한다. 실 전화기의 실과 종이컵 바닥이 단단히 고정되어 있게 한다. 실에 물을 묻히면 소리를 잘 전달할 수 있다. 등

> **16** (1) 공기
> 　　(2) 액체, 기체
> **17** (1) 실
> 　　(2) 팽팽, 짧게, 굵게

Step ③

18 소리의 반사
19 (1) ❷, ❸, ❶ (2) ❶ 예 딱딱한 ❷ 예 부드러운
20 예 도로에서 생기는 소음을 도로 쪽으로 반사시키기 때문이다.

1 소리는 철, 나무, 물, 공기 등의 여러 가지 물질을 통해 전달됩니다.

2 실 전화기는 실의 떨림으로 소리가 전달됩니다.

3 소리가 나아가다가 물체에 부딪쳐 되돌아오는 성질을 소리의 반사라고 합니다.

4 소리는 나무판자나 플라스틱판처럼 딱딱한 물체에서 잘 반사됩니다.

5 소음을 줄일 수 있는 방법은 소리를 반사하여 소리의 전달을 막거나 소리가 잘 전달되지 않도록 하는 방법, 소리의 세기 줄이기 등이 있습니다.

6 책상을 두드리는 소리는 고체인 책상(나무)을 통해 전달되었습니다.

7 촛불이 흔들리는 이유는 스피커에서 울리는 떨림으로 공기가 떨리기 때문이며, 스피커의 볼륨을 낮추면 떨림이 줄어들어 흔들림이 약해집니다.

8 달에는 소리를 전달해 주는 공기가 없기 때문에 소리가 전달되지 않아 들리지 않습니다.

9 소리는 고체, 액체, 기체 상태의 여러 가지 물질을 통해 전달됩니다. 그리고 우리 생활에서 대부분의 소리는 공기를 통해 전달됩니다.

10 종이컵 바닥에 누름 못으로 구멍을 뚫은 뒤, 구멍에 실을 넣고 실의 한쪽 끝에 클립을 묶어 실이 빠지지 않도록 고정합니다. 다른 종이컵도 같은 방법으로 만들어 완성합니다.

11 실 전화기에서 소리의 전달은 고체인 실의 떨림을 통해 이루어집니다.

12 실을 팽팽하게 하고 굵고 짧은 실을 사용할수록, 실이 더 잘 떨리게 되어 소리를 더 잘 들을 수 있습니다.

13 나무판을 들었을 때 들리는 소리가 가장 크고, 아무것도 들지 않았을 때 들리는 소리가 가장 작습니다.

14 소리는 부드러운 물체보다는 딱딱한 물체에서 잘 반사되며 나무판은 딱딱한 물체, 스타이로폼판은 부드러운 물체에 해당됩니다.

15 소리가 큰 스피커 소음은 스피커 볼륨을 조절하여 소음을 줄일 수 있습니다.

16 물속에 있는 스피커에서 나는 소리는 물속에서는 물을 통해 전달된 다음, 물 밖에서는 공기를 통해 우리 귀까지 전달됩니다.

채점 기준

(1)	'물, 공기'를 정확히 씀.	
(2)	❶에 '물'을 쓰고, ❷에 '공기'를 모두 정확히 씀.	상
	❶, ❷ 중 한 가지만 정확히 씀.	중

17 실 전화기의 실이 더 잘 떨리게 하는 방법을 생각합니다.

채점 기준

(1)	'떨림'을 정확히 씀.	
(2)	**정답 키워드** 짧은 | 굵은 | 고정 | 물 등 '실의 길이를 짧게 한다. 굵은 실을 사용한다. 실 전화기의 실과 종이컵 바닥이 단단히 고정되어 있게 한다. 실에 물을 묻힌다.' 등과 같이 실 전화기에서 소리가 잘 전달되는 방법을 두 가지 정확히 씀.	상
	실 전화기에서 소리가 잘 전달되는 방법을 두 가지 썼지만 표현이 부족함.	중
	실 전화기에서 소리가 잘 전달되는 방법을 한 가지만 정확히 씀.	하

18 소리가 나아가다가 나무판자나 스펀지와 같은 물체에 부딪치면 소리가 반사됩니다.

19 소리는 딱딱한 물체에는 잘 반사되고, 부드러운 물체에는 잘 반사되지 않습니다.

20 자동차 소음은 도로 방음벽에서 소리가 반사되기 때문에 소리의 전달을 막아 소음을 줄일 수 있습니다.

대단원 평가 94~96쪽

1 ② 　　2 예 소리가 나는 트라이앵글과 소리굽쇠에 손을 대 보면 떨림이 느껴지고, 소리가 나는 물체는 모두 떨림이 있다. 　　3 현주 　　4 ①, ⑤ 　　5 ② 　　6 ㉠, ㉢
7 ② 　　8 높은 　　9 (1) 공기 (2) 책상 　　10 ①, ④
11 예 물속에서는 물을 통해 소리가 전달되고, 물과 사람의 귀 사이에서는 공기를 통해 소리가 전달된다.
12 ② 　　13 실 　　14 ③ 　　15 ㉠
16 소리의 반사 　　17 ④ 　　18 ① 　　19 ㉢
20 (1) 예 자동차 소리, 자동차가 빨리 달리는 소리, 자동차 경적 소리 등 (2) 예 소리가 반사되는 성질을 이용하여 자동차 소리를 도로 쪽으로 반사시켜 소리의 전달을 막아 소음을 줄인다.

1 소리의 크기에 따라 물체가 떨리는 정도는 다릅니다. 소리가 나는 물체에 손을 대면 떨림이 느껴집니다.

2 소리가 나는 물체에 손을 대 보면 떨림을 느낄 수 있고, 소리가 나는 물체들은 떨린다는 공통점이 있습니다.

채점 기준

정답 키워드 떨림	
'소리가 나는 트라이앵글과 소리굽쇠에 손을 대 보면 떨림이 느껴지고, 소리가 나는 물체는 모두 떨림이 있다.'와 같이 소리가 나는 물체에 손을 댄 느낌과 소리가 나는 물체의 공통점을 정확히 씀.	10점
소리가 나는 물체에 손을 댄 느낌과 소리가 나는 물체의 공통점 중 한 가지만 정확히 씀.	5점

3 소리가 나는 소리굽쇠를 손으로 잡아 소리굽쇠의 떨림을 멈추게 하면 소리가 나지 않습니다.

4 작은북을 치는 세기에 따라 소리의 세기, 스타이로폼 공이 튀어 오르는 높이가 달라집니다.

5 작은북을 북채로 약하게 칠 때는 작은 소리가 나고, 세게 칠 때는 큰 소리가 납니다.

6 ㉠, ㉢은 큰 소리를 내는 경우이고, ㉡은 작은 소리를 내는 경우입니다.

7 실로폰은 소리의 높낮이를 이용하여 연주하는 악기로, 음판의 길이에 따라 소리의 높낮이가 달라집니다.

8 화재 비상벨은 높은 소리로 사람들에게 불이 난 것을 알려 줍니다.

9 소리는 물질을 통해 전달됩니다. 우리 생활에서 들리는 대부분의 소리는 기체인 공기를 통해 전달되고, 물과 같은 액체, 나무나 철과 같은 고체를 통해서도 전달됩니다.

10 실 전화기로 친구에게 소리를 전달하는 것과 철봉에 귀를 대고 철봉을 두드리는 소리를 듣는 것은 고체인 실과 철을 통해 소리가 전달되는 경우입니다.

11 물속에 있는 스피커에서 나는 소리는 물속에서는 물에 의해 소리가 전달되고, 물 밖에서는 공기를 통해 전달됩니다.

채점 기준

정답 키워드 떨림	
'물속에서는 물을 통해 소리가 전달되고, 물과 사람의 귀 사이에서는 공기를 통해 소리가 전달된다.'와 같이 물속 스피커에서 나는 소리가 귀에 전달되는 과정을 정확히 씀.	12점
'물을 통해 소리가 전달된다.', '공기를 통해 소리가 전달된다.'와 같이 물속에서 소리가 전달되는 과정과 물 밖에서 소리가 전달되는 과정 중 한 가지만 정확히 씀.	6점

12 통 안의 공기를 빼면 소리를 전달하는 물질인 공기가 줄어들어 소리가 작아집니다.

13 실 전화기는 실의 떨림으로 소리가 전달됩니다.

> **더 알아보기**
>
> **실 전화기로 소리 전달하기**
> 실 전화기의 한쪽 종이컵에 입을 대고 소리를 내면 실이 떨리면서 소리가 전달되어 다른 쪽 종이컵에서 소리를 들을 수 있습니다.

14 실 전화기에서 실의 길이가 지나치게 길면 실의 떨림이 줄어들기 때문에 소리가 잘 전달되지 않습니다.

15 들리는 소리의 크기 비교하기
나무판자를 세우고 듣는 소리 > 스펀지를 세우고 듣는 소리

16 이어폰에서 나는 소리가 나무판자에서 반사되어 더 잘 들을 수 있습니다. 소리의 반사는 딱딱한 물체인 나무판자에서 더 잘 됩니다.

17 소리는 부드러운 물체보다 딱딱한 물체에서 더 잘 반사되며, 산에서 울리는 메아리는 소리의 반사에 해당합니다.

> **왜 틀렸을까?**
>
> ① 메아리는 소리가 나아가다가 산에 부딪쳐 되돌아오는 소리의 반사 때문에 생깁니다.
> ② 공연장 천장에 설치된 반사판은 연주 소리를 반사시켜 공연장 전체에 골고루 전달합니다.
> ③ 소리는 스타이로폼판보다 나무판에서 더 잘 반사됩니다.
> ⑤ 소리는 부드러운 물체보다 딱딱한 물체에서 더 잘 반사됩니다.

18 소음은 사람의 기분을 좋지 않게 만들거나 건강을 해칠 수 있는 시끄러운 소리를 말합니다.

19 음악실의 방음벽은 소리가 잘 전달되지 않는 물질을 사용하여 소음을 줄입니다.

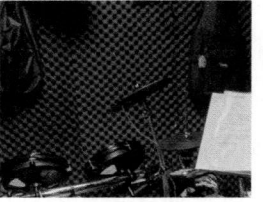

△ 음악실 방음벽

20 자동차에서 생기는 소음은 도로 방음벽에서 반사되어 도로 쪽으로 전달됩니다.

채점 기준

(1)	'자동차 소리, 자동차 경적 소리' 등의 내용을 정확히 씀.	4점
(2)	정답 키워드 소리의 반사 '소리가 반사되는 성질을 이용하여 자동차 소리를 도로 쪽으로 반사시켜 소음을 줄인다.'와 같은 내용을 정확히 씀.	6점
	도로 방음벽으로 소음을 줄이는 방법을 썼지만 표현이 부족함.	3점

1. 재미있는 과학 탐구

개념 확인하기   4쪽

1 ㉠   **2** ㉡   **3** ㉢   **4** ㉡   **5** ㉠

온라인 학습 단원평가의 **정답**과 함께 **문항 분석**도 확인하세요.

단원평가   5~7쪽

문항 번호	정답	평가 내용	난이도
1	⑤	궁금한 점을 찾는 방법 알기	쉬움
2	①	탐구 문제를 정하는 방법 알기	보통
3	①	탐구 문제를 정하는 방법 알기	쉬움
4	③	실험하여 해결할 수 있는 탐구 문제 알기	어려움
5	④	탐구 문제를 해결하기 위한 실험 조건 알기	보통
6	⑤	탐구 계획을 세우는 방법 알기	보통
7	④	탐구 계획을 세우는 과정 알기	어려움
8	⑤	탐구 계획을 세울 때 주의할 점 알기	보통
9	④	탐구 계획의 평가 내용 알기	어려움
10	④	탐구 실행을 위한 준비 과정 알기	보통
11	①	탐구를 실행하는 방법 알기	쉬움
12	⑤	탐구를 실행하는 과정 알기	보통
13	①	정확한 탐구 실행 결과를 얻는 방법 알기	쉬움
14	④	발표 자료에 들어갈 내용 알기	보통
15	①	탐구 결과를 이해하기 쉽게 표현하는 방법 알기	쉬움
16	②	포스터를 이용한 발표 모습 구분하기	쉬움
17	①	탐구 결과 발표의 평가 내용 알기	어려움
18	③	탐구 결과 발표의 평가 의견 이해하기	보통
19	⑤	탐구 문제 해결 과정 알기	보통
20	⑤	새로운 탐구 문제를 정하는 방법 알기	보통

1 책, 교과서, 인터넷, 우리 생활 등에서 찾은 내용 중 궁금한 점이 있는지 생각해 봅니다.

2 탐구 문제를 정할 때에는 직접 탐구할 수 있는 문제를 선택해야 합니다.

3 탐구 문제는 관찰, 측정, 실험하여 대답할 수 있는 문제여야 하고, 이미 답을 알고 있어서는 안 됩니다.

4 달에서 직접 실험하기 어려우므로 달과 지구에서 팽이가 도는 시간을 비교하는 것은 실험으로 해결하기 힘듭니다.

5 겹친 회전판의 개수만 다르게 하고, 나머지는 같게 하여 실험해야 탐구 문제를 해결할 수 있습니다.

6 다른 친구가 읽어도 탐구 내용을 이해할 수 있도록 탐구 순서를 자세하게 적어야 합니다.

7 탐구 문제를 해결할 수 있는 실험 방법과 조건을 생각하여 탐구 계획을 세우고, 탐구 계획이 적절한지 확인합니다.

8 탐구 계획은 자세하게 적어야 합니다.

9 탐구 계획을 세울 때에는 탐구 순서, 예상되는 결과, 준비물, 역할 나누기 등을 자세히 적어야 합니다.

10 탐구를 실행하기 전에 탐구 순서, 자신의 역할 등을 확인하고, 준비물을 준비합니다.

11 탐구를 실행할 때에는 관찰한 결과를 확인하면 즉시 기록해야 합니다.

12 예상한 결과와 실제 탐구 결과를 비교합니다.

13 여러 번 과정을 반복하면 정확한 실행 결과를 얻을 수 있습니다.

14 탐구 결과 발표 자료에는 탐구 문제, 모둠 이름, 시간과 장소, 탐구 방법, 준비물, 탐구 순서, 탐구 결과 등이 들어가야 합니다.

15 탐구 결과 발표 자료를 만들 때 표, 그래프, 사진, 그림 등을 이용하면 탐구 자료를 이해하기 쉽게 표현할 수 있습니다.

16 ①은 실물 전시 발표, ③은 연극을 이용한 발표, ④는 컴퓨터를 이용한 발표 방법입니다.

17 탐구 활동은 새로운 과학적 원리를 얻기 위한 것이 아니라 탐구 문제에 대한 답을 알아내는 과정입니다.

18 탐구 결과 발표가 적절한지 확인할 때는 스스로 탐구할 수 있는 탐구 문제인지도 확인해야 합니다.

19 먼저 탐구 문제를 정한 다음, 탐구 계획을 세워 탐구를 실행하고 탐구 결과를 발표합니다.

20 교과서에서 답을 쉽게 찾을 수 있는 문제는 새로운 탐구 문제로 적절하지 않습니다.

2. 동물의 생활

개념 확인하기 8쪽

1 ㉠, ㉡, ㉢ **2** ㉠ **3** ㉠
4 ㉡ **5** ㉡

개념 확인하기 9쪽

1 ㉠ **2** ㉡ **3** ㉡
4 ㉠ **5** ㉡

실력 평가 10~11쪽

1 (1) ㉡ (2) ㉢ (3) ㉠ **2** ① **3** ⑤ **4** ③, ④
5 한솔 **6** ④ **7** 예 더듬이가 있는가? **8** ③
9 ① **10** ③, ④

1 참새와 까치는 화단이나 나무 위에서, 개와 고양이는 집 주변에서, 개구리와 금붕어는 연못에서 주로 볼 수 있습니다.

2 까치는 머리, 가슴, 등은 검은색이고 배는 하얀색입니다. 날개가 있어 날 수 있습니다.

3 거미는 다리가 네 쌍이고, 화단, 건물 벽 등에서 볼 수 있습니다.

4 공벌레는 돌 밑이나 낙엽 밑 등 습한 곳에 숨어 있다가 밤이 되면 돌아다닙니다.

5 직접 관찰한 동물에 대하여 좀 더 자세하게 알아볼 때에는 동물도감, 스마트 기기 등에서 찾아 보거나, 확대경 등을 이용하여 자세히 관찰합니다. '동물 다섯고개' 놀이는 조사한 동물의 특징을 이용하여 놀이하는 방법으로 알맞습니다.

6 개, 토끼, 다람쥐는 새끼를 낳는 동물이고, 개구리, 붕어, 나비는 알을 낳는 동물입니다.

7 동물을 더듬이가 있는 것(벌, 개미, 달팽이)과 더듬이가 없는 것(개구리, 지렁이, 참새)으로 분류한 것입니다.

8 동물을 특징에 따라 분류할 때의 기준으로 좋아하는 정도는 사람마다 다른 결과가 나오므로 적당하지 않습니다.

9 참새, 나비, 거미, 공벌레는 다리가 있는 동물이고, 뱀, 붕어, 달팽이는 다리가 없는 동물입니다

10 잠자리, 개미, 메뚜기는 다리가 여섯 개인 곤충입니다. 달팽이는 곤충이 아니며 다리가 없습니다.

> **왜 틀렸을까?**
> ① '몸집이 큰가?': 크다는 기준은 사람마다 다르기 때문에 분류 기준으로 알맞지 않습니다.
> ② 알을 낳는가?
> • 그렇다.: 잠자리, 개미, 메뚜기, 달팽이
> • 그렇지 않다.: 없음.
> ⑤ 더듬이가 있는가?
> • 그렇다.: 잠자리, 개미, 메뚜기, 달팽이
> • 그렇지 않다.: 없음.

개념 확인하기 12쪽

1 ㉢, ㉣, ㉰ **2** ㉠ **3** ㉠
4 ㉠ **5** ㉡

개념 확인하기 13쪽

1 ㉠, ㉢ **2** ㉢ **3** ㉡
4 ㉡ **5** ㉠

실력 평가 14~15쪽

1 (2) ○ (3) ○ **2** 땅속 **3** ② **4** ②
5 ④ **6** ③ **7** ③, ④ **8** ⑤ **9** ②
10 (1) ㉢ (2) ㉠ (3) ㉡

1 개미는 땅 위와 땅속을 오가며 살고, 소와 다람쥐는 땅 위에서, 땅강아지는 주로 땅속에서 삽니다.

2 두더지는 삽처럼 생긴 앞발을 이용하여 굴을 파서 땅속에서 잘 이동할 수 있습니다.

3 조개는 갯벌에서 살며 아가미로 숨을 쉬고, 두 장의 딱딱한 껍데기로 몸이 둘러싸여 있습니다. 게는 집게 다리가 한 쌍이 있고 나머지 다리 네 쌍으로 걸어 다닙니다.

4 돌고래, 붕어, 고등어는 몸이 부드럽게 굽은 형태(유선형)이고 지느러미를 이용하여 헤엄쳐서 이동합니다. 오징어는 지느러미로 헤엄치지만 몸이 긴 세모 모양입니다.

5 까치, 참새, 직박구리와 같은 새는 날개가 있고 몸이 깃털로 덮여 있습니다.

6 제비, 참새, 까치는 새이고 벌은 곤충입니다.

7 사막에서 사는 낙타는 등에 있는 혹에 지방을 저장하여 먹이가 없어도 며칠 동안 생활할 수 있습니다. 또한 콧구멍을 열고 닫을 수 있어서 모래 먼지가 콧속으로 들어가는 것을 막을 수 있습니다.

8 북극에서 사는 북극여우는 몸이 털로 덮여 있고, 귀가 작아 추운 환경에 살기에 알맞습니다. 계절에 따라 털 색깔이 변합니다.

9 전복과 다슬기는 물속 바위에 붙어서 기어 다닙니다. 수달과 개구리는 발가락에 물갈퀴가 있어 물속에서 헤엄칠 수 있습니다. 물방개는 물속에서 다리로 헤엄쳐 이동하고 소금쟁이는 물 위를 미끄러지듯이 움직입니다.

10 물갈퀴, 집게 차, 칫솔걸이의 흡착판처럼 우리 생활에서 동물의 특징을 활용하여 만든 것이 많습니다.

서술형·논술형 평가 16쪽

1 (1) 까치
(2) ㉡ 예 화단 등 ㉢ 예 마당, 집 주변 등
(3) 예 더듬이가 있고, 미끄러지듯이 움직인다.

2 ❶ 예 날개가 있나요? ❷ 예 제비 등 ❸ 예 고양이 등

3 (1) 붕어, 물방개
(2) 예 물속 바위에 붙어서 배발을 이용하여 기어 다닌다.
(3) 예 몸이 부드럽게 굽은 형태(유선형)라서 물속에서 빨리 헤엄쳐 이동할 수 있다.

1 화단에서 볼 수 있는 달팽이는 더듬이가 있고, 다리가 없어서 기어 다닙니다.

채점 기준

(1)	'까치'를 정확히 씀.	2점
(2)	㉡에 '화단'을 쓰고, ㉢에 '마당, 집 주변'의 내용을 정확히 씀.	4점
	㉡과 ㉢ 중 하나만 정확히 씀.	2점
(3)	**정답 키워드** 더듬이 | 미끄러지다 등 '더듬이가 있고 미끄러지듯이 움직인다. 등에 딱딱한 껍데기가 있다.' 등의 달팽이의 특징을 정확히 씀.	6점
	달팽이의 특징을 썼지만 표현이 부족함.	3점

2 벌, 참새, 잠자리는 날개가 있고, 토끼, 송사리, 다람쥐는 날개가 없습니다.

채점 기준

❶	**정답 키워드** 날개 '날개가 있는가?'와 같은 내용을 정확히 씀.	4점
	분류 기준을 썼지만 표현이 부족함.	2점
❷	'제비, 나비, 까치, 참새, 매미, 직박구리' 등 날개가 있는 동물 한 가지를 정확히 씀.	2점
❸	'개, 소, 뱀, 노루, 너구리, 고등어, 돌고래, 공벌레' 등 날개가 없는 동물 한 가지를 정확히 씀.	2점

3 상어와 전복은 바닷속에서 사는 동물이고, 붕어와 물방개는 강이나 호수의 물속에서 사는 동물입니다.

더 알아보기

물에서 사는 동물의 특징

동물	사는 곳	특징
상어	바닷속	• 몸이 비늘로 덮여 있음. • 몸의 옆면에 아가미구멍이 있음. • 지느러미로 물속에서 헤엄칠 수 있음.
전복	바닷속	• 몸은 둥근 모양의 딱딱한 껍질로 둘러싸여 있음. • 물속 바위에 붙어서 배발로 기어 다님.
붕어	강, 호수의 물속	• 몸이 비늘로 덮여 있고, 유선형임. • 아가미가 있음. • 여러 개의 지느러미로 헤엄쳐 이동함.
물방개	강, 호수의 물속	• 다리는 3쌍이고, 뒷다리에 털이 나 있음. • 숨을 쉬려고 물 위로 올라옴. • 물속에서 헤엄쳐 이동함.

채점 기준

(1)	'붕어, 물방개'를 모두 정확히 씀.	2점
(2)	**정답 키워드** 물속 바위 | 기어 다니다 '물속 바위에 붙어서 배발을 이용하여 기어 다닌다.'와 같이 전복의 이동 방법을 정확히 씀.	6점
	단순히 '기어 다닌다.'라는 내용만 씀.	3점
(3)	**정답 키워드** 몸이 부드럽게 굽은 형태(유선형) '몸이 부드럽게 굽은 형태(유선형)라서 물속에서 빨리 헤엄쳐 이동할 수 있다.'와 같은 내용을 정확히 씀.	6점
	물속에서 생활하기에 알맞은 점을 썼지만 몸의 형태와 관련지어 쓰지 못함.	3점

온라인 학습 단원평가의 **정답**과 함께 **문항 분석**도 확인하세요.

단원평가 17~19쪽

문항 번호	정답	평가 내용	난이도
1	②	작은 동물 관찰 도구 알기	쉬움
2	①	주변에서 볼 수 있는 동물의 특징 알기	보통
3	④	주변에서 볼 수 있는 동물의 특징 알기	쉬움
4	②	동물을 분류하는 기준 알기	어려움
5	⑤	동물을 분류하는 알맞은 기준 알기	보통
6	③	동물 분류하기	어려움
7	④	땅 위와 땅속을 오가며 사는 동물의 특징 알기	보통
8	④	땅에서 사는 동물의 특징 알기	쉬움
9	④	땅에서 사는 동물의 특징 알기	보통
10	④	물에서 사는 동물의 특징 알기	보통
11	④	물에서 사는 동물의 특징 알기	어려움
12	③	붕어의 특징 알기	쉬움
13	③	날아다니는 동물의 특징 알기	보통
14	④	날아다니는 동물의 특징 알기	보통
15	②	낙타의 특징 알기	보통
16	①	극지방에서 사는 동물의 특징 알기	쉬움
17	①	사막이나 극지방에서 사는 동물의 특징 알기	보통
18	⑤	다양한 환경에 사는 동물의 특징 알기	어려움
19	④	생활에서 동물의 특징을 활용한 예 알기	보통
20	①	동물의 특징을 모방한 로봇의 예 알기	쉬움

1 확대경을 사용하면 움직이는 작은 동물을 확대경 안에 가둬 놓고 확대해서 자세하게 관찰할 수 있습니다.

2 달팽이는 다리가 없고, 미끄러지듯이 움직입니다.

3 달팽이는 딱딱한 껍데기로 된 집이 있습니다.

4 ㉮는 다리가 두 개, ㉯는 다리가 네 개, ㉰는 다리가 여섯 개입니다

5 사람에 따라 분류 결과가 달라질 수 있는 기준은 분류 기준으로 적합하지 않습니다. 개구리는 육식, 붕어는 잡식, 꿀벌은 초식 동물입니다.

6 개미, 공벌레, 지렁이는 땅에서 사는 동물이고 다슬기는 물에서 사는 동물입니다. 분류할 때는 대상을 빠뜨려서는 안 됩니다.

7 뱀은 땅속과 땅 위를 오가며 생활하고 다리가 없습니다.

8 뱀은 땅 위와 땅속을 오가며 생활하고 너구리는 땅 위에서 생활합니다.

9 땅에서 사는 동물 중 다리가 있는 동물은 걷거나 뛰어다니고, 다리가 없는 동물은 기어 다닙니다

10 전복, 다슬기는 배발로 기어서 이동하고, 고등어, 오징어는 지느러미로 헤엄쳐 이동합니다.

11 다슬기, 미꾸리, 오징어는 물속에 사는 동물이고 아가미로 숨을 쉽니다.

12 붕어는 지느러미를 이용하여 헤엄쳐 이동하며, 몸이 부드럽게 굽은 형태입니다.

13 나비, 잠자리는 곤충으로 다리가 세 쌍입니다.

14 날아다니는 동물에는 박새, 까치, 직박구리와 같은 새나 매미, 나비, 잠자리와 같은 곤충이 있습니다.

15 낙타는 사막에서 잘 살 수 있는 특징이 있습니다.

16 북극곰, 북극여우, 황제펭귄이 사는 극지방은 1년 중 대부분이 겨울로 온도가 매우 낮습니다.

17 북극여우는 귀가 작고, 사막여우는 귀가 큽니다. 황제펭귄은 몸이 깃털로 덮여 있고, 여러 마리가 무리 지어 생활하며 추위를 견딥니다.

18 수달은 강가나 호숫가에서 땅과 물을 오가며 살고 아가미가 없습니다. 황제펭귄은 남극에서 삽니다.

19 두더지가 땅을 잘 파는 특징을 활용하여 굴삭기를 만들 수 있습니다.

20 바닷속의 바닥에 장애물이 있어도 자유롭게 넘어 다닐 수 있어야 하므로 다리가 10개인 게의 특징을 활용하기 적당합니다.

3. 지표의 변화

1 운동장 흙은 화단 흙보다 색깔이 밝습니다.

2 화단 흙은 만졌을 때 부드럽고 축축하여 잘 뭉쳐집니다.

> **왜 틀렸을까?**
> ①, ② 화단 흙은 나뭇잎이나 나뭇가지와 같은 물질이 섞여 있고, 운동장 흙은 흙먼지가 많이 날립니다.
> ⑤ 화단 흙은 만졌을 때 부드럽고 축축합니다. 꺼끌꺼끌한 것은 운동장 흙입니다.

3 화단 흙과 운동장 흙의 물 빠짐을 비교하는 실험에서는 거즈, 비커, 초시계, 반으로 자른 페트병 등의 준비물이 필요합니다.

4 화단 흙보다 운동장 흙 알갱이의 크기가 커서 운동장 흙의 물 빠짐이 빠릅니다.

5 운동장 흙은 물에 뜬 물질이 거의 없고, 화단 흙은 물에 뜬 물질이 많습니다.

6 화단 흙의 물에 뜬 물질에는 식물의 뿌리나 줄기, 마른 나뭇가지, 죽은 곤충 등을 관찰할 수 있습니다. 이러한 물질은 대부분 부식물이고, 식물이 잘 자라는 데 도움을 줍니다.

> **더 알아보기**
> **흙의 뜬 물질**
> • 흙의 뜬 물질에는 부식물뿐만 아니라 분해되지 않은 동식물의 잔해가 섞여 있습니다.
> • 핀셋으로 건져 낸 물질이 모두 부식물이 아니지만 동식물의 잔해는 시간이 지나면 부식물이 될 것이므로 화단 흙에는 부식물이 많고, 부식물이 많은 흙에서 식물이 잘 자랄 수 있습니다.

7 식물이 잘 자라는 흙에는 나뭇잎이나 죽은 곤충 등 동물이나 식물이 오랫동안 썩어서 만들어진 부식물이 많습니다.

8 각설탕이 부서지면 가루 설탕이 되는 것처럼 자연에서 바위나 돌이 부서지면 흙이 됩니다.

9 각설탕을 플라스틱 통에 넣고 흔드는 것과 자연에서 나무뿌리나 물이 하는 일은 모두 큰 덩어리를 작은 알갱이로 부순다는 공통점이 있습니다.

10 바위나 돌이 부서지면 작은 알갱이가 되고, 이 작은 알갱이와 생물이 썩어 생긴 부식물이 섞여서 흙이 됩니다.

1 물을 흘려 보내면 흙 언덕의 위쪽에 있는 흙과 색 모래가 아래쪽으로 떠내려와 쌓이게 됩니다.

> **더 알아보기**
> **흙 언덕 위쪽에서 물을 흘려 보낸 후 흙 언덕의 모습이 어떻게 변했는지 그림으로 나타내기**
> • 물이 흐르면서 흙 언덕의 위쪽에 있는 흙과 색 모래가 아래쪽으로 떠내려와 쌓입니다.
> • 색 자갈은 아래쪽으로 조금 이동합니다.

색 모래와 색 자갈의 이동 방향

▲ 흙 언덕 위쪽에서 물을 흘려 보낼 때

2 흙 언덕의 위쪽은 퇴적 작용보다 침식 작용이 활발하게 일어나 흙이 많이 깎입니다.

3 흘려 보내는 물의 양이 많으면 흙 언덕 위쪽에서 침식 작용이 더 활발하게 일어나고, 흙 언덕 아래쪽에서는 퇴적 작용이 더 활발하게 일어나 흙이 많이 쌓입니다.

4 흐르는 물에 의해 경사진 곳의 지표는 침식 작용이 주로 일어납니다.

> **더 알아보기**
>
> **비가 오고 난 후 땅의 모습이 변한 까닭**
> 경사진 곳에서는 흐르는 물에 의하여 땅이 깎이고, 깎인 알갱이들은 낮은 곳으로 운반되어 쌓이기 때문입니다.

5 강 상류(㉠)는 강의 경사가 급해 물의 흐름이 빠르고, 강 하류(㉡)는 강의 경사가 완만해 물의 흐름이 느립니다.

6 ㉠은 강 상류의 모습으로 퇴적 작용보다 침식 작용이 활발하게 일어나고, ㉡은 강 하류의 모습으로 침식 작용보다 퇴적 작용이 활발하게 일어납니다.

7 강 상류에는 큰 바위가 많고, 강 하류에는 모래나 진흙이 많습니다.

8 절벽과 동굴은 바닷물의 침식 작용, 모래사장은 바닷물의 퇴적 작용으로 만들어진 지형입니다.

9 구멍 뚫린 바위는 파도가 치면서 지표를 깎아 만들어진 것으로, 바닷물의 침식 작용으로 만들어졌습니다.

10 물결을 일으키면 바닷가 모형의 위쪽은 깎이고, 깎인 모래가 바닷가 모형의 아래쪽으로 밀려들어가 쌓이는 것을 통해 침식 작용과 퇴적 작용이 일어남을 알 수 있습니다.

침식 작용이 일어남.   퇴적 작용이 일어남.

⬆ 플라스틱 판으로 물결을 일으킨 뒤의 모습

서술형·논술형 평가 28쪽

1 (1) ㉠ **예** 가루 ㉡ **예** 모양
  (2) **예** 큰 덩어리를 작은 알갱이로 부순다.
2 (1) **예** 강폭이 좁고, 강의 경사가 급하다.
  (2) **예** 모래나 흙이 쌓여 있는 것, 넓은 평야, 들 등
  (3) ㉠ **예** 퇴적 작용보다 침식 작용이 활발하게 일어난다.
   ㉡ **예** 침식 작용보다 퇴적 작용이 활발하게 일어난다.
3 **예** 바닷물의 퇴적 작용으로 고운 흙이나 가는 모래가 쌓여 만들어졌다.

---

1 실험에서 플라스틱 통을 흔드는 것과 자연에서 나무뿌리가 자라면서 바위가 부서지는 것은 모두 큰 덩어리를 작은 알갱이로 부순다는 공통점이 있습니다.

채점 기준		
(1)	㉠에 '가루', ㉡에 '모양'을 모두 씀.	4점
	㉠과 ㉡ 중 한 가지만 씀.	2점
(2)	**정답 키워드** 큰 덩어리 | 부수다 등 '큰 덩어리를 작은 알갱이로 부순다.' 등의 내용을 정확히 씀.	6점
	'부순다.'와 같이 플라스틱 통과 나무뿌리가 하는 일의 공통점을 썼지만, 표현이 부족함.	3점

2 강 상류에서는 강의 경사가 급해 침식 작용이 활발하게 일어나고, 강 하류에서는 강의 경사가 완만해 퇴적 작용이 활발하게 일어납니다.

채점 기준		
(1)	**정답 키워드** 좁다 | 급하다 등 '강폭이 좁고, 강의 경사가 급하다.' 등의 내용을 모두 정확히 씀.	6점
	강 상류의 강폭과 강의 경사 중 한 가지만 정확히 씀.	3점
(2)	강 하류에서 많이 볼 수 있는 것 한 가지를 정확히 씀.	2점
(3)	**정답 키워드** ㉠ – 침식 작용 | ㉡ – 퇴적 작용 ㉠에는 '침식 작용이 활발하게 일어난다.', ㉡에는 '퇴적 작용이 활발하게 일어난다.' 등의 내용을 모두 정확히 씀.	8점
	㉠과 ㉡ 중 한 가지만 정확히 씀.	4점

3 갯벌은 파도가 세지 않아서 고운 흙이나 가는 모래가 쌓여 만들어졌습니다. 그래서 바닷물의 퇴적 작용으로 만들어진 지형입니다.

채점 기준		
	정답 키워드 퇴적 작용 | 고운 흙 | 가는 모래 | 쌓이다 등 '바닷물의 퇴적 작용으로 고운 흙이나 가는 모래가 쌓여 만들어졌다.' 등의 내용을 정확히 씀.	8점
	갯벌이 만들어진 과정을 썼지만, 바닷물의 작용과 관련지어 쓰지 못하였음.	4점

> **더 알아보기**
>
> **갯벌**
> • 해안가에서 밀물과 썰물 작용을 받으며 넓게 펼쳐진 편평한 땅을 말합니다.
> • 고운 흙으로 이루어진 것도 있고, 모래로 만들어진 모래 갯벌도 있습니다.
> • 일반적으로 말하는 갯벌은 주로 우리나라의 서해안에서 쉽게 볼 수 있습니다.
>
>
> ⬆ 갯벌

온라인 학습 단원평가의 **정답**과 함께 **문항 분석**도 확인하세요.

단원평가 29~31쪽

문항 번호	정답	평가 내용	난이도
1	①	여러 곳의 흙을 관찰하는 방법 알기	쉬움
2	③	운동장 흙의 특징 알기	보통
3	④	여러 곳의 흙의 물 빠짐 비교 실험 알기	쉬움
4	⑤	화단 흙과 운동장 흙의 물 빠짐 정도 알기	보통
5	④	여러 곳의 흙의 뜬 물질 비교 실험 알기	쉬움
6	④	화단 흙과 운동장 흙의 뜬 물질 알기	어려움
7	⑤	부식물 알기	어려움
8	④	각설탕을 플라스틱 통에 넣고 흔든 후의 결과 알기	보통
9	②	각설탕을 플라스틱 통에 넣고 흔든 후의 결과를 자연 현상과 비교하기	쉬움
10	①	물이 바위를 부서지게 하는 경우 알기	보통
11	⑤	자연에서 흙이 만들어지는 과정 알기	보통
12	⑤	흙 언덕에 물을 흘려 보낸 후 변화 알기	어려움
13	⑤	흙 언덕 실험에서 흐르는 물의 역할 알기	어려움
14	⑤	흙 언덕 실험에서 흙 언덕의 모양을 많이 변화시키는 방법 알기	보통
15	④	퇴적 작용 알기	쉬움
16	②	강 상류와 강 하류의 특징 알기	보통
17	①	강 상류에서 활발하게 일어나는 흐르는 물의 작용 알기	쉬움
18	②	강 하류에서 주로 볼 수 있는 돌 알기	보통
19	①	바닷물의 침식 작용으로 만들어진 지형 알기	보통
20	②	바닷물의 퇴적 작용으로 만들어진 지형 알기	보통

1 흙을 관찰할 때 맛을 보는 것은 위험합니다.

2 ①, ②, ④, ⑤는 화단 흙에 대한 설명입니다.

3 알코올램프는 심지에 불을 붙여 사용하는 가열 기구입니다.

4 화단 흙이 운동장 흙보다 알갱이의 크기가 작기 때문에 같은 시간 동안 물이 적게 빠져 물 빠짐이 느립니다.

5 흙의 종류는 달라야 하므로 흙을 가져온 장소는 다르게 해야 할 조건입니다.

6 화단 흙에는 물에 뜨는 물질이 많은데, 이러한 물질은 대부분 나뭇잎이나 죽은 곤충 등이 썩은 부식물입니다.

7 부식물은 나뭇잎이나 죽은 곤충 등이 썩은 것으로 물에 잘 뜨며, 식물이 잘 자라는 데 도움을 줍니다.

8 플라스틱 통에 각설탕을 넣고 뚜껑을 닫아 세게 흔들면 각설탕이 부서지면서 크기가 작아지고, 모서리 부분이 뭉툭하게 변합니다.

9 각설탕이 부서져 가루 설탕이 되는 것을 통해 실제 자연에서 바위나 돌이 부서져 흙이 만들어지는 과정을 알 수 있습니다.

10 바위틈으로 스며든 물이 얼었다 녹으면서 바위틈을 벌리는 과정을 오랜 시간 동안 반복하면 바위가 부서집니다.

11 바위나 돌이 부서져서 생긴 작은 알갱이와 생물이 썩어 생긴 부식물이 섞여 흙이 됩니다.

12 흙 언덕의 위쪽에서는 침식 작용이 활발하게 일어나고, 아래쪽에서는 퇴적 작용이 활발하게 일어납니다.

13 흐르는 물은 흙 언덕 위쪽의 흙을 깎아 아래쪽으로 이동시킵니다.

14 흙 언덕의 기울기가 급할수록, 흘려 보내는 물의 양이 많을수록 깎여 내려가는 흙의 양이 많아 흙 언덕의 모양이 많이 변합니다.

15 ④는 퇴적 작용에 대한 설명이고, 퇴적 작용은 주로 경사가 완만한 곳에서 일어납니다.

16 강 상류에는 계곡이 있고, 강 하류에는 큰 강이 있습니다.

17 강의 상류에서는 퇴적 작용보다 침식 작용이 활발하게 일어납니다.

18 강의 상류 주변에서는 커다란 바위나 모가 난 돌, 중류 주변에서는 작고 둥근 자갈, 하류 주변에서는 고운 흙과 모래가 주로 발견됩니다.

19 구멍 뚫린 바위는 바닷물의 침식 작용으로 만들어졌습니다.

20 ㉠, ㉢은 바닷물의 침식 작용에 의해 만들어진 지형에 대한 설명입니다.

4. 물질의 상태

개념 확인하기   32쪽

1 ㉠   **2** ㉣   **3** ㉡
4 ㉢   **5** ㉡

개념 확인하기   33쪽

1 ㉡   **2** ㉢   **3** ㉡
4 ㉡   **5** ㉡

실력 평가   34~35쪽

1 ①, ②   **2** ⑤   **3** ③, ④   **4** 부피   **5** ③
6 ㉡   **7** ㉠ 고체 ㉡ 액체   **8** (3) ○
9 ④, ⑤   **10** ⑤

1 나뭇조각(고체)을 여러 가지 모양의 그릇에 넣으면 담는 그릇이 바뀌어도 모양과 부피가 변하지 않습니다.

2 나뭇조각과 플라스틱 조각은 담는 그릇이 바뀌어도 모양과 크기가 변하지 않습니다.

> **더 알아보기**
>
> **고체의 모양이 일정한 까닭**
> 고체 내부에는 고체를 이루는 입자(알갱이)들이 규칙적으로 배열되어 있고, 이러한 알갱이들 사이에는 서로 끌어당기는 힘이 크게 작용하기 때문입니다.
>
>
> ⚠ 고체의 입자 배열

3 담는 그릇에 따라 모양과 부피가 변하지 않는 물질의 상태를 고체라고 합니다. 쇠구슬, 지우개, 플라스틱 주사위는 고체인 물체입니다.

4 주스를 여러 가지 모양의 그릇에 차례대로 옮겨 담았다가 다시 처음의 그릇에 옮겨 담았을 때 주스의 높이는 처음과 같습니다. 이를 통해 주스와 같은 액체는 담는 그릇에 따라 부피가 변하지 않는다는 것을 알 수 있습니다.

5 책, 가방, 소금, 고무풍선은 고체이고, 식초, 설탕물, 식용유는 액체이며, 공기는 기체입니다.

6 고체와 액체 모두 담는 그릇에 따라 부피가 변하지 않습니다.

7 유리컵은 담는 그릇에 따라 모양과 부피가 일정하므로 고체이고, 우유는 담는 그릇에 따라 모양이 변하지만 부피는 변하지 않으므로 액체입니다.

8 부풀린 풍선의 입구를 한 손으로 꼭 쥔 채 손등에 가까이 가져가 풍선 입구를 쥐었던 손을 살짝 놓으면 공기가 빠져나와 바람이 느껴지고 풍선의 크기가 줄어듭니다.

9 페트병 입구와 풍선 입구에서 공기 방울이 생겨 위로 올라오고, 보글보글 소리가 납니다.

10 공기는 고체, 액체와는 다른 물질의 상태로써 눈에 보이지 않지만 우리 주변에 있습니다.

개념 확인하기   36쪽

1 ㉢   **2** ㉡   **3** ㉡
4 ㉠   **5** ㉡

개념 확인하기   37쪽

1 ㉡   **2** ㉠   **3** ㉢
4 ㉠   **5** ㉡

실력 평가   38~39쪽

1 ㉡   **2** ①   **3** 예 높아진다   **4** ㉠, ㉢
5 ⑤   **6** ㉡, ㉠, ㉣   **7** 예 클, 늘어날 등
8 ①   **9** ②   **10** ㉡

1 ㉡처럼 뚜껑을 연 페트병으로 실험하면 스타이로폼 공이 물 위에 그대로 떠 있게 됩니다.

2 ㉡처럼 뚜껑을 연 페트병으로 실험하면 페트병 안에 있는 공기가 페트병의 입구로 빠져나가 물이 페트병 안으로 들어가기 때문에 스타이로폼 공이 물 위에 그대로 떠 있게 됩니다.

> **왜 틀렸을까?**
>
> ② 실험할 때 수조에 담는 물의 양은 페트병을 바닥까지 눌렀을 때 페트병이 완전히 잠기지 않아야 합니다.
> ③, ④, ⑤ 페트병의 뚜껑을 닫았을 때에는 페트병 안에 있는 공기가 공간을 차지하고 있기 때문에 페트병 안의 공기가 물을 밀어내어 페트병 안으로 물이 들어가지 못합니다. 페트병 안의 공기의 부피만큼 물이 밀려나와 수조의 물 높이도 조금 높아집니다.

3 ㉠은 페트병 안에 있는 공기가 물을 밀어내어 페트병 안으로 물이 들어가지 못하고, 페트병 안의 공기의 부피만큼 물이 밀려나와 수조의 물 높이도 조금 높아집니다.

4 당겨 놓은 주사기의 피스톤을 밀면 스타이로폼 공이 올라가 움직이고, 피스톤을 당기면 스타이로폼 공이 내려가 제자리로 돌아옵니다.

> **더 알아보기**
>
> **당겨 놓은 주사기의 피스톤을 밀거나 당겼을 때**
> • 주사기의 피스톤을 밀었을 때: 주사기와 비닐관 안에 들어 있는 공기가 스타이로폼 공을 붙인 주사기로 이동하기 때문에 스타이로폼 공이 움직입니다.
> • 주사기의 피스톤을 당겼을 때: 주사기와 비닐관 속의 공기가 피스톤을 당긴 주사기로 이동하기 때문에 스타이로폼 공이 움직여 제자리로 돌아옵니다.

5 스타이로폼 공이 움직이는 것은 공기가 다른 곳으로 이동하는 성질을 이용한 것입니다.

6 공기 주입기로 자전거 타이어에 공기를 채우면 바깥의 공기가 공기 주입기와 고무관을 거쳐 자전거 타이어 안으로 이동합니다.

7 페트병에 끼운 공기 주입 마개를 눌러 공기를 더 넣으면 페트병의 무게는 54.0 g보다 늘어납니다.

> **더 알아보기**
>
> **공기 주입 마개를 누르기 전과 공기 주입 마개를 눌러서 공기를 채운 후의 무게 비교**
> 공기 주입 마개를 누르기 전에도 페트병 안에 공기가 있었으므로 페트병에 공기를 넣고 난 후 늘어난 무게가 실제 페트병 안에 든 공기의 무게라고 생각하지 않습니다.

8 공기는 무게가 있어서 페트병에 공기를 넣으면 무게가 늘어납니다.

9 튜브와 공 속에는 기체인 공기가 들어 있습니다. 기체는 담는 그릇에 따라 모양과 부피가 변하고 담긴 그릇을 항상 가득 채웁니다.

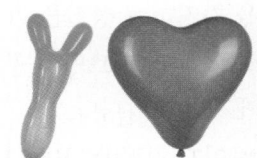

🔺 다양한 모양의 풍선을 가득 채운 공기

10 운동화와 책은 고체 상태이고, 음료수와 분수대의 물은 액체 상태이며, 비눗방울 안의 공기와 바람개비를 돌리는 공기는 기체 상태입니다.

1 (1) ㉮ 물
  (2) ㉮ 눈에 보이지 않고 손에 잡히지 않아 전달한 것인지 알 수 없기 때문이다.
2 (1) ㉮ 물, 식초, 간장 등
  (2) ㉮ ㉡과 ㉢ 주스의 부피는 같다.
  (3) ㉮ 담는 그릇에 따라 모양이 변하지만 부피는 변하지 않는 물질의 상태를 액체라고 한다.
3 ㉮ 공기가 많이 들어 있을수록 무거우므로 공기 주입 마개를 눌러 페트병에 공기를 더 넣는다.

1 공기는 눈에 보이지 않고 손에 잡히지 않아 친구에게 전달한 것인지 알 수 없습니다.

채점 기준		
(1)	'물'과 같이 액체의 예 중 한 가지를 정확히 씀.	2점
(2)	**정답 키워드** 보이지 않는다 | 잡히지 않는다 '눈에 보이지 않고 손에 잡히지 않아 전달한 것인지 알 수 없기 때문이다.' 등의 내용을 정확히 씀.	8점
	공기를 손으로 전달할 수 없는 까닭을 눈으로 보거나 손으로 잡았을 때의 결과와 관련지어 쓰지 못함.	4점

2 주스를 여러 가지 모양의 그릇에 옮겨 담으면 그릇의 모양에 따라 주스의 모양은 변하지만, 부피는 달라지지 않습니다. 주스와 물처럼 담는 그릇의 모양에 따라 모양이 변하지만 부피는 변하지 않는 물질의 상태를 액체라고 합니다.

채점 기준		
(1)	액체의 예 중 한 가지를 정확히 씀.	2점
(2)	**정답 키워드** 부피 | 같다 '㉡과 ㉢ 주스의 부피는 같다.' 등의 내용을 정확히 씀.	4점
	'같다.'와 같이 간단히 씀.	2점
(3)	**정답 키워드** 모양 – 변하다 | 부피 – 변하지 않는다 '담는 그릇에 따라 모양이 변하지만 부피는 변하지 않는 물질의 상태를 액체라고 한다.' 등의 내용을 정확히 씀.	6점
	모양과 부피 중 한 가지 경우만 정확히 씀.	3점

3 공기는 무게가 있으므로 공기 주입 마개를 눌러 페트병에 공기를 더 넣으면 무게가 무거워집니다.

채점 기준		
	정답 키워드 공기 | 무겁다 | 공기 주입 마개 | 누르다 등 '공기가 많이 들어 있을수록 무거우므로 공기 주입 마개를 눌러 페트병에 공기를 더 넣는다.' 등의 내용을 정확히 씀.	8점
	'공기를 더 넣는다.'와 같이 간단히 씀.	4점

온라인 학습 단원평가의 **정답**과 함께 **문항 분석**도 확인하세요.

단원평가 41~43쪽

문항 번호	정답	평가 내용	난이도
1	③	나무 막대, 물, 공기 비교하기	쉬움
2	⑤	모양이 다른 그릇에 담긴 나무 막대의 모양과 부피 변화 알기	보통
3	④	나무 막대와 성질이 같은 물질의 예 알기	쉬움
4	④	나무 막대와 플라스틱 막대의 공통점 알기	보통
5	⑤	가루 물질의 성질 알기	어려움
6	③	모양이 다른 그릇에 담긴 주스의 모양과 부피 변화 알기	어려움
7	⑤	액체의 예 알기	쉬움
8	④	공기, 식초, 우유의 공통점 알기	보통
9	②	우리 주위에 공기가 있음을 알 수 있는 방법 알기	쉬움
10	⑤	물속에서 플라스틱병을 누르거나 주사기 피스톤을 미는 실험에서 나타나는 변화 알기	보통
11	⑤	실험을 통해 우리 주변에 공기가 있음을 알기	보통
12	②	공기가 들어 있는 물체 알기	쉬움
13	④	공기가 공간을 차지하는지 알아보는 실험에서 나타나는 변화 알기	보통
14	②	공기가 공간을 차지하는지 알아보는 실험에서 그러한 결과가 나타나는 까닭 알기	보통
15	①	주사기의 피스톤을 밀었을 때의 변화 알기	쉬움
16	④	주사기의 피스톤을 밀거나 당기는 실험에서 이용된 공기의 성질 알기	보통
17	①	공기가 다른 곳으로 이동하거나 공간을 차지하는 성질을 이용한 예 알기	보통
18	①	공기가 무게가 있음을 알기	어려움
19	①	공기의 성질 알기	보통
20	⑤	물체나 물질의 상태 알기	어려움

1 나무 막대는 손으로 잡을 수 있지만, 물은 흘러서 손으로 잡을 수 없고, 공기는 아무 느낌이 없습니다.

2 나무 막대는 담는 그릇의 모양이 바뀌어도 막대의 모양과 크기는 변하지 않습니다.

3 간장은 여러 가지 그릇에 옮겨 담았을 때 모양이 변하지만, 부피는 변하지 않습니다.

4 나무 막대와 플라스틱 막대는 비교적 단단하며, 눈으로 볼 수 있고 손으로 잡을 수 있습니다.

5 가루 전체의 모양은 담는 그릇에 따라 변하지만, 알갱이 하나하나의 모양과 부피는 변하지 않습니다.

6 액체를 여러 가지 모양의 그릇에 옮겨 담으면 담는 그릇에 따라 모양이 변하지만 부피는 변하지 않습니다.

7 유리구슬은 고체입니다.

8 공기는 기체, 식초와 우유는 액체입니다. 기체와 액체는 모두 담는 그릇에 따라 모양이 변합니다.

9 고무장갑을 껴 보는 것을 통해서는 우리 주변에 공기가 있음을 알 수 없습니다.

10 플라스틱 병 입구와 주사기 끝에서 공기 방울이 생기고, 공기 방울은 위로 올라와 사라집니다.

11 공기는 눈에 보이지 않지만 우리 주변에 있으며, 고체나 액체와는 다른 물질의 상태임을 알 수 있습니다.

12 연필은 나무, 흑연 등으로 이루어진 물체입니다.

13 바닥에 구멍이 뚫리지 않은 플라스틱 컵을 수조 바닥까지 밀어 넣으면 페트병 뚜껑이 내려가고, 수조 안의 물의 높이도 조금 높아집니다.

14 플라스틱 컵 안의 공기가 공간을 차지하고 있어 물이 컵 안으로 들어가지 못하고 물이 밀려나오기 때문입니다.

15 주사기의 피스톤을 밀면 주사기와 비닐관 속에 들어 있는 공기가 코끼리 나팔로 이동하게 되어 코끼리 나팔이 펼쳐집니다.

16 주사기의 피스톤을 밀면 코끼리 나팔이 펼쳐지는 것을 통해 공기는 다른 곳으로 이동할 수 있음을 알 수 있습니다.

17 선풍기는 공기가 이동하는 성질을 이용한 것이고 나머지는 공기가 공간을 차지하는 성질을 이용한 것입니다.

18 공기 주입 마개를 눌러 페트병에 공기를 더 넣고 무게를 측정하면 무게가 늘어납니다.

19 공기는 눈에 보이지 않지만, 고체나 액체와 같이 무게가 있습니다.

20 공기는 기체이고, 물, 우유, 간장, 꿀, 식용유, 요구르트는 액체이며, 얼음, 나무, 종이, 고무, 플라스틱은 고체입니다.

5. 소리의 성질

개념 확인하기   **44** 쪽

1 ㉠   **2** ㉠   **3** ㉠
4 ㉡   **5** ㉡

개념 확인하기   **45** 쪽

1 ㉡   **2** ㉡   **3** ㉠
4 ㉡   **5** ㉡

실력 평가   **46~47** 쪽

1 ㉠   **2** ③   **3** ㉡   **4** ③, ④
5 ①   **6** 윤아   **7** ㉣   **8** ②
9 ①   **10** ①

1 물체가 떨리면 소리가 나게 되므로 소리가 나는 스피커에 손을 대 보거나 "아!" 하면서 목에 손을 대 보면 떨림을 느낄 수 있습니다.

2 북채로 치기 전의 작은북은 떨림이 없어 소리가 나지 않습니다.

3 소리가 나는 소리굽쇠를 손으로 세게 움켜잡으면 떨림이 멈추고 소리가 나지 않습니다.

4 소리가 나는 트라이앵글, 소리가 나는 소리굽쇠, 소리가 나는 북 등 물체에서 소리가 날 때에는 물체가 떨립니다.

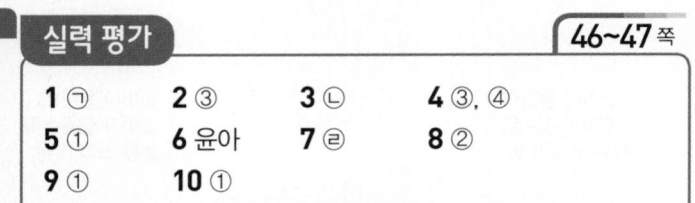

> **왜 틀렸을까?**
> ① 소리의 세기에 따라 물체의 떨리는 정도는 다릅니다.
> ② 종을 치면 종이 떨리면서 소리가 납니다.
> ⑤ 벌이 날면 벌의 빠른 날갯짓의 떨림 때문에 소리가 납니다.

5 소리의 크고 작은 정도를 소리의 세기라고 하고, 물체가 크게 떨리면 큰 소리가 나며, 물체가 작게 떨리면 작은 소리가 납니다.

6 소리의 세기는 소리의 크고 작은 정도를 말합니다.

7 플라스틱 빨대의 길이에 따라 소리의 높낮이가 다릅니다. 플라스틱 빨대의 길이가 길면 낮은 소리가 나고, 플라스틱 빨대의 길이가 짧으면 높은 소리가 납니다.

8 실로폰 음판의 길이가 짧을수록 높은 소리가 납니다.

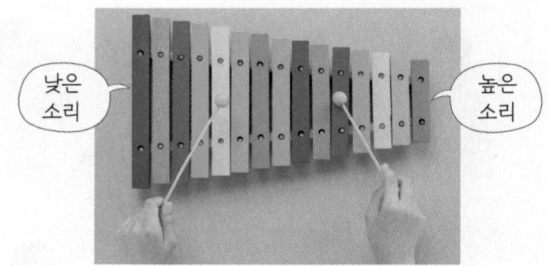

낮은 소리   높은 소리

9 팬 플루트는 관의 길이가 짧을수록 높은 소리가 나고, 관의 길이가 길수록 낮은 소리가 납니다.

10 뱃고동은 배가 지나가고 있다는 신호를 먼 곳까지 보내기 위해 낮은 소리를 사용합니다.

개념 확인하기   **48** 쪽

1 ㉡   **2** ㉡   **3** ㉠, ㉡, ㉢
4 ㉠   **5** ㉢

개념 확인하기   **49** 쪽

1 ㉠   **2** ㉡   **3** ㉡
4 ㉠   **5** ㉠

실력 평가   **50~51** 쪽

1 고체   **2** (1) 기체 (2) 액체   **3** 공기   **4** ②
5 ①, ③   **6** ③   **7** ②   **8** ①
9 소리의 반사   **10** ④

1 책상에 귀를 대고 책상을 두드리는 소리를 들었을 때, 책상 두드리는 소리는 책상(나무)을 통해 전달됩니다. 책상(나무)은 고체 상태입니다.

2 소리는 고체, 액체, 기체 상태의 여러 가지 물질을 통해 전달됩니다.

3 물체의 떨림이 주변의 공기를 떨리게 하고, 그 공기의 떨림이 우리 귀까지 도달해 소리가 전달됩니다.

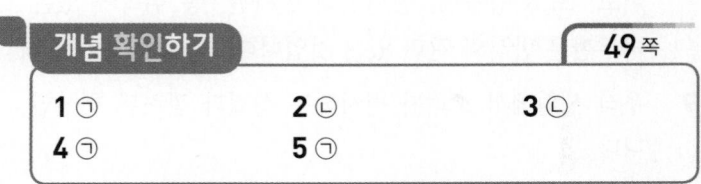

4 실 전화기의 실이 팽팽할수록 소리가 더 잘 들립니다.

▲ 실이 팽팽할 때: 소리가 잘 들림.

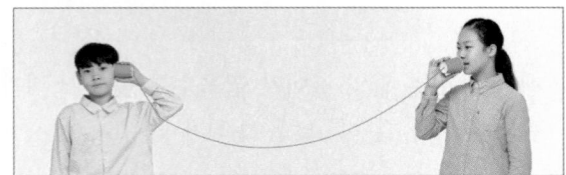

▲ 실이 느슨할 때: 소리가 잘 들리지 않음.

5 숟가락에 연결한 실을 귀에 걸고 젓가락으로 숟가락을 두드리면 소리가 크게 들리는 것으로 보아 소리는 실을 통해 전달될 수 있음을 알 수 있습니다.

6 나무판자를 세우고 소리를 들었을 때(ⓒ) 소리가 가장 크고, 아무것도 세우지 않았을 때(㉠) 소리의 크기가 가장 작습니다.

7 소리는 나무판자처럼 딱딱한 물체에는 잘 반사되지만, 스펀지처럼 부드러운 물체에는 잘 반사되지 않습니다.

8 음악실 방음벽은 소리의 전달을 막아 소음을 줄이는 것이고, 도로 방음벽, 공연장의 반사판, 통 위쪽에 있는 나무판은 반사와 관련 있는 것입니다.

9 우리 생활에서 소리가 반사되는 성질과 관련된 현상입니다.

10 아이들이 뛰어 발생하는 소음을 줄이기 위해 소음 방지 매트를 깔아 소리의 전달을 줄입니다.

서술형·논술형 평가 52쪽

1 (1) 예 떨림
(2) 예 물이 튀어 오른다.
(3) 예 물체가 떨린다.

2 (1) 길이
(2) 예 관의 길이가 짧다.
(3) 예 음판의 길이가 짧다.

3 예 도로 방음벽처럼 소리가 반사되는 성질을 이용하여 소음을 줄일 수 있다. 음악실 방음벽처럼 소리가 잘 전달되지 않는 물질을 이용하여 소음을 줄일 수 있다. 소리가 큰 스피커의 볼륨을 줄인다. 등

---

1 소리가 나는 물체는 떨린다는 공통점을 알 수 있습니다.

채점 기준		
(1)	'떨림'의 내용을 정확히 씀.	2점
(2)	'물이 튀어 오른다.'와 같은 ⓒ에서 나타나는 현상을 정확히 씀.	4점
	ⓒ에서 나타나는 현상을 썼지만 표현이 부족함.	2점
(3)	**정답 키워드** 떨린다 '물체가 떨린다.'와 같이 물체에서 소리가 날 때의 공통점을 정확히 씀.	4점
	물체에서 소리가 날 때의 공통점을 썼지만 표현이 부족함.	2점

2 팬 플루트 관의 길이가 짧을수록, 실로폰 음판의 길이가 짧을수록 높은 소리가 납니다.

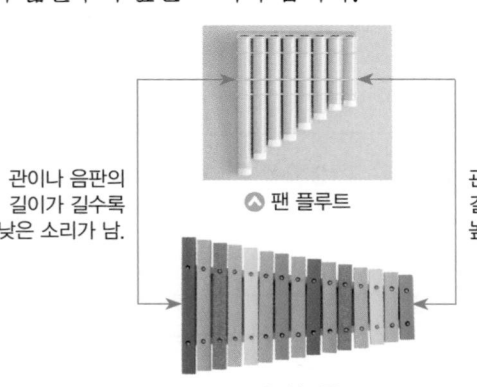

관이나 음판의 길이가 길수록 낮은 소리가 남.

▲ 팬 플루트

관이나 음판의 길이가 짧을수록 높은 소리가 남.

▲ 실로폰

채점 기준		
(1)	'길이'를 정확히 씀.	2점
(2)	**정답 키워드** 관의 길이 | 짧다 '관의 길이가 짧다.'와 같은 내용을 정확히 씀.	4점
	단순히 '짧다.'라고만 씀.	2점
(3)	**정답 키워드** 음판의 길이 | 짧다 '음판의 길이가 짧다.'와 같은 내용을 정확히 씀.	4점
	단순히 '짧다.'라고만 씀.	2점

3 도로 방음벽은 소리의 반사를 이용한 것이고, 음악실 방음벽은 소리가 잘 전달되지 않는 물질을 이용한 것입니다. 소리가 큰 스피커의 볼륨 줄이기는 소리의 세기와 관련이 있습니다.

채점 기준	
정답 키워드 소리의 반사 | 소리의 전달 | 소리의 세기 '도로 방음벽처럼 소리가 반사되는 성질을 이용하여 소음을 줄일 수 있다. 음악실 방음벽처럼 소리가 잘 전달되지 않는 물질을 이용하여 소음을 줄일 수 있다. 소리가 큰 스피커의 볼륨을 줄여 소리의 세기를 줄인다.' 등과 같은 소음을 줄이는 방법을 소리의 성질을 언급하여 정확히 씀.	8점
소음을 줄이는 방법을 소리의 성질을 언급하여 썼지만 표현이 부족함.	4점

온라인 학습 단원평가의 **정답**과 함께 **문항 분석**도 확인하세요.

53~55쪽

단원평가

문항 번호	정답	평가 내용	난이도
1	①	물체에서 소리가 날 때의 공통점 알기	쉬움
2	②	소리가 나는 소리굽쇠를 물에 대 보았을 때 현상 알기	보통
3	①	소리가 나는 소리굽쇠를 손으로 잡을 때 현상 알기	쉬움
4	⑤	우리 주변의 큰 소리와 작은 소리 알기	보통
5	①	소리의 세기의 뜻 알기	보통
6	⑤	소리의 세기와 물체의 떨림 관계 알기	어려움
7	①	팬 플루트를 이용해 소리의 높낮이 비교하기	보통
8	④	소리의 높낮이를 이용하는 예 알기	보통
9	②	우리 주변의 높은 소리와 낮은 소리 알기	쉬움
10	①	소리의 전달 물질 알기	보통
11	③	소리의 전달 물질 알기	쉬움
12	⑤	소리의 전달 물질 알기	보통
13	②	소리를 전달하는 공기가 줄어들 때 현상 알기	보통
14	④	소리가 전달되지 않는 까닭 알기	어려움
15	③	실 전화기 만드는 방법 알기	쉬움
16	③	실 전화기로 소리 전달하기	보통
17	①	물체에 따른 소리의 반사 정도 알기	어려움
18	③	우리 생활에서 소리가 반사되는 경우 알기	보통
19	②	소음을 줄이는 방법 알기	어려움
20	④	소음을 줄이는 방법 알기	쉬움

1 물체에서 소리가 날 때에는 물체가 떨립니다.

2 소리가 나는 소리굽쇠를 물에 가까이 하면 소리굽쇠의 떨림 때문에 물이 튀어 오릅니다.

3 소리가 나는 소리굽쇠를 손으로 세게 움켜잡으면 소리굽쇠의 떨림이 멈추면서 더 이상 소리가 나지 않습니다.

4 ⑤는 소리의 높낮이를 조절하여 소리를 내는 경우입니다.

5 소리의 크고 작은 정도를 소리의 세기라고 합니다.

6 물체의 떨림이 클 때 소리가 크게 나고, 물체의 떨림이 작을 때 소리가 작게 납니다.

7 팬 플루트는 관의 길이가 짧을수록 높은 소리가 납니다.

8 실로폰은 소리의 높낮이를 이용하여 연주하는 악기입니다.

9 구급차 소리, 화재 비상벨 등 일상생활에서 긴급한 상황을 알리는 소리는 높은 소리를 사용합니다.

10 ②, ④는 액체를 통해 소리가 전달되는 경우이고 ③, ⑤는 기체를 통해 소리가 전달되는 경우입니다.

11 ①은 책상, ②는 물, ③은 공기, ④는 실을 통해 소리가 전달됩니다.

12 스피커에서 나는 소리의 전달: 물속에서는 물을 통해 소리가 전달되고, 물과 사람의 귀 사이에서는 공기를 통해 전달됩니다.

13 통 안의 공기를 빼낼수록 소리를 전달하는 공기가 줄어들어 소리가 작아집니다.

14 소리는 공기를 통해 전달되는데, 통 안의 공기를 빼면 공기가 줄어들어서 소리가 잘 전달되지 않습니다.

15 종이컵, 실, 클립, 누름 못 등을 사용하여 실 전화기를 만들 수 있습니다.

16 실 전화기는 실의 떨림으로 소리가 전달됩니다.

17 소리가 나무판에서 반사되어 듣는 사람의 귀로 진행되기 때문에 아무것도 들지 않고 소리를 들을 때보다 소리가 크게 들립니다.

18 실 전화기로 소리를 전달할 때에는 실의 떨림으로 소리가 전달됩니다.

19 음악실 방음벽은 소리가 잘 전달되지 않는 물질을 붙여 소음을 줄이고, 도로 방음벽은 소음을 도로 쪽으로 반사시킵니다.

20 층간 소음을 줄이기 위해 뛰어다니지 않고, 바닥에 소음 방지 매트를 깝니다.

온라인 학습 단원평가의 **정답**과 함께 **문항 분석도** 확인하세요.

단원평가 (전체 범위)　　　　　　　**56~59**쪽

문항 번호	정답	평가 내용	난이도
1	⑤	주변에서 볼 수 있는 공벌레의 특징 알기	보통
2	③	특징에 따라 동물 분류하기	쉬움
3	⑤	동물의 특징을 생활 속에서 활용한 예 알기	보통
4	①	붕어와 고등어의 공통점 알기	쉬움
5	②	특수한 환경에 사는 동물의 특징 알기	어려움
6	①	여러 가지 종류의 흙 관찰하기	보통
7	④	자연에서 바위가 부서지는 까닭 알기	어려움
8	⑤	흙 언덕에 물을 흘려 보냈을 때 일어나는 작용 알기	보통
9	①	강 주변의 모습 변화 알기	보통
10	③	바닷가 모래사장의 특징 알기	쉬움
11	④	여러 가지 물체(고체)의 공통점 알기	보통
12	②	액체의 특징 알기	쉬움
13	②	공기가 들어 있는 물체 알기	보통
14	②	공기가 공간을 차지하는지 알기	어려움
15	⑤	공기의 무게가 있는지 알기	보통
16	①	소리가 나는 물체의 공통점 알기	쉬움
17	①	소리의 성질 알기	보통
18	⑤	소리가 전달될 때의 특징 알기	보통
19	②	소리가 잘 반사되는 물체와 소리가 잘 반사되지 않는 물체 알기	어려움
20	①	소음을 줄이는 방법 알기	쉬움

1 주로 화단에서 볼 수 있는 공벌레는 건드리면 몸을 공처럼 둥글게 만듭니다.

2 박쥐는 날개막을 가지고 있고 잠자리, 참새는 날개가 있어 하늘을 날 수 있습니다. 붕어, 개구리, 뱀은 날개가 없어 하늘을 날 수 없습니다.

3 상어 피부는 헤엄칠 때 생기는 물의 저항을 줄여 주어 빠르게 헤엄칠 수 있도록 합니다.

4 붕어는 강이나 호수의 물속에서 살고, 고등어는 바닷속에서 삽니다.

5 펭귄은 남극에 삽니다. 몸에 비해 큰 귀로 체온을 조절하는 동물은 사막여우입니다.

6 흙의 색깔, 만져 본 느낌, 흙을 이루는 알갱이의 종류와 크기, 흙에서 발견할 수 있는 것 등을 관찰합니다.

7 바위틈에서 자라는 나무뿌리가 점점 커지면서 조금씩 바위틈을 벌리면 바위가 부서지기도 합니다.

8 물을 흘려 보냈을 때 경사가 급한 흙 언덕의 위쪽은 퇴적 작용보다 침식 작용이 활발하게 일어나 흙이 깎입니다.

9 침식 작용, 운반 작용, 퇴적 작용으로 흐르는 강물은 오랜 시간 동안 강 주변 모습을 서서히 변화시킵니다.

10 모래사장이나 갯벌과 같은 넓은 땅은 파도가 세지 않고 물살이 느려 고운 흙이나 모래가 많이 쌓여서 만들어진 곳입니다.

11 책, 가방, 나뭇조각은 모두 고체입니다. 고체는 담는 그릇에 따라 부피가 변하지 않습니다.

12 물은 무색투명합니다.

13 부채는 공기가 이동하는 성질을 이용한 것입니다.

14 페트병 뚜껑의 위치는 내려가고, 수조의 물 높이는 높아집니다.

15 공기 주입 마개를 누른 횟수가 늘어날수록 페트병에 들어간 공기의 양이 많아져 무게가 무거워집니다.

16 소리가 나는 물체는 떨림이 있습니다.

17 소리의 크고 작은 정도를 소리의 세기라고 합니다.

18 실 전화기는 실을 통해서 소리가 전달됩니다.

19 나무판자를 세웠을 때 소리의 크기가 가장 크고, 아무 것도 세우지 않았을 때 소리가 가장 작습니다.

20 공연장 천장의 반사판은 소리를 골고루 전달하기 위해서 설치하는 것입니다.

영어 알파벳 중에서 가장 위대한 세 철자는
N, O, W
곧 지금(NOW)이다.

The three greatest English alphabets are N, O, W,
which means now.

월터 스콧

언젠가는 해야지, 언젠가는 달라질 거야!
'언젠가는'이라는 말에 자신의 미래를 맡기지 마세요.
해야 할 일, 하고 싶은 일은 지금 당장 실행에 옮기세요.
가장 중요한 건 과거도 미래도 아닌 바로 지금이니까요.

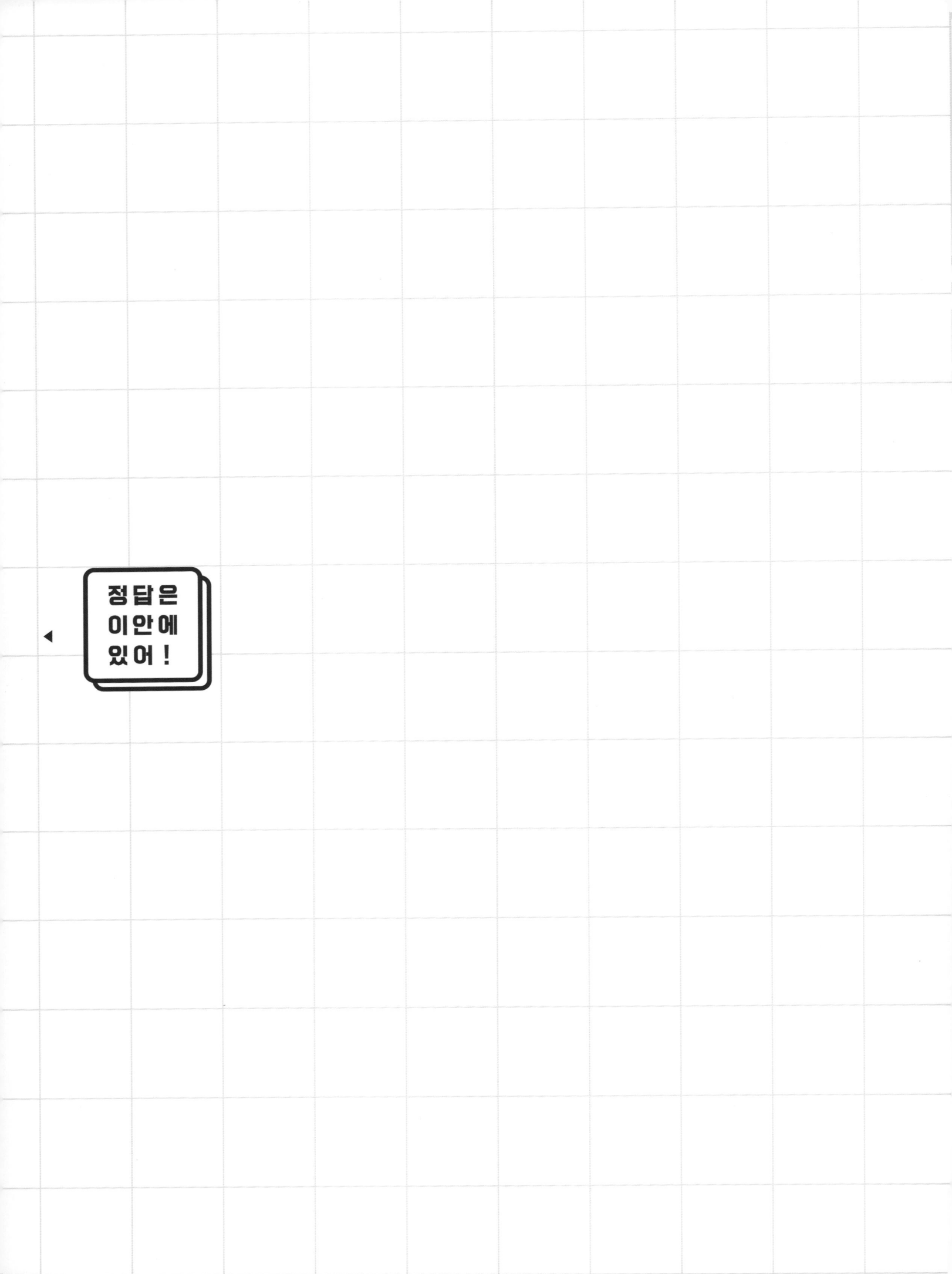

정답은
이안에
있어!

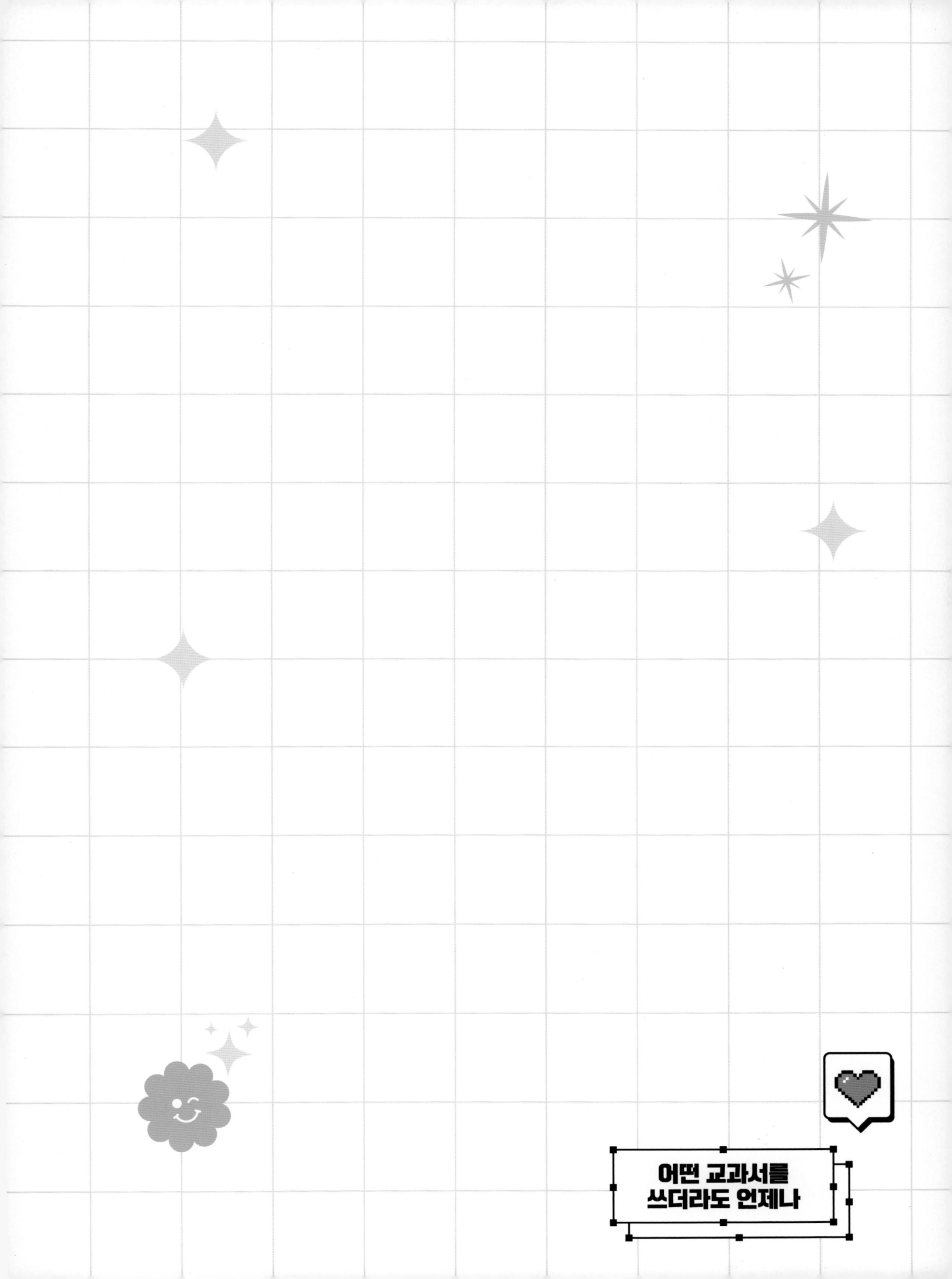

어떤 교과서를
쓰더라도 언제나

이쯤에서
실력
체크

각종 학교 시험, 한 권으로 끝내자!
수학 단원평가
초등 1~6학년(학기별)
쪽지시험, 단원평가, 서술형 평가 등 다양한 수행평가에 맞는 최신 경향의 문제 수록
A, B, C 세 단계 난이도의 단원평가로 실력을 점검하고 부족한 부분을 빠르게 보충 가능
기본 개념 문제로 구성된 쪽지시험과 단원평가 5회분으로 확실한 단원 마무리